U0805797

河南出版基金
HENAN PUBLICATION FOUNDATION

黄河流域生态保护和高质量发展重大国家战略丛书

黄土丘陵沟壑区植被-水文过程尺度效应研究

董国涛　党素珍　殷会娟　聂　桐
高思琦　谷佳贺　刘启兴　贾培培　著

黄河水利出版社
·郑州·

内容提要

本书以“黄土丘陵沟壑区植被-水文过程的尺度效应研究”研究成果为基础，主要介绍了黄土丘陵沟壑区不同尺度下植被-水文过程变化特征和尺度效应等方面的进展。主要内容包括多尺度植被特征与水文过程监测及动态响应关系分析、植被-水文过程动态响应关系尺度效应、植被-水文过程动态响应关系的尺度转换方法等。

本书可供从事生态水文、遥感水文、水文水资源、地理学和生态学等专业科技工作者及水土保持管理者和相关学科的研究生教学参考。

图书在版编目(CIP)数据

黄土丘陵沟壑区植被-水文过程尺度效应研究 / 董国涛等著. -- 郑州：黄河水利出版社，2025. 5. -- ISBN 978-7-5509-4187-8

Ⅰ. Q948. 52;X143

中国国家版本馆 CIP 数据核字第 2025ZD9807 号

策划编辑：贾会珍　电话：0371-66028027　E-mail：110885539@ qq. com

责任编辑	贾会珍	责任校对	杨秀英
封面设计	张心怡	责任监制	常红昕

出版发行　黄河水利出版社

地址：河南省郑州市顺河路 49 号　邮政编码：450003

网址：www. yrcp. com　E-mail：hhslcbs@ 126. com

发行部电话：0371-66020550

承印单位　河南匠心印刷有限公司

开　　本　787 mm×1 092 mm　1/16

印　　张　13. 25

字　　数　314 千字

版次印次　2025 年 4 月第 1 版　　2025 年 4 月第 1 次印刷

定　　价　66. 00 元

前　言

2000年以来是黄河流域下垫面变化最为剧烈的时期，大规模人类活动使植被类型和结构发生明显变化，河川径流量急剧减少，花园口水文站2000—2015年天然径流量较1919—1960年锐减100多亿 m^3。气候变化和人类活动剧烈地干扰了黄土高原土地利用和土地覆被，改变了植被类型和空间结构，影响了该区降雨径流关系，导致流域河川径流变化。黄河水文情势是治黄方略确定、重大水利工程布局以及流域水资源配置与管理的基础。黄土丘陵沟壑区是黄河中游典型的地貌类型和重要的水沙源区，研究植被变化对黄土丘陵沟壑区径流过程作用机制，已成为揭示黄河河川径流量锐减的关键问题。

植被变化对水文过程的影响机制是揭示黄土丘陵沟壑区河川径流量锐减原因、分析黄河径流变化趋势的基础性科学问题。已有研究表明，植被条件对降雨在地表的产汇流特征有重要的影响，不同尺度下植被-水文过程差异明显，有待进一步开展不同尺度下黄土丘陵沟壑区植被-水文过程动态响应关系研究，对黄土高原生态保护和流域水资源可持续利用具有重要现实意义。植被-水文尺度问题及转换是当今生态水文学研究的热点和前沿。尺度效应是深入研究植被格局与水文过程相互关系进而解决尺度转换问题的关键所在。如何通过分析流域植被-水文过程的时空异质性和空间变异性，识别不同尺度下的植被-水文动态响应关系，开展流域植被-水文过程的尺度阈值分析和尺度效应规律研究是水循环研究所面临的热点和难点问题。

本书旨在分析黄土丘陵沟壑区多尺度植被特征与水文过程的动态响应关系，揭示不同尺度下植被-水文过程的尺度效应，建立植被-水文过程的尺度转换关系，为黄河流域不同尺度径流变化研究提供技术支撑。本书共分为10章，主要内容包括绪论、研究区与数据、不同尺度下植被变化特征、不同尺度下植被空间异质性分析、不同尺度径流变化特征及影响因素、不同尺度径流模拟及影响因素分析、植被变化对流域蒸散发及其组分的影响、不同尺度植被变化对水文过程的影响、不同尺度植被变化对径流影响及尺度转换、结论与展望。

董国涛、党素珍、殷会娟、聂桐、高思琦、刘启兴、谷佳贺、贾培培等参与了本书的编撰工作，全书由董国涛统稿。

在本项目实施过程中，黄河水利委员会天水水土保持科学试验站在野外试验中给予了大力支持，黄河水利委员会刘晓燕正高级工程师，黄河水利科学研究院姚文艺正高级工程师、何宏谋正高级工程师、肖培青正高级工程师、吕锡芝正高级工程师、田世民正高级工程师,北京师范大学杨胜天教授,西北大学蒋晓辉教授,河南理工大学薛华柱副教授在项目研究过程中给予了积极指导和热情帮助,谨此向他们表示由衷的感谢!

由于作者水平有限,加之时间紧迫,书中难免存在疏漏和不当之处,恳请各位读者批评指正。

编　者

2025 年 2 月

目 录

第 1 章　绪　论

1.1　研究背景及意义

2000 年以来是黄河流域下垫面变化最为剧烈的时期，大规模人类活动使植被类型和结构发生明显变化，河川径流量急剧减少，花园口水文站年天然径流量由 1919—1960 年的 559 亿 m^3 锐减至 2000—2015 年的 455 亿 m^3。气候变化和人类活动剧烈地干扰了黄土高原土地利用和土地覆被，改变了植被类型和空间结构，影响了该区降雨径流关系，导致流域河川径流变化。黄河水文情势是治黄方略确定、重大水利工程布局以及流域水资源配置与管理的基础（张建云等，2009）。黄土丘陵沟壑区是黄河中游典型的地貌类型和重要的水沙源区，研究植被变化对黄土丘陵沟壑区径流过程作用机制，已成为揭示黄河河川径流量锐减的关键问题。本书研究目的和意义具体表现在以下两个方面：

（1）植被变化对水文过程的影响机制是揭示黄土丘陵沟壑区河川径流量锐减原因、分析黄河径流变化趋势的基础性科学问题。

植被变化是影响流域水文过程的重要驱动力。2000 年以来我国推行了一系列退耕还林和封禁的生态保护措施，是过去一个世纪土地利用和土地覆被变化最为剧烈的时期。全国植被呈显著"变绿"的趋势（Piao et al.，2015；Zhu et al.，2016），其中黄土高原地区尤为突出（杨胜天等，2015；Feng et al.，2016）。植被变化已成为黄河中游径流锐减的主要驱动因素（杨大文等，2015；Liang et al.，2015），显著地影响了河川径流（刘晓燕等，2014）。

与 20 世纪五六十年代相比，黄土丘陵沟壑区在降水量变化不大的情况下，河川径流量锐减，探明植被变化对水文过程的影响机制成为黄土丘陵沟壑区水文过程研究的重要内容。流域土地利用和植被变化是短期内影响流域水文变化的关键因素。植被条件对降雨在地表的产汇流特征有重要影响，不同尺度下植被-水文过程差异明显，有待进一步开展不同尺度下黄土丘陵沟壑区植被-水文过程动态响应关系研究，这对黄土高原生态保护和流域水资源可持续利用具有重要现实意义。

（2）尺度效应分析是阐明流域植被-水文过程机制及模型研发亟待突破的关键环节。

尺度的存在根源在于地球表层自然界的等级组织和复杂性（傅伯杰等，2010）。尺度效应形成机制不清晰是导致不同尺度之间难以转换的主要原因。植被-水文尺度问题及尺度转换是当今生态水文学研究的热点和前沿（冯起等，2014）。自 20 世纪 90 年代水文尺度问题被正式提出以来，尺度问题在水文科学中一直受到广泛关注。水文过程尺度是水文过程本身所具有的客观属性（王鸣远等，2008）。生态过程和水文过程耦合机制的尺度效应是流域生态水文过程研究的关键内容（杨胜天等，2015）。流域植被-水文过程是诸多因素相互作用的结果,在尚未找到这些复杂现象的科学规律之前,水文模型已成为一种研究复杂水文过程的重要工具(王中根等, 2005)。水文模型的尺度问题是制约水文模型研发及应用的重要因素(胡和平等,2007)。由于水文非线性和下垫面条件不均匀性,小尺度的水文要素不能直接应用到中大尺度的水文模型中,需进行尺度效应分析和尺度转换(傅国斌等,2001)。尺度转换是利用某一尺度上所获得的信息和知识来推测其他尺度上的现象(邬建国等,2000),而尺度效应是深入研究植被格局与水文过程相互关系进而解决尺度转换问题的关键所在(傅伯杰等,2010)。如何通过分析流域植被-水文过程的时空异质性和空间变异性,识别不同尺度下的植被-水文动态响应关系,开展流域植被-水文过程的尺度阈值分析,并基于遥感水文模型进行尺度效应规律研究是水循环研究所面临的热点和难点问题。

1.2 国内研究进展

(1)人类活动影响下的植被变化对径流影响研究是黄河水沙研究的热点领域。

植被变化作为最为广泛的土地利用和土地覆被变化(LUCC)要素之一,会影响区域水循环的时空变化过程。2000 年以来,我国 LUCC 发生了显著变化(刘纪远等,2014),其中黄土高原地区植被变化尤为明显(刘晓燕等,2015; 李艳忠等,2016),主要原因是 20 世纪 90 年代以来退耕还林还草等水土保持措施加强,矿产开采、交通设施建设等人类活动明显加剧,显著改变了黄河流域(特别是黄土丘陵沟壑区)的产水产沙过程,进而深刻影响着入黄水文的情势(刘昌明等,2004;胡春宏等,2008;薛松贵等,2012;刘晓燕等,2014; Chen et al. , 2015)。

植被变化与径流关系一直是生态水文研究的重要内容(Zhou et al. , 2015),植被与径流的关系尚无统一结论(李文华等,2001)。位于干旱半干旱区的黄土高原,径流随植被覆盖增加而减少已有共识(陈军峰等,2001;唐克丽等,2004),但缺少定量刻画。目前分析植被变化对河川径流影响的研究方法主要有流域对比观测法(Brown et al. , 2005; Dean et al. ,2014; Ochoa-Tocachi et al. ,2016)、水文法和水保法(王浩等,2005;姚文艺等,2013)、黄河遥感水文分析法(刘晓燕等,2014)和模型模拟法(刘昌明等,2004;Alvarenga et al. , 2016)。基于遥感的水文法和模型模拟法均能较好地反映植被与水文过程的相互作用关系(Nouwakpo et al. , 2016),但对于植被-水文过程尺度效应考虑较少。目前有关侵蚀产沙的尺度效应研究较多(李铁键等,2009;张晓明等,2014;Zhang et al. ,2010; 张乐涛等,2016; Wang et al. , 2016),而径流方面的研究还较少(严明等,2016)。

总体来看,植被变化对水文过程的影响已有很多相关成果,但影响作用存在较多不确定性。目前较多侧重于降水-径流的研究,相对缺乏植被-水文过程的尺度效应研究,尤其对于黄土丘陵沟壑区植被-水文过程尺度效应产生机制及变化规律关注较少,只有通过深入分析植被-水文的多尺度响应关系,才能从机制上揭示多尺度径流变化规律。应加强野外综合试验基础研究,为分析多尺度植被-水文关系和多尺度黄土丘陵沟壑区水文模型构建奠定坚实的理论基础。

(2)尺度问题是水文过程研究中的亟待突破的难点和前沿。

水文复杂系统多尺度现象本质在于不同尺度上物理的多样性和耦合性(何国威等,2004)。水文尺度问题及其转换关系研究尚未形成完整的理论和方法体系。国际水文科学协会(IAHS)将水文尺度问题列入六大专题之一。从水循环的规律看,水文过程在不同尺度上是不同的,即不同尺度下数学表达式是有区别的。因为水文过程是一个高度非线性的巨系统,且这个系统具有重要的尺度层次性。根据尺度层次性, 不同层次尺度也就具有相应的水文过程,如在微观尺度层次上的水文过程可用水动力学方程进行描述, 但在中观/宏观尺度层次上, 水文过程的总体响应不同于微观尺度下单个土体的叠加,需用新理论进行解释。水文过程的空间异质性和变异性增加了水文过程的复杂性和非线性,也是不同水文过程尺度研究和尺度转化的重点(刘建梅等,2003)。由于不同的时空尺度下存在不同的水文响应过程,尺度转换问题是建立合适的参数去描述这些过程,同时需要在不同尺度直接连接不同参数状态。通常尺度转换有两种方式,即尺度上推(scaling up)和尺度下推(scaling down)(李小文等,2013)。

由于地理水文要素之间存在多时空尺度的相互作用,需要构建多尺度、多要素的集成模型进行尺度转换。目前,研究尺度效应和进行尺度转换的方法主要有泰勒级数展开模型、数理统计回归分析模型、分形方法、小波变换方法等(徐芝英等,2012)。对于水文学研究,数据的尺度转换主要依赖于分形方法、小波分析方法和分布式水文模型转换方法等(丁晶等, 2003)。泰勒级数展开模型能够很好地解释相同模型在不同尺度下的反演产生尺度效应的原理,可以利用该模型进行地理信息的尺度转换研究(Wu　et al. ,2009;刘艳等,2010;朱小华等,2010)。数理统计回归分析模型通过建立不同尺度下水文气象、生态地理等变量的函数关系进行尺度转换(Duan et al. , 2013;叶勤玉等;2014;Xu et al. ,2015)。该方法缺乏对地理信息之间物理机制的考虑,存在较大不确定性,且受建模区域限制,不能推广。小波变换方法也被用于水文过程尺度特征分析和尺度转换(王安琪等,2013;Niu et al. , 2013;Rathinasamy et al. , 2014;Agarwal et al. , 2016)。

分形理论认为,不同尺度间的关系主要由分形维数的大小来确定,基于分形法开展降水数据、土壤因子、NDVI 等尺度转换(栾海军等,2015;刘继龙等,2010;Xu et al. ,2015),也可利用分形理论进行农田灌区、河网灌溉水利用系数(王小军等,2012;俞双恩等,2015)及泥沙输移比(Zhang et al. ,2015)等分析。运用分形理论研究水文变量的时空分布特征、不同时空尺度下水文因子的变化规律及水文因子与尺度之间的相互关系(齐习文,2012;Janik et al. , 2015;Li et al. , 2015)。分布式水文模型为水文过程尺度转换提供了有力的工具,通过构建分布式水文模型,研究嵌套流域降雨径流关系和时空尺度特征,并进行尺度转换,是水文过程研究的重要问题和未来发展方向(谢先红等,2010;Ali et al. , 2014;Clark et al. , 2015;Semenova et al. , 2015)。

综上所述,水文过程研究中的尺度问题是困扰水文学发展的瓶颈,各种水文因子尺度转换方法为水文过程尺度效应研究提供了良好的技术手段。探索通过分形理论和分布式水文模型拓展已有尺度转换方法,从植被-水文过程作用机制层面开展尺度效应研究。

(3)遥感水文模型是解决水文过程尺度问题的有力工具。

水文模型尺度是过滤器,对于水文过程的反映是控制尺度效应的参数(王鸣远等,2008)。分布式水文模型模拟方法是解决尺度问题的重要手段,其基本思路是:①确定所要研究、预测的水文过程及在不同尺度下影响该过程的主要参数;②找出信息在不同尺度之间进行转换的规律,建立合理的模型结构;③在相关时空尺度上检验模型的预报能力。利用分布式水文模型模拟方法进行尺度转化的关键是找到适合不同尺度流域的模型结构和主要参数(高超等,2013)。遥感与 GIS 技术的不断发展和完善,使描述下垫面复杂因子的空间分布有了强有力的工具,同时为提供降水量实时空间分布创造了条件,为分布式水文模型发展提供了有力的支撑。

遥感科学和水文学相结合,研发了许多耦合遥感信息的水文模型,这些模型通过结合遥感提供的下垫面条件信息(土地利用、地形、植被等),以及降水、蒸散发等气象水文参数,可使遥感技术在分析流域产汇流特性和确定水文模型参数等方面发挥巨大作用。遥感数据能够提供流域空间特征信息,是描述流域水文变异性最为可行的方法。当前遥感技术广泛应用于水文变量和参数的获取,主要包括气温(Chybicki et al. ,2016;Zhang, et al. ,2015)、降水量(Xu et al. ,2015;Forootan et al. ,2016)、积雪(Birajdar et al. ,2016;Huang et al. ,2017)、蒸散发(Crich et al. ,2015;Majidi et al. ,2016)、土壤水(Das et al. ,2015; Hosseini et al. ,2015)等,以及地表覆被状况、地形地貌、河网水系等水文下垫面因子。分形理论能够描述遥感信息的空间尺度特征,为建立遥感信息尺度转换模型提供依据(张华国等,2006)。遥感水文模型是将遥感技术与水文模型相结合,构建遥感信息驱动的水文模型(Houser et al. ,1998; Schuurmans et al. ,2003; Campos et al. , 2016;Hartanto et al. ,2017),直接或间接地应用遥感数据获取流域空间尺度的水文因子、生态环境因子和社会经济因子数据,开展水文状况和水资源利用的空间计算与分析,完成流域水文概况模拟、洪水过程监测预报、水资源估算和水资源配置等方面的任务。遥感水文模型能够很好地实现不同尺度遥感数据与水文过程的耦合(杨胜天等,2015),为解决水文过程尺度问题提供有效手段(李新等,2016;Peña-Arancibia et al. ,2016;Revilla-Romero et al. ,2016;Massei et al. ,2017)。目前遥感水文模型在刻画黄土丘陵沟壑区复杂地貌类型植被-水文过程的尺度特征方面上有所欠缺(Luo et al. ,2014;Zhao et al. ,2017)。

从主流看,通过地统计学方法和分形方法解析水文参数尺度特征,进而耦合一个具有相对完善结构与功能的遥感水文模型,研究植被-水文过程尺度特征及尺度效应是一个重要发展方向(Janik et al. , 2015;Gires et al. ,2016;Fatichi et al. , 2016)。黄土丘陵沟壑区生态-水文系统特殊、复杂,通过耦合分形方法构建适用于黄土丘陵沟壑区的遥感水文模型,以实现尺度效应及尺度转换研究是下一步研究的重点方向。

以上研究表明,将遥感技术科学和水文学相结合,利用遥感强大的空间信息获取能力,通过分形理论方法,在深入分析植被-水文信息空间尺度特征的基础上,构建不同尺度遥感信息驱动的水文模型,能够从机制和方法论上为解决水文过程尺度转换问题提供有力支撑。

综上所述,国内外在水文过程尺度问题、尺度转换方法以及黄河中游径流变化研究等方面都取得了大量成果,同时凸显了新的问题:黄土丘陵沟壑区径流变化机制复杂,不同尺度的水文过程观测试验研究是识别多尺度植被-水文过程作用关系的重要手段,将坡面、集水区降雨径流过程监测拓展到地面和遥感相结合的天-地一体化多尺度观测是未来发展的趋势,是获取多尺度真值的必要手段。

目前,小区和坡面降雨径流试验成果众多,通过地统计学方法和分形理论确定植被-水文参数的空间异质性及尺度阈值,建立坡面、集水区、流域植被、水文因子之间的转换关系,是水文过程尺度转换的重要方法。

遥感水文模型是解决水文过程尺度问题的有力工具,通过遥感分析流域空间变异性特征,解析不同空间尺度的植被-水文过程特征,建立它们之间的联系或某种新的过渡规律,是遥感水文模型研究的重点方向。

本书选择黄土丘陵沟壑区为研究区,通过耦合遥感与地面监测数据解析不同尺度下水文过程和植被格局特征,研究不同尺度下植被格局与水文过程动态响应关系及其关键影响因子和尺度阈值,建立多尺度遥感水文模型,综合研究黄土丘陵沟壑区新常态下植被-水文过程的空间尺度特征及尺度效应,深化黄土高原生态-水文尺度效应研究。

1.3　本书主要研究内容

针对黄河中游径流锐减问题,以黄土丘陵沟壑区为研究区域,通过耦合遥感与地面监测数据,观测和分析(坡面-集水区-流域)水文过程特征及(像元-景观-区域)植被格局特征;分析不同尺度下植被格局与水文过程的关系,识别并提取关键影响因子,定量评价关键因子的尺度特征及阈值;建立多尺度水文模型,综合研究黄土丘陵沟壑区新常态下植被-水文过程的空间尺度特征及尺度效应规律,为黄河中游流域尺度径流变化研究提供更丰富的基础数据支撑。

(1) 多尺度植被特征与水文过程监测及动态响应关系分析。

开展降水过程产流和流域水文过程数据采集,建立集水区-小流域-流域水文过程多尺度监测体系,分析坡面-集水区-流域水文过程的空间特征和时间动态;利用试验观测和遥感技术建立地面植被样方,监测典型植被类型参数,解析像元尺度的植被特征参数;利用高空间分辨率遥感数据反演景观尺度的植被结构及特征参数;利用中高空间分辨率遥感数据反演流域尺度的植被结构及特征参数;获取像元-景观-区域不同尺度的真值数据。在多尺度水文过程监测及植被地面-遥感观测数据基础上,基于 GIS 和统计分析,研究坡面-集水区-流域植被-水文过程动态响应关系。

(2)植被-水文过程动态响应关系尺度效应。

利用地统计学方法定量解析植被-水文参数在集水区、小流域和流域尺度的空间异质性,确定植被-水文参数空间异质性程度,探测空间异质性变化的尺度,分析集水区-小流域-流域植被-水文过程参数的尺度变化规律;识别并提取不同尺度下影响水文过程的关键因子,分析不同尺度植被-水文过程的驱动要素。

(3)植被-水文过程动态响应关系的尺度转换方法。

利用统计学方法整体上分析植被对径流的影响程度,以辨识植被活动与径流之间的关系及其响应格局;识别不同尺度下植被-水文过程动态响应关系,建立不同尺度径流转换模型并加以验证,实现不同尺度水文过程之间的转换。

第 2 章　研究区与数据

2.1　研究区概况

黄土高原位于黄河流域中上游地区，包括长城以南、秦岭以北、日月山以东、太行山以西的大部分地区，海拔 800~3 000 m。该区域为大陆性季风气候，年平均气温 3.6~14.3 ℃，年降水量 150~750 mm，气候带从东南向西北依次是湿润半湿润暖温带、半湿润半干旱温带、半干旱干旱温带。由于其特殊的地理位置、复杂的地形条件、典型的黄土地貌、地形破碎、土质结构疏松以及人类活动对植被的破坏等多种原因的影响，再加上相互交错分布的水力、风力、重力侵蚀，黄土高原地区成为我国乃至世界上水土流失最为严重的地区，同时是我国生态系统破坏较为严重的地区之一。黄土丘陵沟壑区的分布涉及陕西、山西、内蒙古、青海、宁夏、甘肃、河南 7 个省(区)，地形地貌差异明显，地形破碎，千沟万壑。

黄河中游河口镇至潼关区间(简称河潼区间)位于水土流失严重的黄土高原，2000 年以来河潼区间成为黄河流域植被改善和径流锐减的主要区域。渭河是黄河河潼区间最大的支流，全长 818 km，流域总面积 23.48 万 km^2。渭河发源于甘肃省渭源县，主要流经甘肃天水、陕西关中平原，在渭南市潼关县汇入黄河。依据河流形态划分，上游为宝鸡峡大坝以上，河道较为狭窄，河长 430 km；中游为宝鸡峡至咸阳铁路桥段，河道较宽，河长 180 km；下游为咸阳至入黄口，水流较缓，河长 208 km。渭河流域地形西高东低，自西向东地势逐渐变缓。上游主要为黄土丘陵区，中游为黄土塬区，下游进入关中地区为黄土阶地与冲积平原区。流域属于大陆性气候，年降水量 500~800 mm，气温 7.8~13.5 ℃，年降水量约 65%集中在 6—10 月，属于典型的干旱半干旱区域，蒸散发较为强烈。渭河多年平均径流量为 75.7 亿 m^3，径流地区分布不均，呈现出自南向北减小的趋势。主要土地利用类型包括耕地、林地和草地。选择河潼区间为研究区(见图 2-1)，渭河干流上游区作为重点研究区(见图 2-2)，其中以藉河-罗玉沟-桥子沟为嵌套流域(见图 2-3)作为典型区分析，以期解析黄土丘陵沟壑区不同尺度下植被-水文过程特征，揭示植被-水文尺度效应规律。

藉河是渭河的一级支流，流域位于甘肃省天水市，属于黄土丘陵沟壑区第三副区，流域面积 1 019 km^2。该流域处于暖温带半湿润半干旱的过渡地带，年平均气温 11.1 ℃，流域多年平均降水量 555.8 mm，最小值 368 mm，最大值 860 mm。藉河流域上中游主要分布着林草地，中下游主要为耕地，下游部分近年来分布有大范围的果园经济林。

罗玉沟位于甘肃省天水市北郊，天水市麦积区新阳镇凤凰乡境内的凤凰山麓为该流域的发源地，是渭河流域一级支流藉河的一条支沟，由西向东经天水市秦州区东关注入藉河，流域属于黄土丘陵沟壑区第三副区。该流域主沟道长约 21.63 km，宽约 3.37 km，沟口把口站以上控制面积达 72.79 km^2，流域地形从西北向东南倾斜，地势由西向东逐渐降低，海拔 1 000~2 000 m，整个沟系的分布形状呈现出羽毛状，地貌形态主要为黄土丘陵沟

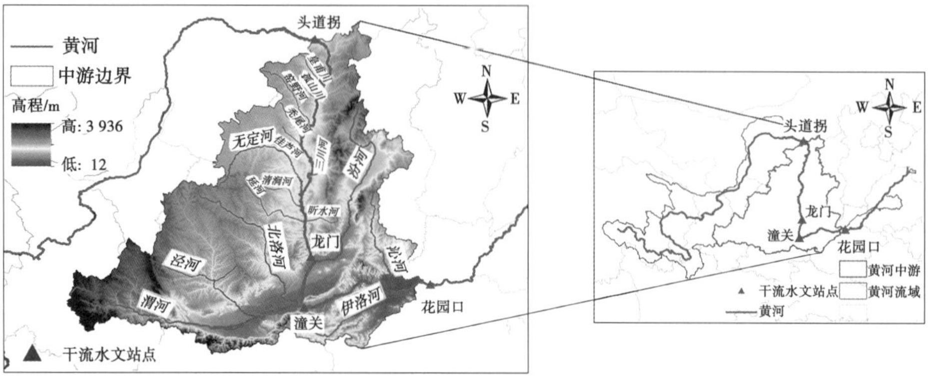

图 2-1　黄河中游及河潼区间位置示意

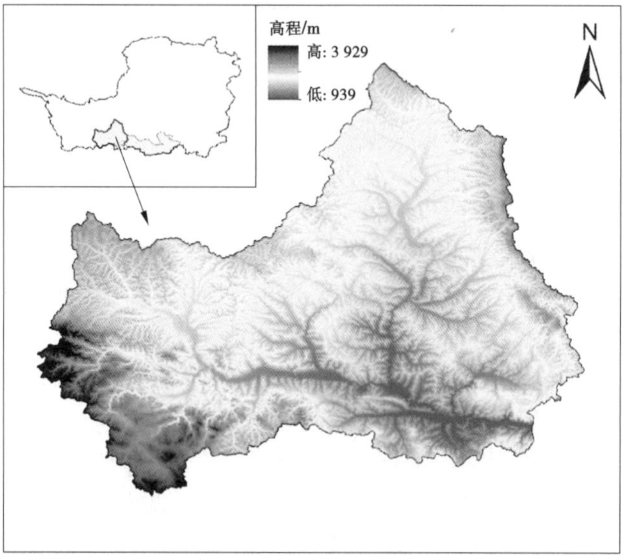

图 2-2　重点研究区位置

壑。罗玉沟流域气候属于温带大陆性季风气候，该气候特点为夏季高温多雨，春季和冬季气候较干，降水较少，多年平均降水量约 531. 1 mm，年平均气温约 10. 7 ℃，年蒸发量约 1 293. 3 mm，无霜期约 184 d。研究区内土地利用类型复杂多样，但主要以农耕地为主，约占研究区总面积的 55%；植被种类多样，有樱桃树、刺槐林、杏树、白蒿等，自然生长无人类因素影响的植被分布较少，占研究区总面积的 30%。

桥子沟流域为罗玉沟流域内嵌的典型小流域，位于罗玉沟流域下游左侧的一个小沟谷，其中又设置了两个相互对比的小流域，分别为桥子西沟（1. 09 km^2）和桥子东沟（1. 36 km^2）。西沟流域位于桥子沟的西边，东沟流域位于桥子沟的东边。早在 1953 年，按照“相似流域、平行对比”的指导思想，参照苏联水土保持专家扎斯拉夫斯基的建议，进行治理与非治理对比及综合治理效益的观测试验研究，设立桥子东沟为治理沟，桥子西沟为非

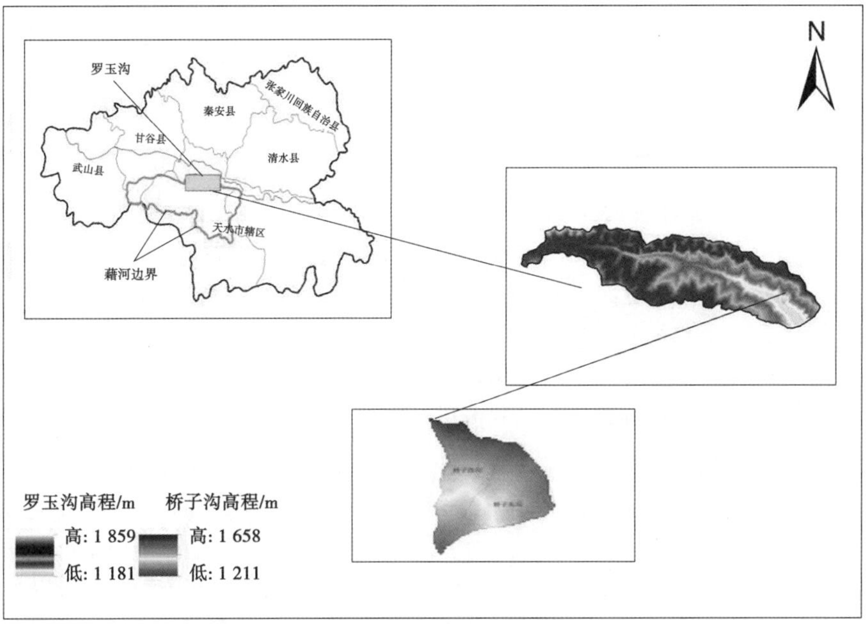

图 2-3　渭河上游的藉河-罗玉沟-桥子沟位置示意

治理沟。两个流域在土壤、地形、面积等方面极其相似,唯一的不同之处在于自 1985 年以来,对桥子东沟流域实施了水土保持措施,主要包括封山禁牧、建立淤地坝和梯田、陡坡限耕和植被恢复、在沟坡部位进行植树造林、防治水土流失。桥子西沟形状为羽毛状,干沟长 2.18 km,沟道比降 8%,为自然恢复流域,植被种类大多为白蒿、车前草等;桥子东沟形状为半扇形,干沟长 2 km,沟道比降 8%,为人工恢复流域,主要植被种类为刺槐林、杏树、紫花苜蓿等。

2.2　数据来源及预处理

2.2.1　MODIS 数据下载及处理

中分辨率成像光谱仪(MODIS)是搭载在 Terra 卫星和 AQUA 卫星上的一个重要的传感器,美国地球观测系统(EOS)计划将其用于观测全球生物和物理变化过程。每 1~2 d 可对全球表面的信息进行收集,包含 36 个中等分辨率水平(0.25~1 μm)的光谱波段。遥感卫星通过对陆地、海洋、大气、太阳辐射的观测来获取各个生态系统组成要素的变化信息,从而进行植被监测、土地利用、气候变化、自然灾害等方面的研究,与实现地球环境变化的长期观测总目标更进一步。

MODIS 数据来源于美国国家航空航天局(NASA)网站 LAADS DAAC 数据中心,该数据集特征参数提供完整、时间分辨率较高,因而在区域时空分布特征监测研究方面具有一定的优势。归一化植被指数(NDVI)来源于 MOD13Q1 产品,空间分辨率为 250 m,时间分辨率为 16 d。净初级生产力(NPP)为空间分辨率 500 m 的 MODIS 数据,土地利用数据来源于 MCD12Q1 产品,空间分辨率为 500 m,时间分辨率为 1 年。采用 MRT 工具将原始 MODIS 的 SIN 投影的 HDF 数据集统一转换成 WGS-1984 经纬度坐标下的 GeoTiff 格式图像文件,并进行图像的轨道镶嵌、重采样等操作。

2.2.2　Landsat 数据集及处理

美国陆地卫星(Landsat)系列卫星由美国国家航空航天局(NASA)和美国地质调查局(USGS)相互管理,该卫星是美国用于探测地球资源与环境的系列地球观测卫星系统,供给了大量的地球资源观测数据,为各类学科和领域的用户和研究人员提供所需要的遥感影像信息。Landsat 卫星的轨道设计为与太阳同步的近极地圆形轨道,既可以确保北半球中纬度区域获得中等太阳高度角的上午影像,且卫星经过某一点的地方时相同,又可以确保遥感观测条件基本一致,利于图像之间的对照,每 16~18 d 覆盖地球一次(重复覆盖周期),图像的笼罩范围为 185 km×185 km(其中 Landsat 7 为 185 km×170 km)。

Landsat 专题制图仪(TM,Thematic Mapper)是 Landsat 4 和 Landsat 5 卫星上携带的传感器,该卫星从 1982 年发射至 2011 年 11 月,其工作状态良好,几乎实现了连续获得地球影像。Landsat 8 卫星上主要携带的传感器为 OLI(Operational Land Imager,陆地成像仪)和 TIRS(Thermal Infrared Sensor,热红外传感器),设计使用寿命至少为 5 年。OLI 传感器包含了 9 个波段,覆盖了从红外到可见光的不同波长范围,成像宽幅为 185 km×185 km。OLI 传感器相较 Landsat 7 卫星的 ETM+传感器既包含了 ETM+的全部波段,又对波段 5(0.845~0.885 μm)进行了调整,排除了 0.825 μm 处水汽吸收的特征。TIRS 传感器是有史以来最为先进的、性能最好的热红外传感器。该传感器将流失的地球热量收集起来,能够清楚地了解观测地带的水分消耗,尤其是较为干旱地区的水分消耗。

Landsat 数据集时间分辨率为 16 d,空间分辨率为 30 m。本研究使用数据为 1986—2015 年夏季(6—8 月)数据,由于在网站上下载的数据只做了简单的几何校正,所以,首先在 ENVI 中使用 Radiometric Calibration 工具对 Landsat 数据进行辐射定标,目的是将图像的数字量化值(DN)转换成辐射亮度值或者反射率等;其次进行 Flash 大气校正,目的是消除传感器本身的误差以及大气散射、吸收、反射引起的误差,最后计算 NDVI,并裁剪出研究区的 NDVI 数据。

2.2.3　气象数据下载及处理

气象数据来源于中国气象数据网的中国地面气候资料日值数据集(V3.0),该数据集经过严格的质量控制,其中包含了中国 699 个基准、基本气象站 1951 年 1 月以来站点气压、气温、降水量、蒸发量、相对湿度、风向风速、日照时数和 0 cm 地温要素的日值数据。选取渭河上游附近 9 个气象站点,利用 Kriging 方法对其进行插值,插值结果的空间分辨率均为 1 km。

2.2.4　水文数据处理

水文数据主要为径流数据,来源于黄河水利委员会实测数据,对日径流数据进行整理并统计成月、年径流数据。各气象、水文站的空间分布及基本属性信息见图 2-4 和表 2-1、

表 2-2。蒸散发、土壤水分数据采用 Global Land Evaporation Amsterdam Model (GLEAM) v3.5a 产品，空间分辨率为 0.25°，蒸散发 ET 分为蒸发 *E* 和蒸腾 *T* 两部分，蒸发是雪升华(Es)、水面蒸发(Ew)、拦截损失(Ei)以及土壤蒸发(Eb)的总蒸发量。

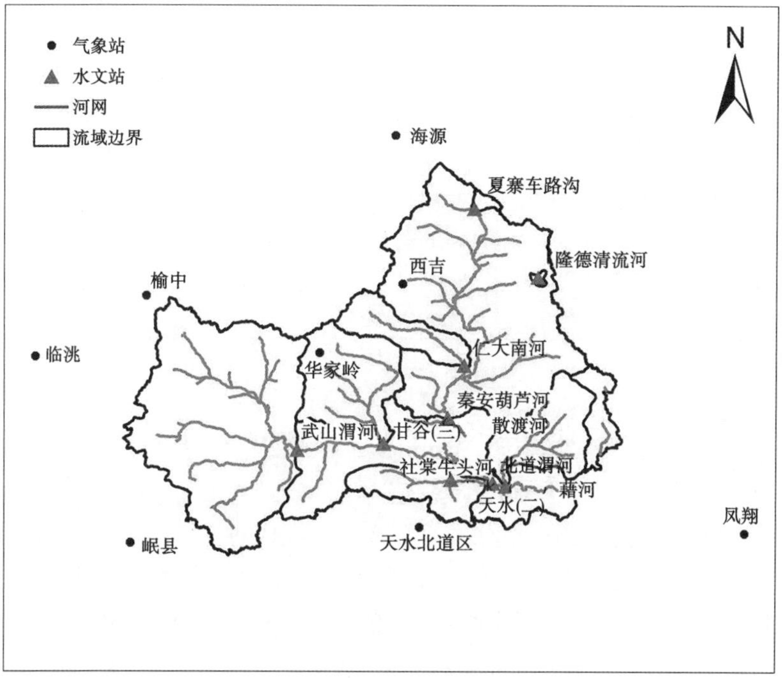

图 2-4　气象水文站点分布

表 2-1　水文站点信息

序号	站名	经度/(°)	纬度/(°)
1	隆德	106.13	35.62
2	夏寨	105.80	35.97
3	仁大	105.75	35.17
4	天水(二)	105.68	34.58
5	社棠	105.97	34.55
6	甘谷(三)	105.33	34.77
7	武山	104.88	34.73
8	秦安	105.67	34.90
9	北道	105.90	34.57

表 2-2　气象站点信息

站号	站名	所在省(区)	经度/(°)	纬度/(°)
53806	海原	宁夏	105. 39	36. 34
53903	西吉	宁夏	105. 43	35. 58
52996	华家岭	甘肃	105. 00	35. 23
52983	榆中	甘肃	104. 09	35. 52
52986	临洮	甘肃	103. 51	35. 21
56093	岷县	甘肃	104. 01	34. 26
57014	天水北道区	甘肃	105. 52	34. 34
57025	凤翔	陕西	107. 23	34. 31

2. 2. 5　土地利用数据与处理

土地利用数据主要参照《土地利用现状分类》(GB/T 21010—2017),按照中国科学院地理科学与资源研究所公布的土地分类系统及含义提取研究区的土地利用数据。本书使用的土地利用数据主要包括北京师范大学地理学与遥感科学学院完成的 1978 年、1998 年、2010 年和 2016 年黄河中游 4 期土地利用数据(30 m 分辨率)与 MODIS 土地覆被类型数据(MCD12Q1, 500 m 分辨率),采用 ArcGIS 软件中的裁剪工具,得到研究区土地利用数据,研究区主要土地利用类型有耕地、林草地、建筑用地、水体、未利用土地等。

2. 2. 6　高程数据与处理

高程数据为 SRTM(Shuttle Radar Topography Mission)DEM,该数据由美国国家航空航天局(NASA)和国防部国家测绘局(NIMA)以及德国与意大利航天机构共同合作完成联合测量,数据空间分辨率为 3″(约 90 m)。SRTM DEM 数据根据其数据精度可分为 SRTM 1 和 SRTM 3,对应空间分辨率分别为 30 m 和 90 m。其中,SRTM 3 覆盖全球 56°S~60°N,SRTM 1 仅覆盖美国本土。本书将覆盖研究区的影像进行投影、裁剪、重采样,获取了研究区 30 m 分辨率高程数据,并通过 ArcGIS 软件将研究区 DEM 数据通过坡度计算功能,得到研究区坡度数据。

2. 3　研究方法

2. 3. 1　动态趋势分析方法

2. 3. 1. 1　线性回归趋势分析

趋势分析是研究植被变化的常用方法,回归方程的斜率 slope 代表了植被生长的变化趋势,其计算公式为

$$\text{slope}=\frac{\sum_{i=1}^{n}(i-\bar{i})(\text{NDVI}_i-\overline{\text{NDVI}})}{\sum_{i=1}^{n}(i-\bar{i})^2} \tag{2-1}$$

式中：n 为时间段长度；NDVI_i 为第 i 年的 NDVI 值；$\overline{\text{NDVI}}$ 为 NDVI 多年平均值。

当 slope 的值大于 0 时，表明在该研究时间内的 NDVI 呈增长趋势；反之，呈减少趋势。slope 的绝对值越大，说明植被 NDVI 变化越强烈；反之，植被 NDVI 变化越平缓。

2.3.1.2 Sen + Mann-Kendall 法

Sen 趋势分析法是通过计算中位数进行长时间序列趋势研究的方法，能降低异常数据对统计结果的影响，而它本身不能判断趋势的显著性，所以需要结合 Mann-Kendall 法进行显著性检验，Mann-Kendall 法属于非参数统计检验方法，数据不一定要服从特定的分布，也很少受误差的影响，因此运用它进行趋势的显著性检验，将 Sen 趋势度和 Mann-Kendall 法相结合是目前进行长时间序列趋势分析和检验的重要方法，广泛应用于气象、水文、植被变化的分析中，使用 MATLAB 软件进行操作。

Sen 趋势计算公式为

$$\beta=\text{Median}\left(\frac{x_j-x_i}{j-i}\right) \quad j>i \tag{2-2}$$

式中，Median 为中位数；x_j、x_i 分别为第 j、i 时刻的序列值；β 为趋势度，根据 β 值判断时间序列的趋势，当 $\beta>0$ 时，表示上升，当 $\beta<0$ 时，表示下降。

在 Mann-Kendall 检验中，对于时间序列 $x_1, x_2, \cdots, x_n$，n 为时间序列长度，原假设 H_0 为无显著趋势，H_1 为存在单调趋势，检验统计量 S 计算公式为

$$S=\sum_{i=1}^{n-1}\sum_{j=i+1}^{n}\text{sgn}(x_j-x_i) \tag{2-3}$$

$$\text{sgn}(x_j-x_i)=\begin{cases}+1 & x_j-x_i>0\\ 0 & x_j-x_i=0\\ -1 & x_j-x_i<0\end{cases} \tag{2-4}$$

式中，$n<10$，如果 $|S|\geqslant Z_{\alpha/2}$，则拒绝 H_0，认为存在显著趋势；否则接受 H_0，认为不存在显著趋势。$S>0$ 时为上升趋势，$S=0$ 时不存在变化趋势，$S<0$ 时为下降趋势。$n\geqslant 10$，方差 $\text{VAR}(S)=n(n-1)(2n+5)/18$，需要使用检验统计量 Z 进行趋势检验，Z 值计算公式为

$$Z=\begin{cases}\dfrac{S-1}{\sqrt{\text{Var}(S)}} & S>0\\ 0 & S=0\\ \dfrac{S+1}{\sqrt{\text{Var}(S)}} & S<0\end{cases} \tag{2-5}$$

式中，当 $|Z|\leqslant Z_{1-\alpha/2}$ 时，接受原假设，即趋势不显著；当 $|Z|>Z_{1-\alpha/2}$ 时，拒绝原假设，即趋势显著（显著性水平均设定为 α）。

本书中时间序列为 2000—2020 年（$n=21$），所以采用 Z 统计量进行检验，显著水平

为 $\alpha = 0.05$，$Z_{1-\alpha/2} = 1.96$（见表 2-3）。

表 2-3 Sen 趋势判定

β	$\lvert Z\rvert$	变化趋势
$\beta < 0$	$\lvert Z\rvert > 1.96$	显著减小
	$\lvert Z\rvert \leq 1.96$	轻微减小
$\beta > 0$	$\lvert Z\rvert \leq 1.96$	轻微增加
	$\lvert Z\rvert > 1.96$	显著增加

2.3.1.3 集合经验模态分解（EEMD）

集合经验模态分解（Ensemble Empirical Mode Decomposition，EEMD）是一种时间局部自适应滤波方法，不依赖于任何先验确定的基函数，其目的是在时间-频率-能量域中提供更精确的时间序列表达式。EEMD 的算法步骤如下：

（1）在原始信号中加入正态分布的白噪声；

（2）将加入白噪声的信号进行 EEMD 分解，从而得到各 IMF 分量；

（3）每次加入新的正态分布白噪声序列重复步骤（1）和（2）；

（4）集成平均处理每次得到的 IMF 作为最终结果。

分解原理是在时频空间中当附加的白噪声均匀分布时，滤波器就可将时频空间分割成不同尺度的组分。EEMD 可将时间序列分解为有限数量的固有模态函数（IMF_k）和残差（RES），即

$$X(t) = \sum_{k=1}^{n} \mathrm{IMF}_k(t) + \mathrm{RES}(t) \tag{2-6}$$

式中：n 为 IMF 的个数。

IMF_k 揭示了不同时间尺度下从高频到低频的振荡特征，RES 反映了原始时间序列的变化趋势。

2.3.2 空间特征统计方法

2.3.2.1 变异系数

当需要比较两组数据离散程度大小时，如果两组数据的测量尺度有较大的偏差，又或者是数据量纲的不同，直接使用标准差来进行比较不合适，此时就应该消除测量尺度和量纲的影响，而变异系数 CV 刚好可以做到这一点。相较标准差，变异系数的好处是不需要参照数据的平均值，它是一个无量纲量，因此在比较两组量纲不同或者均值不同的数据时，应该用变异系数而不是用标准差来作为比较的参考。描述随机变量分散程度的统计量称为变异系数，该系数是为了分析植被覆盖空间格局与空间分异的规律。其数据大小不仅受到变量值离散程度的影响，而且受到变量值平均水平的影响，且该系数只有在平均值不为 0 时才有意义，一般适用于平均值大于 0 的情况。其计算公式为

$$\mathrm{CV}_{\mathrm{NDVI}} = \frac{\sigma_{\mathrm{NDVI}}}{\overline{\mathrm{NDVI}}} \tag{2-7}$$

式中：CV_{NDVI} 为 NDVI 的变异系数；σ_{NDVI} 为影像像元的标准差；$\overline{NDVI}$ 为像元的均值。

CV_{NDVI} 的值越大，表明各个年份之间同一像元的 NDVI 值分布越离散，植被覆盖时序相对不稳定；CV_{NDVI} 的值越小，表明各个年份之间的同一像元的 NDVI 值分布越集中，植被覆盖时序相对稳定。

2.3.2.2　Moran's I **指数**

Moran's I 指数是由 Moran's I 在 1948 年提出的一种空间自相关分析的统计指标，应用较为广泛，该指数强调了区域统计值与均值差异的共变性，可以用来表明区域属性值的分布状况是聚集、离散还是随机。全局 Moran's I 能够更为方便地探测空间要素或者其属性值在区域整体的空间自相关性，并且可以用来识别整个研究区域的空间分布模式。局部 Moran's I 指数可以很好地揭示空间参考单元与其邻近的空间单元属性特征值之间的相似性或者相关性，识别空间聚集和空间孤立。局部 Moran's I 弥补了全局 Moran's I 不能确切指出聚集或者异常发生的具体空间位置的缺陷。全局 Moran's I 和局部 Moran's I 的计算公式为

$$I = \frac{n\sum_{i=1}^{n}\sum_{j=1}^{n} w_{ij}(x_i - \bar{x})(x_j - \bar{x})}{\sum_{i=1}^{n}\sum_{j=1}^{n} w_{ij}\sum_{i=1}^{n}(x_i - \bar{x})^2} \tag{2-8}$$

$$I_i = \frac{n^2(x_i - \bar{x})\sum_{j} w_{ij}(x_j - \bar{x})}{\sum_{i}\sum_{j} w_{ij}\sum_{j}(x_j - \bar{x})^2} \tag{2-9}$$

$$\sum_{i=1}^{n} I_i - n \times I \tag{2-10}$$

式中：I 为全局 Moran's I，整个研究区的空间自相关统计量；I_i 为局部 Moran's I，专门衡量第 i 个单元点与它周围邻局的自相关程度；j 为空间单元；n 为栅格数据空间单元的总数；x_i 和 x_j 为变量 x 在其相邻接的空间单元栅格数据的取值；$\bar{x}$ 为变量 x 的均值；w_{ij} 为空间权重，当 i 和 j 相邻时，$w_{ij}=1$，否则 $w_{ij}=0$。

当 I 大于 0 时，表明在该研究区内植被 NDVI 存在显著的聚集现象；反之，表明该研究区内植被 NDVI 呈现出空间分散格局，且该值越小，表明 NDVI 存在的差异越大。

热点分析 G_i^* 计算公式为

$$G_i^* = \frac{\sum_{j=1}^{n} W_{ij}x_j - \bar{x}\sum_{j=1}^{n} W_{ij}}{S\sqrt{\dfrac{n\sum_{j=1}^{n} W_{ij}{}^2 - \left(\sum_{j=1}^{n} W_{ij}\right)^2}{n-1}}} \tag{2-11}$$

$$\bar{x} = \frac{\sum_{j=1}^{n} x_j}{n} \tag{2-12}$$

$$S = \sqrt{\frac{\sum_{j=1}^{n} x_j^2}{n} - \bar{x}^2} \tag{2-13}$$

式中：G_i^* 值越大，热点越聚集；G_i^* 值越小，冷点聚类越紧密。

2.3.2.3 信息熵法

熵的概念最早出现在热力学中，用来表述热力学第二定律。信息熵最早来源于热力学中的熵，1948 年 Shannon 在他著名的《通信的数学原理》论文中把"信息熵"定义为离散随机事件的出现概率，用来说明信息源的不确定性，这样就解决了对信息的量化度量问题。Shannon 认为信息熵应具备三大基本属性：①信息熵应该是随着概率的变化呈现出连续变化的；②当所有可能选择的概率 $P_i(=1/n)$ 相等时，信息熵随总数 n 的增加而增加，即事件的可能性选择越多，不确定性也越大；③当一个选择可以分解为两个连续选择时，分解前后的熵值应该相等，不确定性应该相同。基于上述条件，Shannon 假设随机事件 X 具有值 $x_1,x_2,\cdots,x_n$，P_i 是 x_i 存在的概率，并且给出了如下这种随机事件信息熵的计算数学表达式

$$H = -\sum_{i=1}^{n} P(x_i)\lg P(x_i) \tag{2-14}$$

式中：H 为信息熵，一般取 2 为底的对数，单位为比特(Bit)，也可以选取其他对数底，采用与之相对应的单位，可以根据换底公式进行相互换算。NDVI 信息熵反映了 NDVI 之间的离散程度，熵值越大，表明 NDVI 分布越分散；熵值越小，表明 NDVI 分布越聚集。

2.3.3 影响因素分析方法

2.3.3.1 相关分析法

分析植被与水文因子的相关性，其计算方法为

$$R = \frac{\sum_{i=1}^{n}(x_i - \bar{x})(y_i - \bar{y})}{\sqrt{\sum_{i=1}^{n}(x_i - \bar{x})^2 (y_i - \bar{y})^2}} \tag{2-15}$$

式中：n 为年份；i 为第 i 年，$i=1,2,3,\cdots,n$；x_i 和 y_i 分别为 NDVI 和水文因子第 i 年的值；$\bar{x}$ 和 $\bar{y}$ 分别为 NDVI 和水文因子样本的平均值；R 为相关系数，表示植被与水文因子的相关程度，取-1~1。

R 大于 0，表明 NDVI 与水文因子数据呈正相关关系；R 小于 0，表明 NDVI 与水文因子呈负相关关系。$|R|$ 越大，表明二者之间的相关性越大。

2.3.3.2 主成分分析法

主成分分析法作为一种有效的降维统计方法，可提取出影响因素的主要特征，降低问题的复杂程度和难度，改善原始数据的抗干扰能力。主要基于正交变换将其分量相关的原随机变量转换成不相关的新随机变量，然后将多维变量系统降维处理成低维变量系统，再通过构造价值函数使之转化成一维系统。算法步骤如下：

（1）设样本数据为 $\boldsymbol{H}=M\times N$ 的矩阵，其中 M 表示样本数，N 表示特征维度。

（2）对样本矩阵进行中心化（取均值），即

$$u=\frac{1}{M}\sum_{i=1}^{M}x_i \tag{2-16}$$

式中：x_i 为第 i 个样本。

（3）计算样本的协方差矩阵，即

$$\boldsymbol{C}=\frac{1}{M}\boldsymbol{X}^{\mathrm{T}} \tag{2-17}$$

（4）对协方差矩阵 $\boldsymbol{C}$ 进行特征值分解。

（5）对特征值按从大到小的顺序排列，保留其中最大的 N' 个。

（6）取出 N' 个特征值对应的特征向量（$\omega_1,\omega_2,\cdots,\omega_{N'}$），组成特征向量矩阵 $\boldsymbol{W}$。

（7）将样本矩阵 $\boldsymbol{X}$ 投影到以特征向量矩阵 $\boldsymbol{W}$ 为基的新空间中，得到降维后的矩阵，即

$$\boldsymbol{Z}=\boldsymbol{X}\times\boldsymbol{W} \tag{2-18}$$

2.3.3.3　人类活动强度计算模型

人类活动强度的定量计算采用徐勇等（2015）提出的陆地表层人类活动强度计算模型，该模型通过土地利用来反映人类活动对地表自然覆被利用、改造和开发的程度，建设用地是人类活动对陆地表层影响最大的土地利用类型，所以将建设用地当量作为人类活动强度的基本度量单位，根据对陆地表层作用的强弱确定不同土地利用类型的折算系数，将其面积折算为对应的建设用地当量，计算区域内总的建设用地当量，人类活动强度即区域建设用地当量面积占区域总面积的百分比，计算公式为

$$\mathrm{HAILS}=\frac{S_{\mathrm{CLE}}}{S}\times 100\% \tag{2-19}$$

$$S_{\mathrm{CLE}}=\sum_{i=1}^{n}(\mathrm{SL}_i\cdot\mathrm{CL}_i) \tag{2-20}$$

式中：HAILS 为陆地表层人类活动强度；S_{CLE} 为建设用地当量面积；S 为区域总面积；SL_i 为第 i 种土地利用类型面积；CL_i 为第 i 种土地利用类型的建设用地当量折算系数；n 为区域内土地利用类型数。

该方法已广泛应用于评价区域人类活动强度。本书以黄河中游流域内栅格为单位，根据徐勇的折算系数方法，并结合以往对相关区域的研究，最终确定黄河中游流域土地利用类型的建设用地当量折算系数，见表 2-4。

2.3.3.4　结构方程模型

结构方程模型（Structural Equation Model，SEM）融合了生物测量学中提出的路径分析、计量经济学中的联立方程以及心理测量学中引入的潜变量模型的特点，弥补了传统统计方法的不足，是一种验证多个自变量与多个因变量之间相互关系的多元数据分析方法，被称为近年来统计学三大发展之一。

结构方程模型是因子分析与路径分析的结合体，整个模型分为结构模型和测量模型两部分，结构模型是指潜变量之间的相互关系，其中的方程称为结构方程，测量模型是指

潜变量与测量变量之间的因果关系,其中的方程称为测量方程。测量变量是指能够测量出来的变量,潜变量是指不能直接测量出来的变量,但可以通过一些测量变量来反映,在模型中只有箭头指出,有被箭头指向的变量称为内源变量,没有被其他箭头指向的变量称为外源变量,任意一个内源变量的变化被认为是其他内源变量和外源变量共同作用的结果,根据因子间的相互关系,模型中的变量既可能是自变量也可能是因变量,表达形式如下。

表 2-4　黄河中游流域土地利用类型的建设用地当量折算系数

一级土地利用类型	二级土地利用类型	折算系数
耕地	水田、旱地	0.2
林地	有林地、灌木林、疏林地	0
	未成林造林地、迹地、苗圃、各类园地	0.133
草地	高、中、低覆盖度草地	0.067
水利设施用地	水库、坑塘	0.6
水域	河渠、湖泊、滩地	0
城乡、工矿、居民用地	城镇用地、农村居民点、其他建设用地	1.0
未利用土地	沙地、戈壁、盐碱地、沼泽地、裸土地、裸岩石质地、其他	0

结构模型反映模型路径分析的功能,潜变量之间的相互关系用结构方程式来表示:

$$\eta = \boldsymbol{B}\eta + \boldsymbol{\Gamma}\xi + \zeta \tag{2-21}$$

式中:η 为内源潜变量;ξ 为外源潜变量;$\boldsymbol{B}$ 为 η 的相关系数矩阵,$\boldsymbol{\Gamma}$ 是 ξ 的相关系数矩阵;ζ 为残差项,即内源潜变量在方程中未被解释的部分。

测量模型体现了模型因子分析的作用,潜变量与测量变量之间的关系为

$$X = \Lambda_X\xi + \delta \tag{2-22}$$

$$Y = \Lambda_Y\eta + \varepsilon \tag{2-23}$$

式中:X 为外源潜变量 ξ 的观测变量;Y 为内源潜变量 η 的观测变量;Λ_X 为外源观测变量 X 对外源潜变量 ξ 的因子负荷矩阵,即两者的相关关系,也是路径系数;Λ_Y 为内源观测变量 Y 对内源潜变量 η 的因子负荷矩阵,即两者的相关关系,也是路径系数;δ 和 ε 为误差项。

结构方程模型的主要建模步骤为:第一步先进行模型设定,通过先验知识,归纳总结已有的研究结果并建立初始概念模型;第二步进行模型识别,检验待估参数能否被方程解出;第三步进行参数估计,通过最大似然等方法估计模型的参数;第四步进行模型评价,通过计算协方差矩阵对模型的拟合度进行判断,一般通过卡方值一系列指标评判模型与数据的匹配程度;第五步进行模型的修正,根据上一步显示的指标,对模型进行局部调整以提高模型拟合度,最终得到最优的结构方程模型。

结构方程模型将多个过程融合在一起,并对多个过程的影响因子和变化趋势进行分析。例如,气候变化影响的不只是某个特定的过程,而是系统内所有相关过程,只是不同过程所受影响的程度不同,生态学中常用的形式为不包含潜变量,只有观测变量,即结构

模型部分，本书使用 SmartPLS 3 进行操作。

2.3.4 分布式水文模拟方法

SWAT(Soil and Water Assessment Tool)模型是一个可用于长时间序列的分布式水文模型，主要在较大流域尺度上得到广泛应用，是美国农业部(USDA)开发的。SWAT 模型可以根据下垫面条件的不同进行模拟，即对流域内地形、土地利用类型和不同的土壤类型等条件进行建模，用于径流、泥沙和点源污染的模拟。

将获取的水文年鉴径流数据进行统计，利用 ArcGIS 平台上的 SWAT 扩展模块进行建模，建立土壤数据库。在划分子流域后，将通过 SWAT Weather 插件计算好的气象数据(降水、气温、风速、露点等)输入 SWAT 数据库中，之后生成气象数据库。将建好的数据库输入 SWAT 模型后，就可以根据需要的时间尺度建立并运行模型。采用 SWAT-CUP 软件并根据选出的参数进行率定，设置好参数后进行模拟，将模型计算数据与实测径流数据进行对比，最后根据效率系数高低判断效果是否达到预期，其中最优参数下率定的结果就是需要的模拟结果。

2.3.5 尺度转换及评价方法

2.3.5.1 尺度转换

为了得到径流-降水-植被动态变化在不同空间尺度上的变换指数，提出一种两阶段的参数尺度变换方法，包括以下 3 个步骤：

(1)建立不同空间尺度流域的径流-降水-植被之间的关系：

$$Q_k = F(P_k, N_k, a_k) \tag{2-24}$$

式中：k 为不同空间尺度的子流域；Q_k、P_k 和 N_k 为空间尺度为 k 的流域的径流、降水和 NDVI；a_k 为可能包含不同参数的参数集。

对于给定的 k，通过计算可获得数据对$[k, a_k]$空间尺度(如子汇水面积)与公式中不同参数的关系。

(2)对数据集进行归一化，并将 k 中的每个参数作为 k 的标度函数进行回归：

$$\{a_k\} = \{R(k)\} \tag{2-25}$$

对所有参数 a_k 完成步骤(2)，就完成了径流-降水-植被尺度转换的第一阶段。使用 MATLAB 软件中的统计方法从不同集水区收集的月数据建立一个 a_k 和尺度 k 之间的回归模型。

(3)利用实测数据对拟合结果进行检验，并用相关系数 R、均方根误差(RMSE)、纳什系数(Nash-Sutcliffe)对模型进行验证。通过试验，得到了以尺度表示的改进型径流方程：

$$Q_k^R = F(P_k, \{R(k)\}) \tag{2-26}$$

得出尺度转换指数为 $k_\theta = Q_k / Q_k^R$，并给出适用于特定流域的径流-降水-植被尺度转换公式。

2.3.5.2 评价指标

(1)相关系数是用来统计两个及两个以上随机变量之间相关关系的方法，可以作为一个统计指标来描述各个变量相互间关系的密切程度。计算公式为

$$R_{xy} = \frac{\sum_{i=1}^{N}(x_i - \bar{x})(y_i - \bar{y})}{\sqrt{\sum_{i=1}^{N}(x_i - \bar{x})^2}\sqrt{\sum_{i=1}^{N}(y_i - \bar{y})^2}} \tag{2-27}$$

式中:R_{xy} 为 x 和 y 的相关系数;i 为月份、年份序号;x_i 和 y_i 分别为第 i 月或第 i 年两个要素的值;$\bar{x}$ 和 $\bar{y}$ 为均值。

(2)纳什系数是用于评价模式质量的一个评价参数,公式为

$$E = 1 - \frac{\sum_{t=1}^{T}(Q_o^t - Q_m^t)^2}{\sum_{t=1}^{T}(Q_o^t - \bar{Q}_o)^2} \tag{2-28}$$

式中:E 为纳什系数;Q_o^t、Q_m^t 分别为第 t 时刻的观测值和模拟值;$\bar{Q}_o$ 为观测值的总平均值。E 越接近 1,表示质量越好;E 越接近 0,表示模拟结果越接近观测值的平均水平。

(3)利用均方根误差、平均误差和平均绝对误差对模拟的径流进行描述,将计算结果与实际值进行比较。

均方根误差:

$$\mathrm{RMSE} = \sqrt{\frac{1}{N}\sum(H_c - H_o)^2} \tag{2-29}$$

平均误差:

$$\mathrm{AE} = \frac{1}{N}\sum(H_c - H_o) \tag{2-30}$$

平均绝对误差:

$$\mathrm{MAE} = \frac{1}{N}\sum|H_c - H_o| \tag{2-31}$$

式中:H_c 为计算值;H_o 为测量值;N 为测试点的数量。

第 3 章 不同尺度下植被变化特征

本章选择清流河、车路沟作为集水区尺度,藉河、牛头河、散渡河、武山站以上区域、葫芦河为小流域尺度,渭河干流上游为流域尺度,分析不同尺度下植被时空变化特征,并对比分析了研究区内渭河北道以上-藉河-罗玉沟-桥子沟 4 个不同时空尺度植被规律。

3.1 集水区尺度下植被时空变化

3.1.1 清流河植被覆盖变化

应用最大值合成法(MVC)获得基于像元的年 NDVI 最大值后,通过对清流河区域长时间序列 NDVI 变化进行分析,来揭示该地区的年际变化规律。1981—2017 年清流河流域 NDVI 年际变化如图 3-1 所示,可以看出,1981—2017 年 NDVI 整体呈增加的趋势。2017 年 NDVI 相比于 1981 年增长 0.098,增长速率为 0.004 2/a,年平均 NDVI 为 0.561 2。受水旱灾害的影响,1984 年和 1990 年植被生长水平较差。NDVI 的变化情况大致可分为两个阶段:1981—2000 年植被处于稳定生长的阶段,2001—2017 年植被变化波动较为剧烈,总体呈增加的趋势。

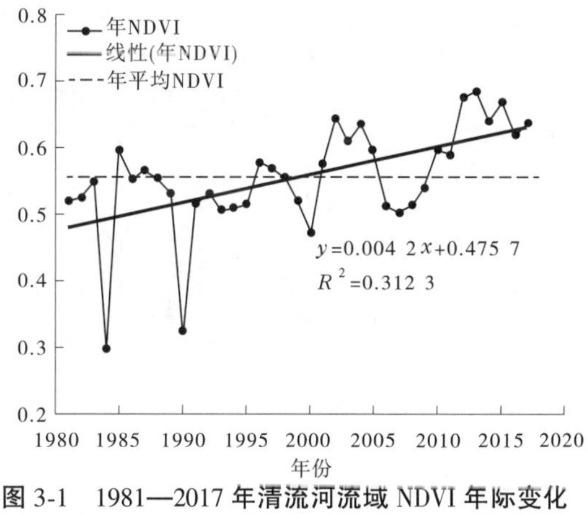

图 3-1 1981—2017 年清流河流域 NDVI 年际变化

根据图 3-1 和 Mann-Kendall 检验,可以看出:

(1)集水区 NDVI 总体呈波动上升趋势。1981—1983 年年 NDVI 持续上升,1984 年突降为该时期植被覆盖最低值;1990 年 NDVI 第 2 次发生突降,1991—2000 年 NDVI 处于波动变化状况;2001 年之后 NDVI 呈上升趋势,之后分别出现两个 NDVI 峰值(2003 年、2013 年)和谷值(2007 年),再之后略微下降。

(2)根据 UF 和 UB 曲线的交点位置,采用 T 检验法,确定集水区在 2005 年发生突变,见表 3-2。

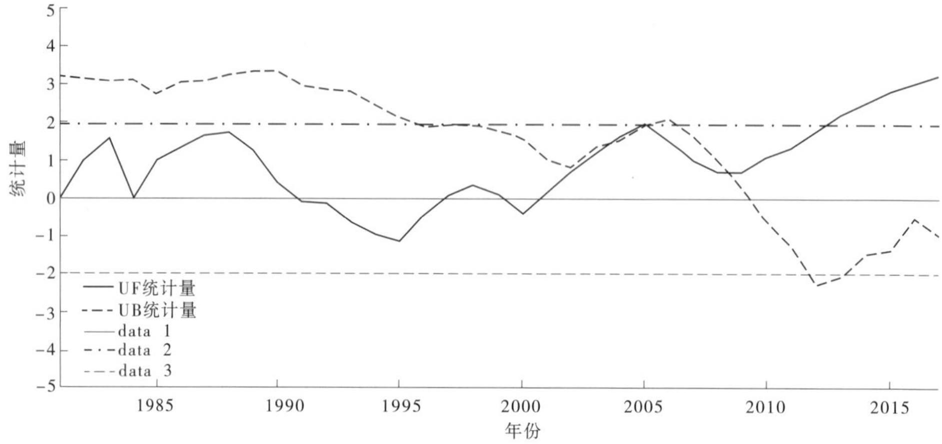

图 3-2 清流河 NDVI Mann-Kendall 突变检验结果

1981—2017 年清流河流域 NDVI 空间分布特征如图 3-3 所示。可以看出，清流河流

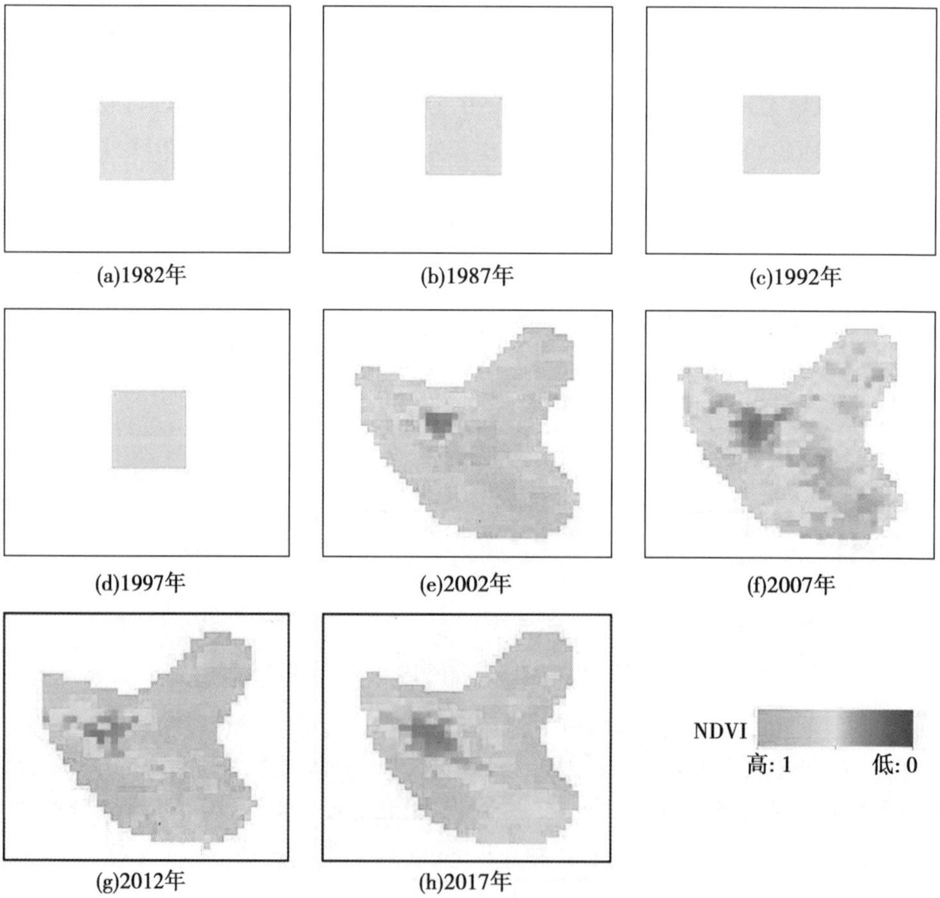

图 3-3 1981—2017 年清流河流域 NDVI 空间分布特征

域 NDVI 总体表现出东高西低的特点,其间流域植被整体改善。1981—2000 年间植被变化较为稳定,2000 年以后植被呈波动性变化。2002 年流域 NDVI 整体上升,低植被覆盖集中在西部地区,主要是受城市活动的影响。2007 年植被生长状况较差,除西部城市周围外东部地区 NDVI 同样较低,NDVI 呈下降趋势。2012 年植被覆盖度明显提升,植被改善较大,东部改善最明显。至 2017 年植被生长水平略微下降,达到稳定水平。总体来看,2007 年植被可能受到自然灾害影响使得 NDVI 下降,其他年份植被生长状态较好,植被总体向高植被状态转化。

3.1.2　车路沟植被覆盖变化

1981—2017 年车路沟流域 NDVI 年际变化情况如图 3-4 所示。NDVI 的变化规律呈波动上升趋势,植被盖度有所增加。在研究时间段内,NDVI 的变化趋势存在阶段性,表现为 1981—2003 年平稳波动变化期,2003 年之后处于波动上升期。车路沟流域 NDVI 在研究时段内的增长速率为 0. 005 6/a,相关系数 R^2 为 0. 395 2。NDVI 最大值为 0. 690 2,出现在 2013 年;最小值为 0. 232 2,出现在 1990 年,年平均 NDVI 为 0. 458 8。

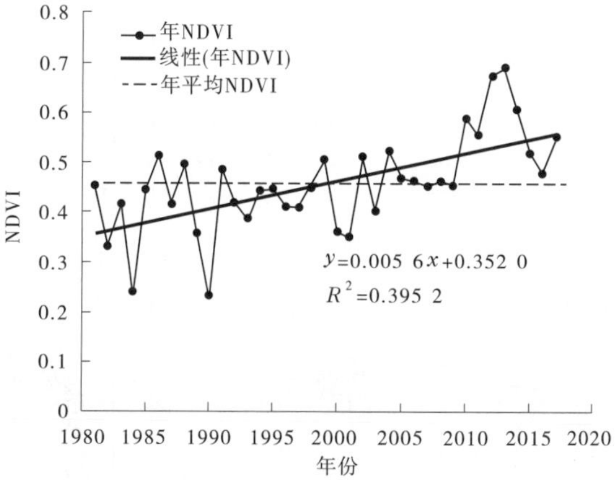

图 3-4　1981—2017 年车路沟流域 NDVI 年际变化情况

从图 3-4 可以看出,集水区年 NDVI 呈波动上升趋势。1981—1984 年年 NDVI 逐渐下降;1985—2003 年 NDVI 变化相对较为稳定;2003 年之后 NDVI 逐渐上升,且在 2010—2017 年增长水平较为显著,超过 $\alpha = 0.05$ 显著性检验。根据 Mann-Kendall 检验 1981—2017 年车路沟流域年 NDVI 的变化趋势,结果见图 3-5。可以看出,UF 和 UB 曲线只有一个交点,确定年 NDVI 的突变年份为 2005 年,这与清流河集水区年 NDVI 的突变年份一致。

1981—2017 年车路沟流域 NDVI 空间分布特征如图 3-6 所示。图 3-6 直观地反映了研究区在空间上植被的动态特征。车路沟流域植被覆盖逐渐改善,NDVI 呈增加趋势。2002 年车路沟低植被覆盖度的区域主要集中在南部地区,而 2007 年整体植被生长状况较差,从 2012 年、2017 年 NDVI 空间分布可以看出植被覆盖情况显著增加。

图 3-5　车路沟流域 NDVI Mann-Kendall 突变检验结果

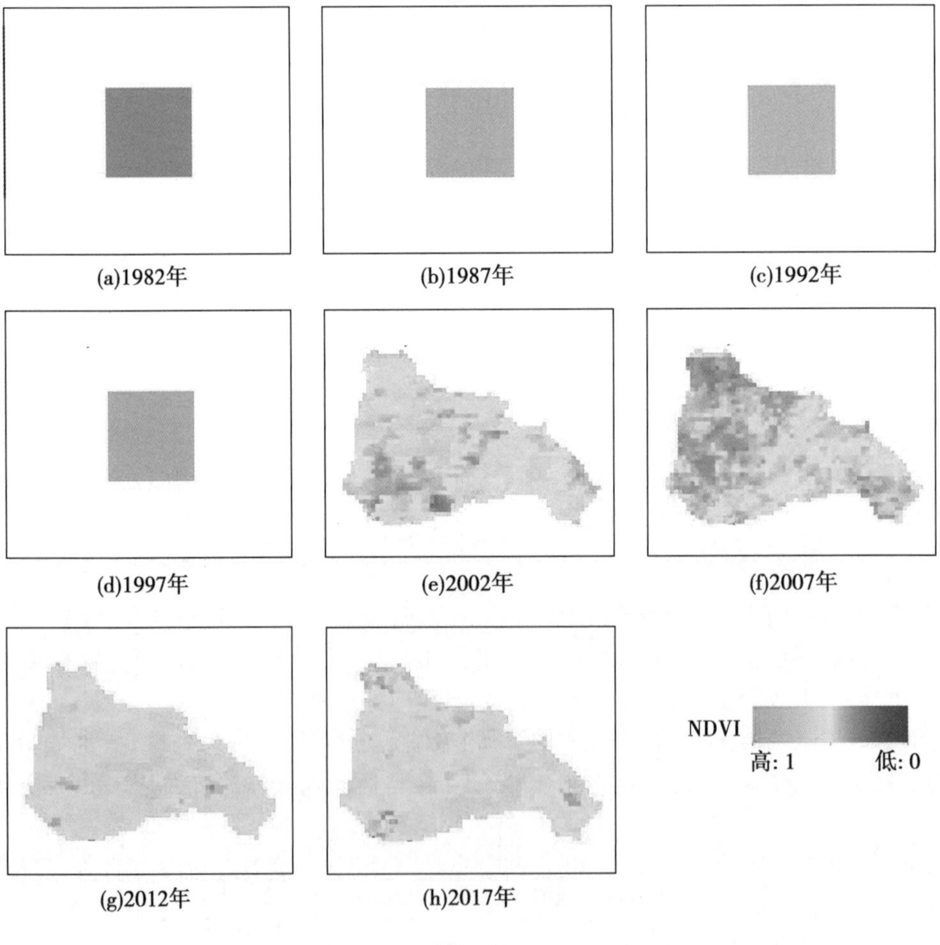

图 3-6　1981—2017 年车路沟流域 NDVI 空间分布特征

3.2　小流域尺度下植被时空变化

3.2.1　耤河流域植被覆盖变化

1981—2017 年耤河流域 NDVI 的年际变化趋势如图 3-7 所示。37 年间耤河植被整体表现出上升的趋势。研究时间内,NDVI 较为突出的谷值出现在 1984 年、1990 年、2000 年,2011 年、2012 年、2013 年、2015 年、2017 年的 NDVI 处于较高水平,增加速率为 0.004 0/a。1981—2009 年植被处于稳定增长阶段,2010 年以后植被呈波动上升态势,整体略向上倾斜的 W 形。总体来看,耤河流域植被增长在近些年较为明显,除 1984 年、1990 年偏低外,其他年份植被长势较好。

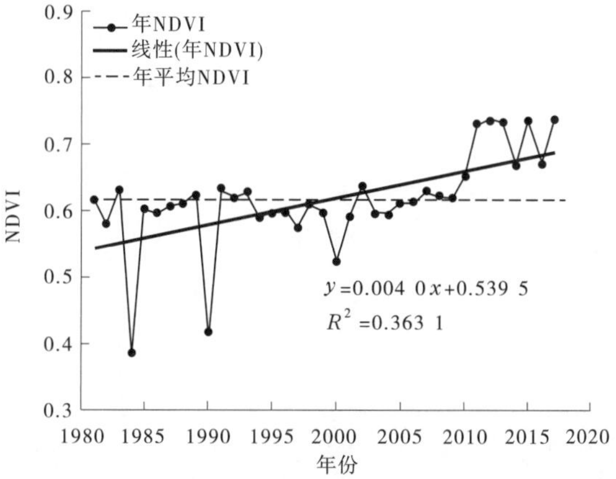

图 3-7　1981—2017 年耤河流域 NDVI 的年际变化趋势

由图 3-7 可以看出,小流域 NDVI 总体呈波动上升趋势。1981—1987 年年 NDVI 略微下降,1997 年 NDVI 高于 1987 年,缓慢上升;1998—2006 年 NDVI 变化范围趋于稳定;2006 年之后植被生长状况逐渐好转,2011 年达到显著水平,超过 $\alpha=0.05$ 显著性检验。根据 Mann-Kendall 检验 1981—2017 年耤河小流域年 NDVI 的变化趋势,结果见图 3-8。根据 UF 和 UB 曲线的交点位置,采用 T 检验法,确定小流域 NDVI 在 2008 年发生突变。

1981—2017 年耤河流域 NDVI 空间分布特征如图 3-9 所示,可以得出,耤河流域植被覆盖整体状况良好,多年平均 NDVI 的像元平均值为 0.615 3。低植被覆盖区域主要集中在天水市附近,受到城市人类活动的影响。1982—1992 年耤河流域中东部地区植被生长状况明显改善,1997 年植被覆盖略微下降。2002—2007 年耤河流域北部植被退化显著,2007—2017 年研究区植被覆盖逐渐提升。

3.2.2　牛头河流域植被覆盖变化

对牛头河流域年最大 NDVI 数据进行全区平均,代表当年植被覆盖情况,用以分析 1981—2017 年流域植被覆盖变化的趋势,见图 3-10。可以看出,牛头河流域 NDVI 在 1984—1990 年波动较大,但整体呈上升的趋势,线性回归方程的系数为 0.003 8,植被覆

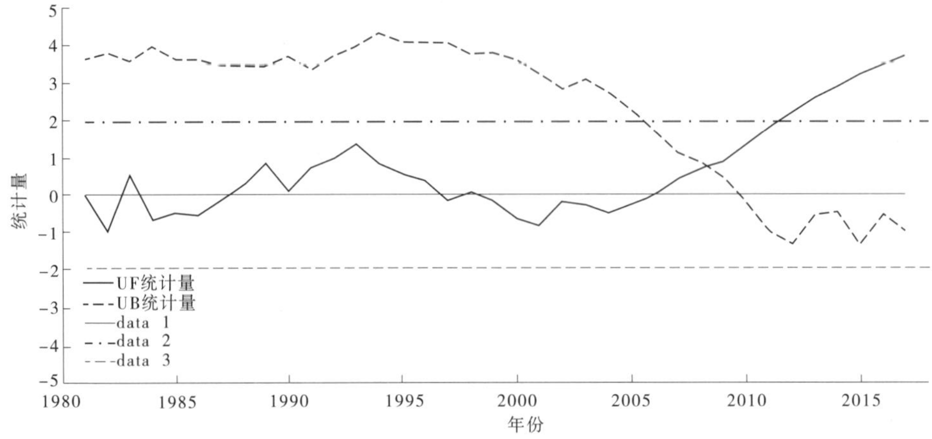

图 3-8　藉河流域 NDVI Mann-Kendall 突变检验结果

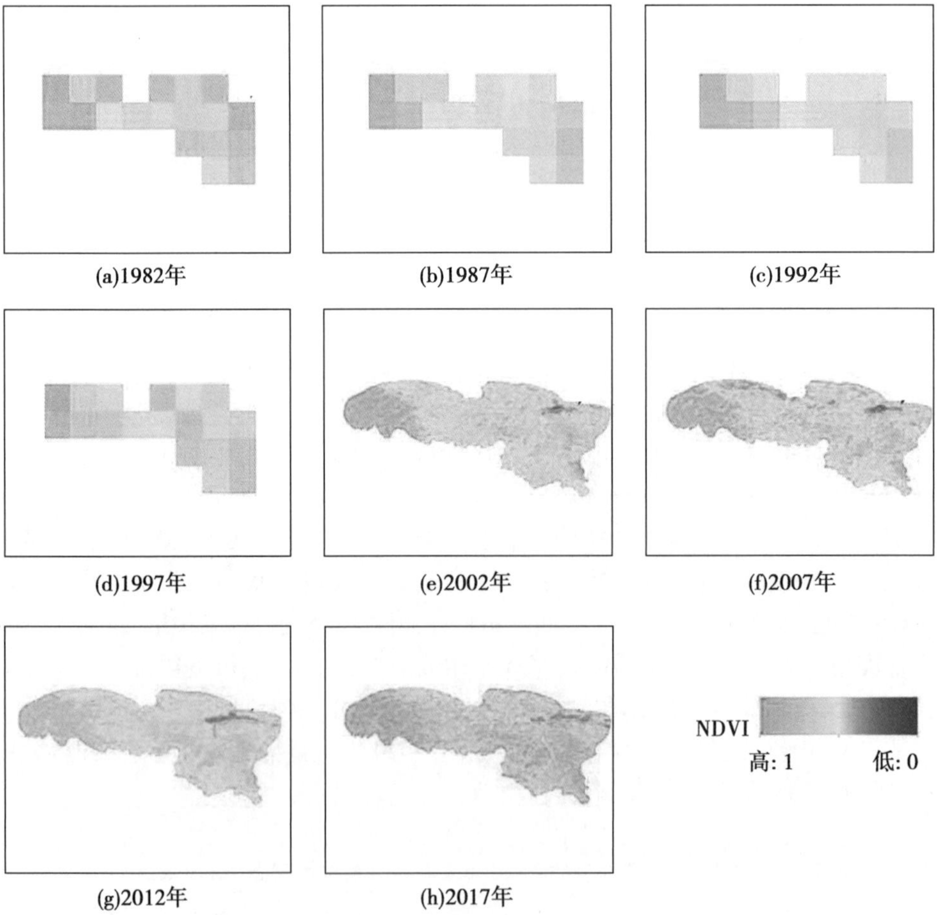

图 3-9　1981—2017 年藉河流域 NDVI 空间分布特征

盖度有所上升。NDVI 最大值在 2013 年,为 0.760 3;最小值在 1984 年,为 0.384 9。从不同阶段来看,1981—2010 年间,植被覆盖基本处于稳定状态,2010 年以后植被覆盖度明显增加,处于较高水平。

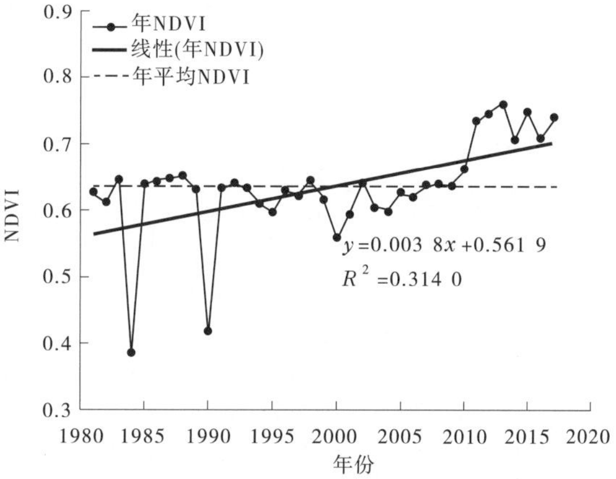

图 3-10　1981—2017 年牛头河流域 NDVI 年际变化趋势

由图 3-10 可以看出,小流域年 NDVI 呈波动上升趋势,1981—1985 年呈 W 形变化,在 1982 年达到最低值。除 1990 年外,1985—1994 年 NDVI 变化相对较为稳定,1988 年达到显著水平;1995—2010 年植被 NDVI 逐渐减少,在 2010 年之后植被缓慢增长。根据 Mann-Kendall 检验 1981—2017 年牛头河流域年 NDVI 的变化趋势,结果见图 3-11。由图 3-11 可以看出,UF 和 UB 曲线只有一个交点,确定年 NDVI 的突变年份为 2010 年。

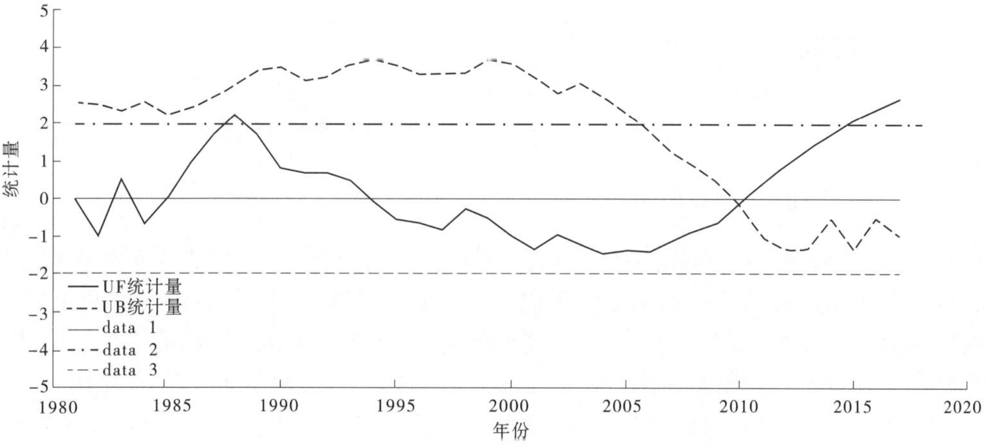

图 3-11　牛头河流域 NDVI Mann-Kendall 突变检验结果

在分析了植被覆盖年际变化趋势的基础上,基于 MODIS 数据进一步分析牛头河流域植被覆盖变化的空间分布特征。对 1981—2017 年的年最大 NDVI 进行展示获取流域每隔 5 年植被年空间分布(见图 3-12),结果表明,牛头河流域植被覆盖总体较好。研究区植被覆盖变化存在明显的空间差异,高植被覆盖主要集中在流域东南地区,低植被覆盖主要集中在流域的北部地区,主要受城市活动的影响。

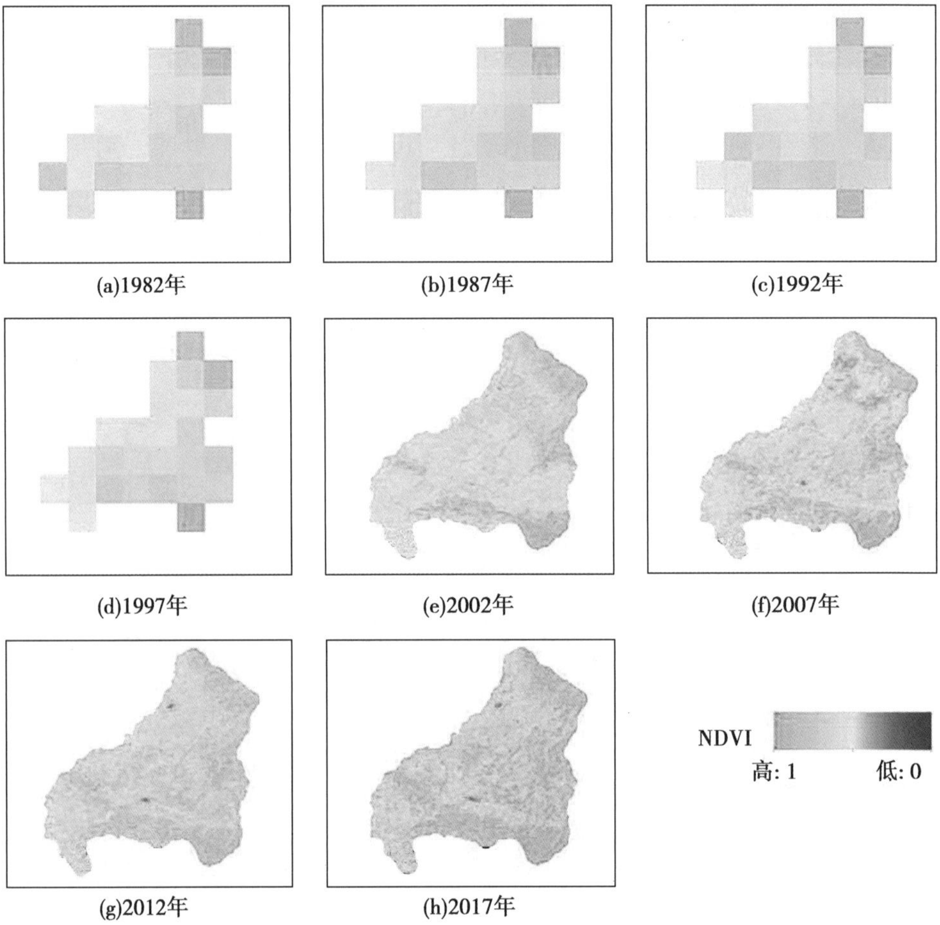

图 3-12　1981—2017 年牛头河流域 NDVI 空间分布特征

3.2.3　散渡河流域植被覆盖变化

对 GIMMS 和 MODIS 数据集的年 NDVI 平均值进行全区平均,代表当年植被覆盖状况,分析 37 年来散渡河流域植被覆盖变化总体趋势。如图 3-13 所示,1981—1994 年间,研究区 NDVI 年均值波动情况较大,植被总体趋势有所增加,NDVI 年均值与年份间线性拟合斜率为 0. 005 9/a,散渡河流域植被增长明显。1995—2009 年间,NDVI 变化趋势呈 W 形稳定增长,其线性拟合斜率为 0. 003 8/a,植被生长明显好转。2010 年以后 NDVI 变化波动较为剧烈,2013 年达到最大值 0. 630 8,相比来说此时间段 NDVI 处于较高水平。

由图 3-13 可以看出,小流域 NDVI 总体呈波动上升趋势。1981—1985 年年 NDVI 呈波动变化趋势,在 1984 年达到波谷为 0. 255 1;1985—1994 年年 NDVI 总体上植被覆盖增加,在 1990 年达到波谷为 0. 256 3;1995—2010 年植被呈波动式增长状态,变化幅度较为稳定;2011 年之后 NDVI 变化趋势明显,达到显著水平,超过 $\alpha=0.05$ 显著性检验,植被覆盖度总体水平高于其他年份。根据 Mann-Kendall 检验 1981—2017 年散渡河小流域年 NDVI 的变化趋势,结果见图 3-14。根据 UF 和 UB 曲线的交点位置,确定小流域 NDVI 在

2006 年发生突变。

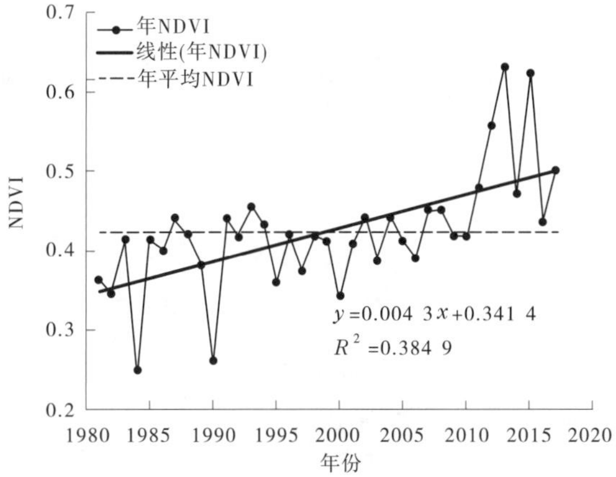

图 3-13　1981—2017 年散渡河流域 NDVI 年际变化趋势

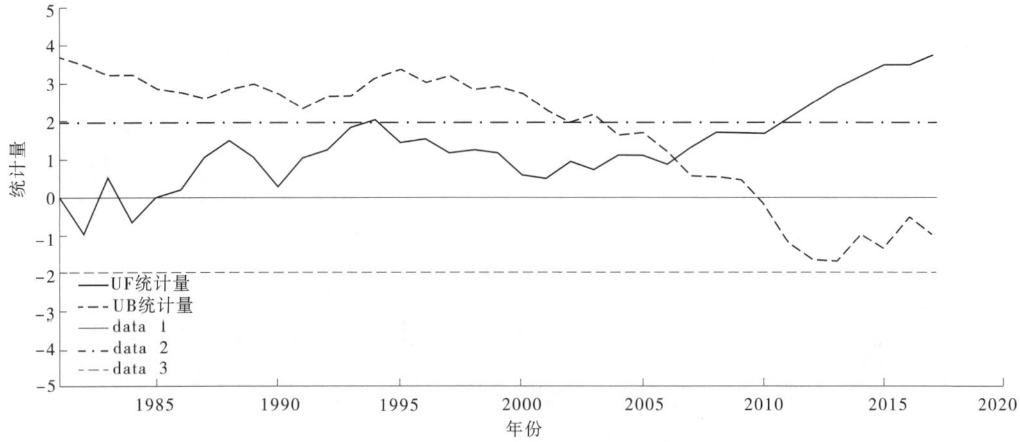

图 3-14　散渡河流域 NDVI Mann-Kendall 突变检验结果

1981—2017 年散渡河流域 NDVI 空间分布特征如图 3-15 所示。可以看出,散渡河流域 37 年间植被覆盖度整体上处于低植被覆盖,较为平均地分布在流域,生长情况处于稳定状态,多年植被 NDVI 的像元平均值仅为 0. 423 0。1982—1992 年植被生长水平有所上升,至 1997 年植被覆盖略微下降。2012 年植被覆盖情况高于其他年份,流域植被向增加的趋势发展。

3. 2. 4　武山站以上区域植被覆盖变化

由图 3-16 可以看出,1981—2017 年武山站以上区域植被覆盖整体呈上升趋势,上升趋势并不明显。NDVI 变化速率为 0. 003 6/a,研究时间内 NDVI 变化在年均值 0. 590 9 左右上下波动。从不同时间段来看,除 1984 年、1990 年 NDVI 值较低外,1981—2010 年间武山站以上区域 NDVI 表现为平稳波动变化,无明显上升或下降趋势。2011—2017 年 NDVI 则表现为先上升后下降的趋势,植被覆盖整体上有所好转。

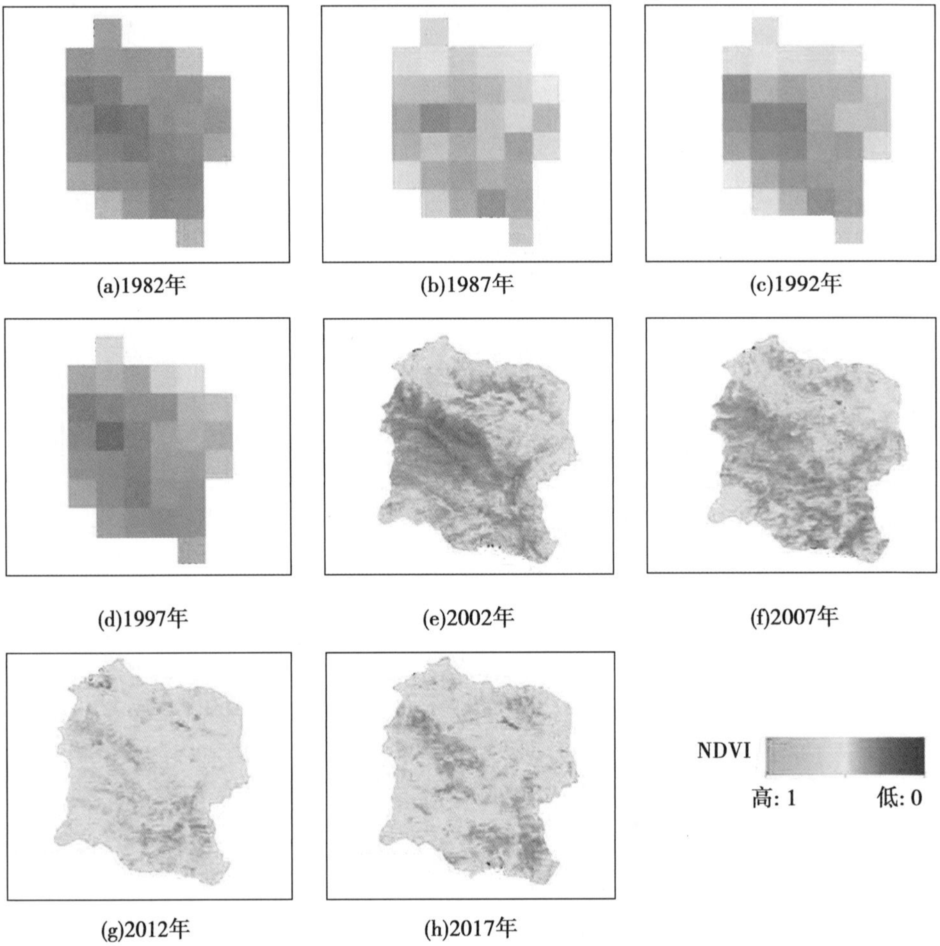

图 3-15 1981—2017 年散渡河流域 NDVI 空间分布特征

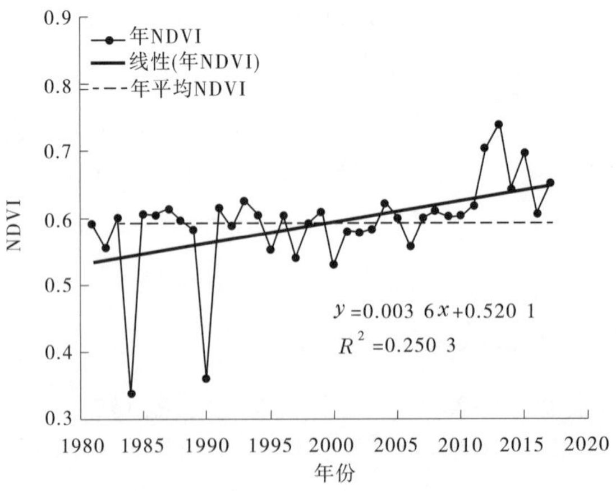

图 3-16 1981—2017 年武山站以上区域 NDVI 年际变化趋势

由图3-16可以看出,小流域年NDVI呈波动上升趋势。1981—2009年NDVI基本处于稳定增长的状态,除1984年和1990年NDVI值较低外,其他年份NDVI变化的范围在0.5~0.65;2010年之后NDVI增长变化较为明显,在2013年达到显著水平。根据Mann-Kendall检验1981—2017年武山站以上区域年NDVI的变化趋势,结果见图3-17。由图3-17可以看出,UF和UB曲线只有一个交点,确定年NDVI的突变年份为2009年。

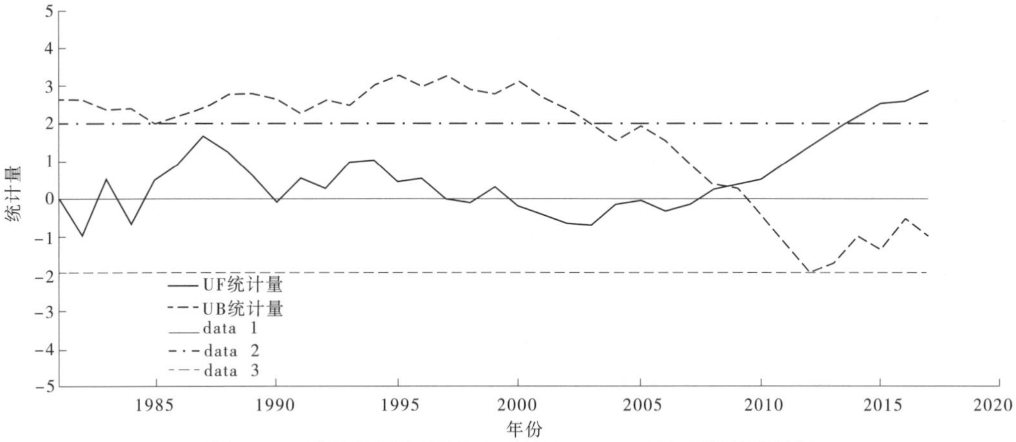

图3-17　武山站以上区域NDVI Mann-Kendall突变检验结果

1981—2017年武山站以上区域NDVI空间分布特征如图3-18所示。植被空间分布的地域差异性较为显著,NDVI整体呈现西南高、东北低的分布格局。植被覆盖较低的区域主要集中在流域东北部地区,由于该区域地势较为平坦,受到气候和人为因素的影响,NDVI表现出较低的水平。研究时间内,1987年植被覆盖相对于1982年来说有明显提升,主要集中在东北部地区,至1997年植被生长水平略有下降。2002—2017年植被覆盖逐渐在增加,恢复状态良好。

3.2.5　葫芦河流域植被覆盖变化

图3-19为1981—2017年葫芦河流域NDVI年际变化特征。NDVI波动情况较小,多年平均年NDVI为0.510 7,年NDVI最大值出现在2013年,达0.687 4;最小值出现在1984年,仅为0.296 0。整体来看,葫芦河流域年NDVI变化呈增加的趋势,可分为几个时间段,其中1981—1991年年平均NDVI为0.453 8,1984年和1990年变化波动情况较大,1992—1999年年平均NDVI为0.494 8,变化趋势比较平缓,2000—2017年年平均NDVI为0.559 9,植被覆盖度显著增加。

由图3-19可以看出,小流域NDVI总体呈波动上升趋势。1981—2009年年NDVI呈波动变化增加趋势,在1984年和1990年达到波谷,分别为0.296 0、0.316 7,其他年份NDVI在0.4~0.6变化;2010年之后NDVI变化趋势明显,达到显著水平,超过$\alpha=0.05$显著性检验,植被覆盖度总体水平高于其他年份。根据Mann-Kendall检验1981—2017年散渡河流域年NDVI的变化趋势,结果见图3-20,根据UF和UB曲线的交点位置,确定小流域NDVI在2006年发生突变。

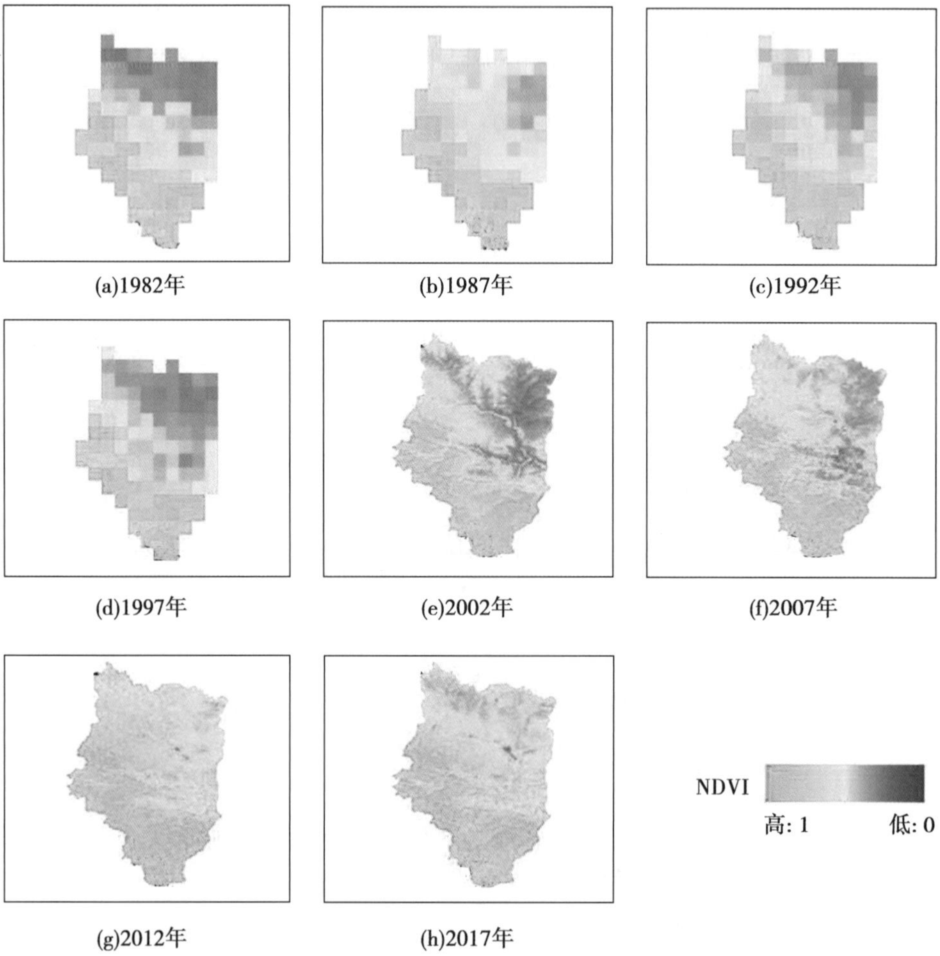

图 3-18　1981—2017 年武山站以上区域 NDVI 空间分布特征

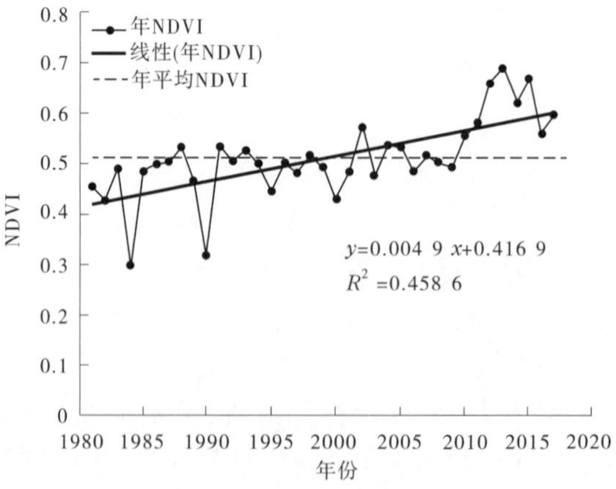

图 3-19　1981—2017 年葫芦河流域 NDVI 年际变化特征

1981—2017 年葫芦河流域 NDVI 空间分布特征如图 3-21 所示。流域 NDVI 的空间分

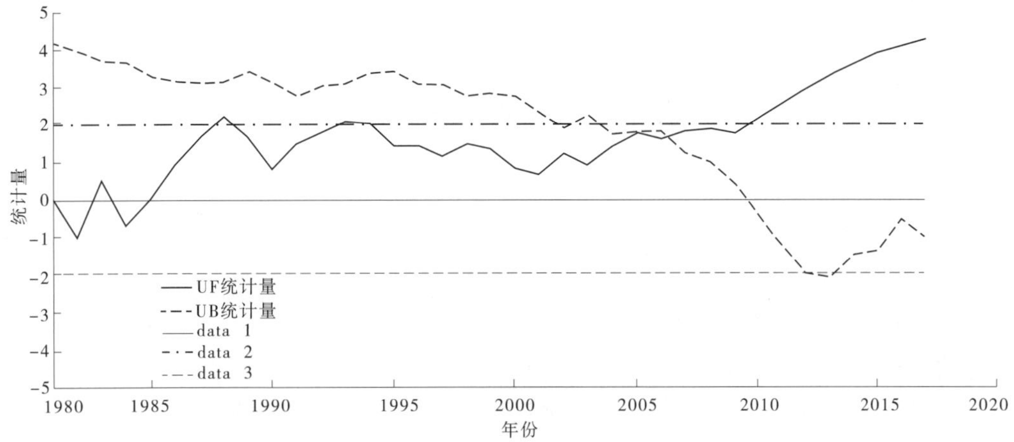

图 3-20　葫芦河流域 NDVI Mann-Kendall 突变检验结果

布整体上呈现出东南高、西北低的特征，即静宁县、西吉县西北部地区 NDVI 较低，庄浪县东南部 NDVI 较高，表现出明显的空间异质性。1981—1997 年间葫芦河流域植被覆盖具有明显的由低植被覆盖向高植被覆盖转化的变化特征，2002—2007 年植被生长状况略有

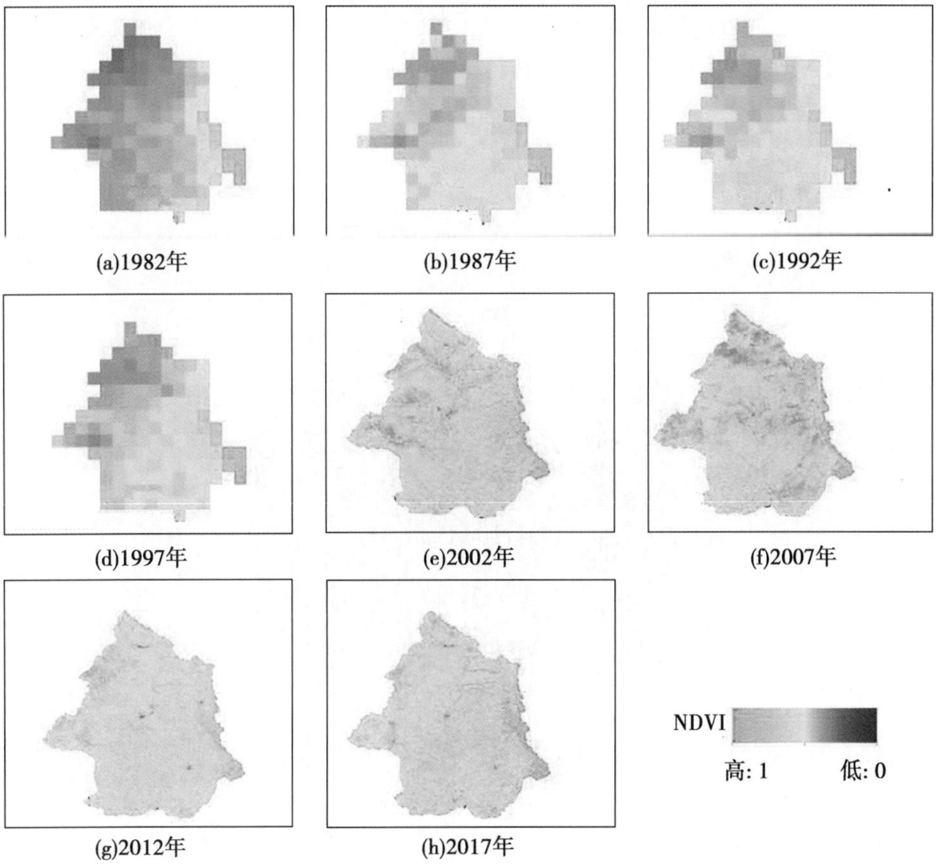

(a)1982年　(b)1987年　(c)1992年

(d)1997年　(e)2002年　(f)2007年

(g)2012年　(h)2017年

图 3-21　1981—2017 年葫芦河流域 NDVI 空间分布特征

退化,受到自然灾害的影响。2007 年之后,植被生长逐渐恢复。30 多年来,流域植被覆盖率有所上升,呈现由东南向西北逐渐增加的趋势。

3.3 流域尺度下植被时空变化

渭河上游地区 1981—2017 年 NDVI 呈波动增加的趋势(见图 3-22),增长速率为 0.004 0/a,在 0.33~0.71 范围内波动变化,多年的平均值为 0.56。其中,2013 年 NDVI 达到最大值,为 0.71;超出平均值 0.15;1984 年 NDVI 最低,仅为 0.33,低于平均值 0.23。整体来看,渭河上游 NDVI 变化可分为两个阶段:除 1984 年和 1990 年外,1981—2010 年 NDVI 值呈现出波动式变化的状态,增长情况并不明显,然而在 2011—2017 年,NDVI 值变化幅度较为剧烈,2013 年和 2015 年偏离平均值程度较大,渭河上游植被生长表现出明显的改善趋势。

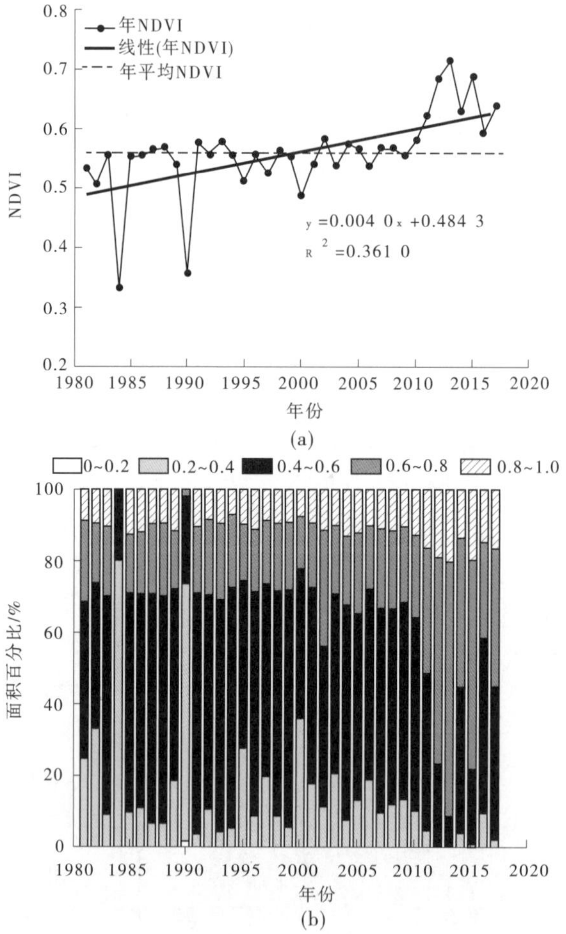

图 3-22 渭河上游 1981—2017 年 NDVI 年际变化趋势

将渭河上游地区年 NDVI 划分成 5 个等级并统计面积百分比,图 3-22 中统计结果显示:NDVI 值处于 0~0.2 阶段的可以基本忽略不计;NDVI 值在 0.2~0.4 的面积占比较小,但在 1984 年和 1990 年比例高达 80%和 71%,随着时间的变化表现出先减少再增加再减少的情况;NDVI 所占面积比重较大的主要集中在 0.4~0.6 范围内,在 1981—2010 年间此阶段 NDVI 较为稳定,2011 年以后表现出波动式变化状态;NDVI 值在 0.6~0.8 范围内所占面积比随时间变化逐渐增加,在 2013 年取得最大值;0.8~1 范围内的 NDVI 变化处于缓慢而且较为稳定增长阶段。

综上所述,渭河上游植被正在从低植被向高植被状态转换。

由图 3-22 可以看出,流域 NDVI 总体呈波动上升趋势。1981—2009 年年 NDVI 呈波动变化增加趋势,在 1984 年和 1990 年达到波谷,分别为 0.330 6、0.355 6,其他年份 NDVI 在 0.45~0.6 变化;2010 年之后 NDVI 变化趋势明显,达到显著水平,超过 $\alpha=0.05$ 显著性检验,植被覆盖度总体水平高于其他年份。根据 Mann-Kendall 检验 1981—2017 年渭河上游流域 NDVI 的变化趋势,结果见图 3-23。根据 UF 和 UB 曲线的交点位置,确定流域 NDVI 在 2007 年趋势发生变化。

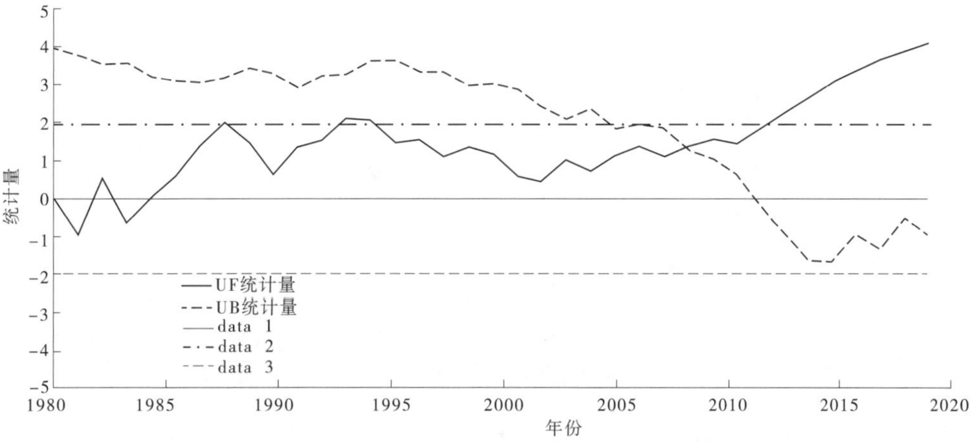

图 3-23　渭河上游 NDVI Mann-Kendall 突变检验结果

1981—2017 年渭河上游地区 NDVI 空间分布特征如图 3-24 所示。渭河上游植被空间分布整体呈东南高、西北低的特征,NDVI 高值区域位于葫芦河东部、牛头河东部以及武山县附近,低值区域位于通渭县和陇西县周围,研究期间流域植被整体改善。1981—2000 年植被覆盖度呈先增长后减少的变化情况,1982—1987 年植被覆盖在空间分布上明显提升,至 1997 年 NDVI 略微下降。2002 年渭河上游流域 NDVI 整体上升,低植被覆盖集中在武山北部和散渡河西部地区。2007 年植被生长状况较差,除武山和散渡河流域外葫芦河北部地区 NDVI 相比来说降低,NDVI 呈下降趋势。2012 年植被覆盖度明显提升,至 2017 年植被生长水平略微下降,达到稳定水平。总体来看,渭河上游植被覆盖逐渐改善。

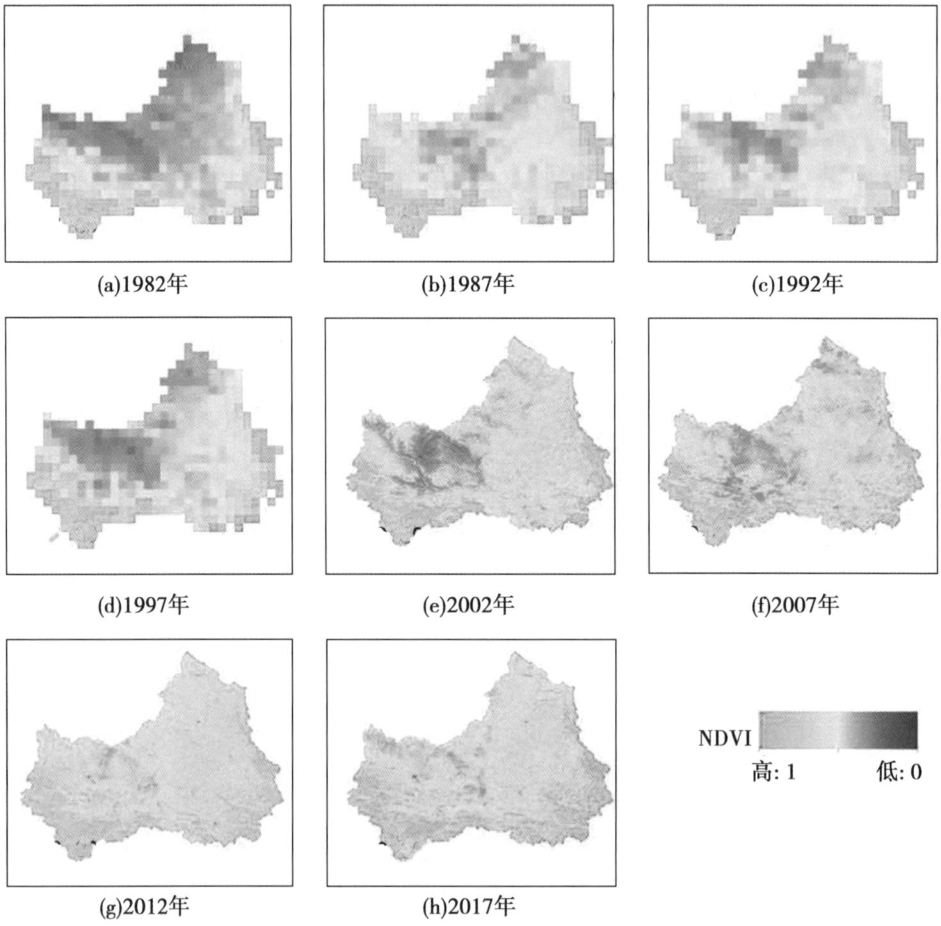

图 3-24　1981—2017 年渭河上游流域 NDVI 空间分布特征

以 MODIS 2001 年、2009 年、2017 年 3 期土地利用数据为基础获取景观类型的空间分布(见图 3-25、图 3-26)。统计结果表明,草地、农用地是渭河上游地区最主要的景观类型,面积之和占全区面积的 95%以上,其中农用地约占 58%。农用地主要分布在渭河上游东南大部分地区,草地主要集中在武山县以北、静宁县西南部、通渭县等。除以上两种景观类型外,林地主要集中在庄浪县、张家川回族自治县和清水县东部区域以及武山县南部地区;而建筑用地占地面积较小且零散分布在全区,其中天水市、甘谷县、陇西县较为集中。

由图 3-25 可知,渭河上游草地呈明显下降的趋势,2001—2009 年、2009—2017 年分别减少了 747. 34 km^2 和 1 466. 71 km^2,总面积的占比由 2001 年的 41. 20%下降到 2017 年的 32. 30%,后 8 年的减少量是前 8 年的约 2 倍;农用地面积逐渐增加,前 8 年增加 479. 95 km^2,后 8 年增加 1 430. 76 km^2,面积占比从 55. 53%上升到 63. 21%,后 8 年的增加量是前 8 年的约 3 倍。林地的增长较为缓慢,面积占比从 2001 年的 2. 84%增加到 2017 年的 4. 04%。建筑用地面积变化并不明显。

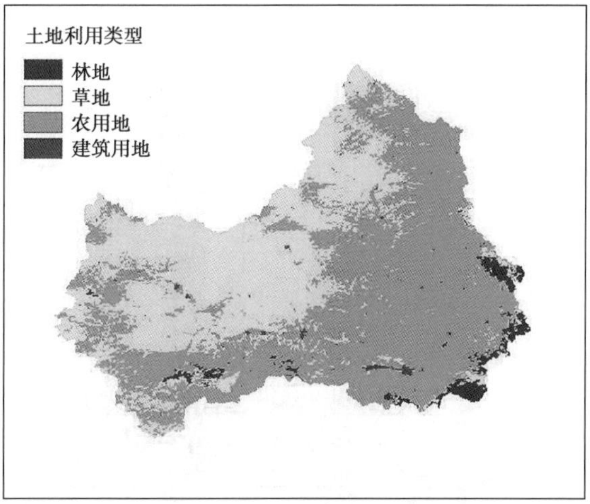

(a)2001年

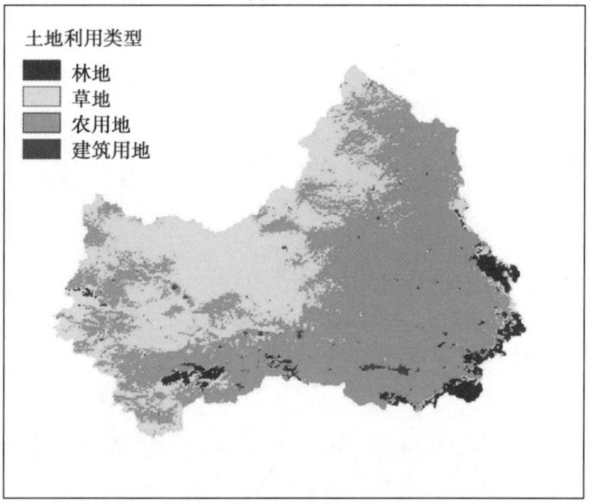

(b)2009年

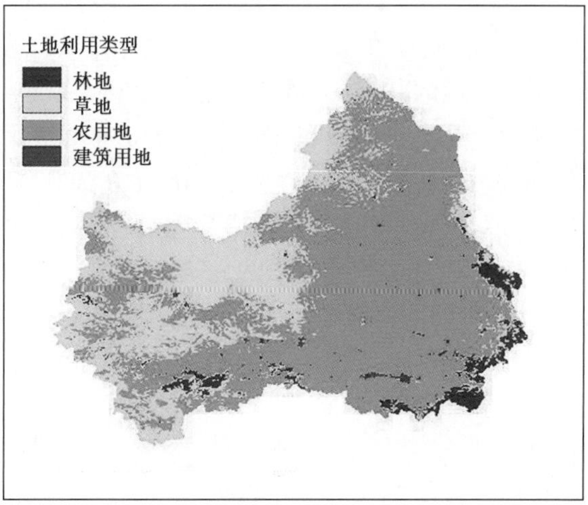

(c)2017年

图 3-25　2001 年、2009 年和 2017 年渭河上游土地利用变化情况

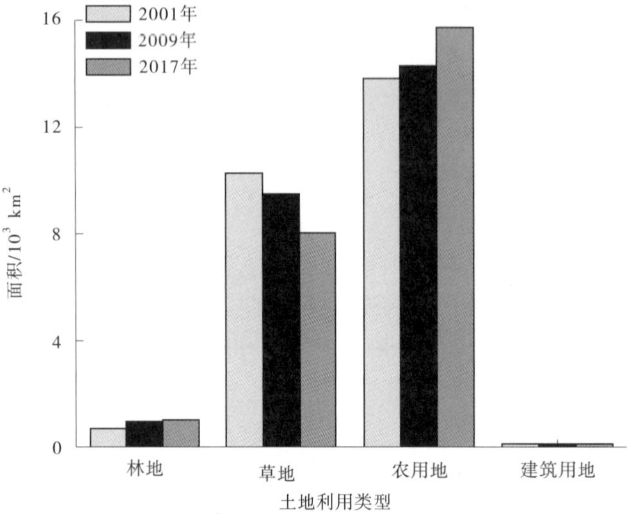

图 3-26　渭河上游土地利用面积变化统计

3.4　流域-藉河-罗玉沟-桥子沟不同尺度植被变化对比

3.4.1　不同时间序列植被变化对比

3.4.1.1　桥子沟不同时间尺度的植被变化分析

1. 月尺度下植被变化

分别利用 250 m、500 m 和 1 km 的 MODIS NDVI 数据集在每个月份上进行平均，利用相应的月均值 NDVI 分析了桥子沟植被变化趋势，结果如图 3-27 所示。不同分辨率下桥子沟流域 NDVI 在 2000 年 2 月至 2017 年 12 月呈现出一致性，具有明显的波峰与波谷，且均在 0. 1~0. 8 呈波动变化趋势，说明在较高分辨率下，更能反映地表状况的真实情况，而在粗分辨率下可能忽略了某些地表状况（如裸土、道路等），形成混合像元，使其不能准确地反映地表植被的真实状况。桥子沟流域在 250 m、500 m 分辨率下的 NDVI 值明显高于 1 km 分辨率的 NDVI 值。在月尺度、不同分辨率下，NDVI 在 2008 年 2 月均达到了 18 年间的最低值，说明该时期正值冬季，植被枯萎，抑或是因为有雪覆盖的因素，该时间段观测的 NDVI 值较低。2001 年 5 月和 2002 年 5 月 250 m 分辨率下的 NDVI 值高于其他两个分辨率下的 NDVI 值，说明在该时期内植被处于生长状态，在 250 m 分辨率下更能清楚地反映地表植被状况，而随着分辨率的降低、像元范围的扩大，地面一些细小的草地生长状况被忽略，不能反映地表植被的真实情况。

2. 季节尺度下植被变化

桥子沟植被随季节的变化均有明显的变化趋势，图 3-28 所示分别为桥子沟春季（3—5 月）、夏季（6—8 月）、秋季（9—11 月）、冬季（12 月至次年 2 月）以及生长季（3—11 月）NDVI 在不同分辨率下的折线变化。由图 3-28 可知，春季 NDVI 均在 0. 2~0. 5 呈波动变

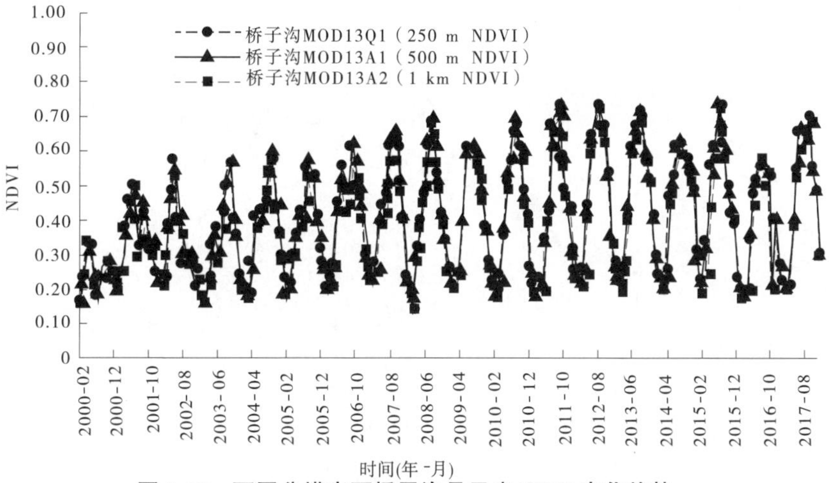

图 3-27　不同分辨率下桥子沟月尺度 NDVI 变化趋势

化趋势，在 2001 年、2002 年和 2015 年 NDVI 峰值高于其余年份。夏季 NDVI 整体在 0.2～0.7 波动变化，且在 2002 年之后呈显著增加趋势，相关性达到了 0.86，说明夏季降水量的增加促进植被根系吸水，使植被枝繁叶茂，又或者是该区增加了保护措施，减少了人类活动等的影响，促进 NDVI 增加。秋季 NDVI 均在 0.2～0.6 变化，NDVI 值较夏季逐渐降低，说明随着秋季的到来，枝叶逐渐枯萎掉落，NDVI 逐渐降低。与其他季节相比，冬季 NDVI 达到 4 个季节中最小值，均在 0.1～0.3，呈增加—减少—增加的波动变化趋势，冬季树叶枯黄掉落，使 NDVI 降低。生长季期间，植被增长趋势较为平缓，但整体来说，NDVI 均在 0.2～0.6 波动变化，增加趋势较为明显。

综上所述，在季节尺度下，NDVI 在不同分辨率下均有明显变化，能够很好地表现出各个季节的特征，遵循植被生长规律且便于区分。

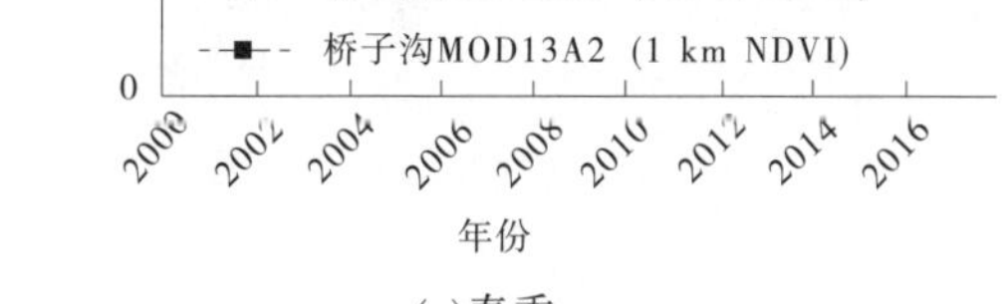

(a)春季

图 3-28　不同分辨率下桥子沟季节尺度 NDVI 变化趋势

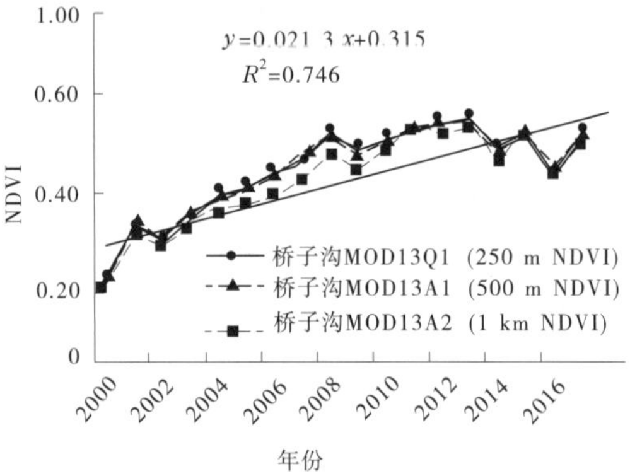

(b)夏季

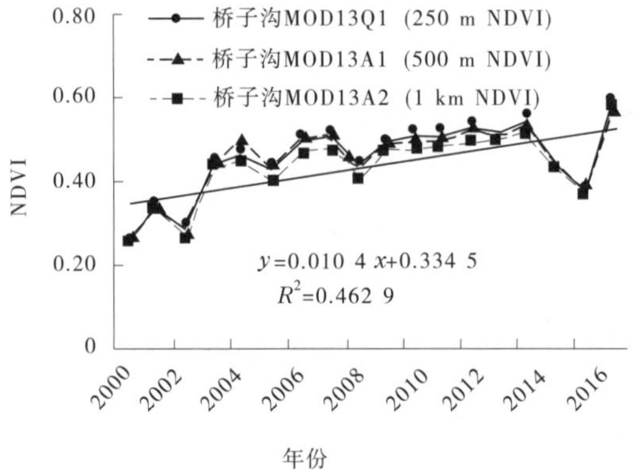

(b)秋季

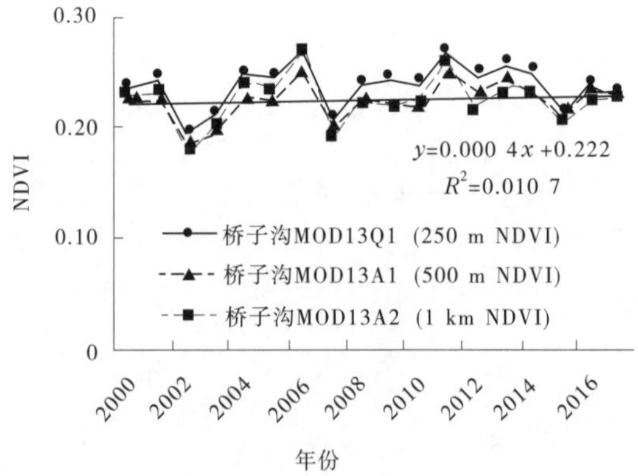

(b)冬季

续图 3-28

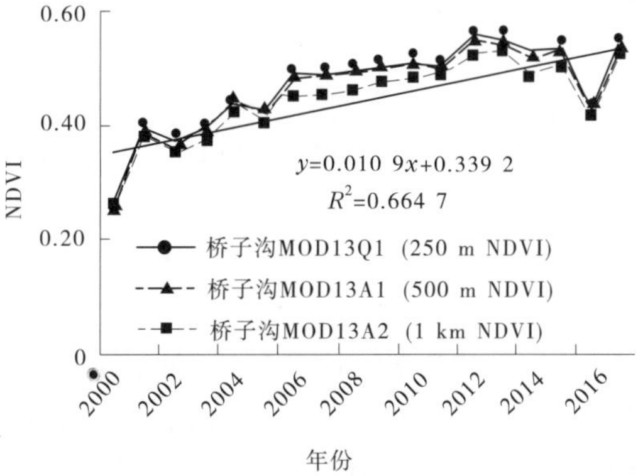

(e)生长季

续图 3-28

3. 年尺度下植被变化

不同分辨率下，桥子沟流域年尺度 NDVI 变化趋势如图 3-29 所示。由图 3-29 可知，NDVI 均在 2000 年之后呈明显的增加趋势，在 0.3~0.8 呈波动变化，在 250 m 和 500 m 分辨率下 NDVI 变化趋势趋于一致，且高于在 1 km 分辨率下的 NDVI。不同分辨率下 NDVI 具有相同的波峰和波谷，250 m、500 m 和 1 km 分辨率下，NDVI 分别呈 0.013 5、0.013 3 和 0.014 的速率增加，且在 1 km 下 NDVI 增加速率高于其他两个分辨率下的 NDVI 增长速率，250 m 分辨下 NDVI 增长速率较 500 m 分辨率下 NDVI 增长速率高 0.000 2。2001 年较 2000 年 NDVI 大幅增加，说明在 2001 年桥子沟流域植被生长可能受到了降水量、气温等的影响，存在有利于植被生长的生态环境，使植被根系能够吸收充足的水分，提高了植被生长速度，从而使 2001 年 NDVI 增长速度过快。而在 2016 年 NDVI 分别达到了 3 个不同分辨率下的最小值，说明在该时期植被可能受到了气温、土地利用状况等的影响，使 NDVI 降低。

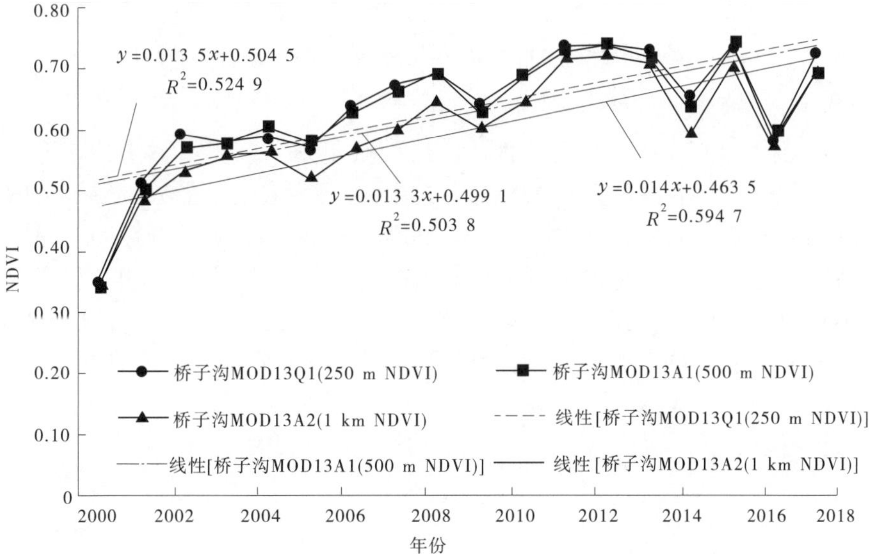

图 3-29　不同分辨率下桥子沟流域年尺度 NDVI 变化趋势

3.4.1.2 罗玉沟不同时间尺度的植被变化分析

1. 月尺度下植被变化

图 3-30 为不同分辨率下罗玉沟流域月尺度 NDVI 变化趋势。2000—2017 年月尺度下 NDVI 在 3 种不同分辨率下的变化趋势具有一致性,存在相同的增加、减少趋势,具有明显的波峰与波谷。在 3 种不同分辨率下,NDVI 值均在 0.1~0.8 变化,且在 1 km 分辨率下的 NDVI 值略高于 250 m 和 500 m。2007 年之后的波峰高于 2007 年之前的,且均是在 5—9 月取得最大值,说明随着时间的变化,气候变暖,万物复苏,植被萌生新芽,枝叶逐渐茂盛,使 NDVI 逐渐增加。1—2 月和 12 月的 NDVI 值处于波谷,为每年的最低值,该时期处于冬季,植被凋零,NDVI 值降低。2008 年 2 月 NDVI 在 500 m 分辨率下的值最小,而在其他时期,NDVI 在 3 种不同分辨率下的波谷值均近似重合,说明 NDVI 在该时期受气候或者人类活动的影响较大,使 NDVI 在 500 m 分辨率下达到了 3 种分辨率下的最小值。

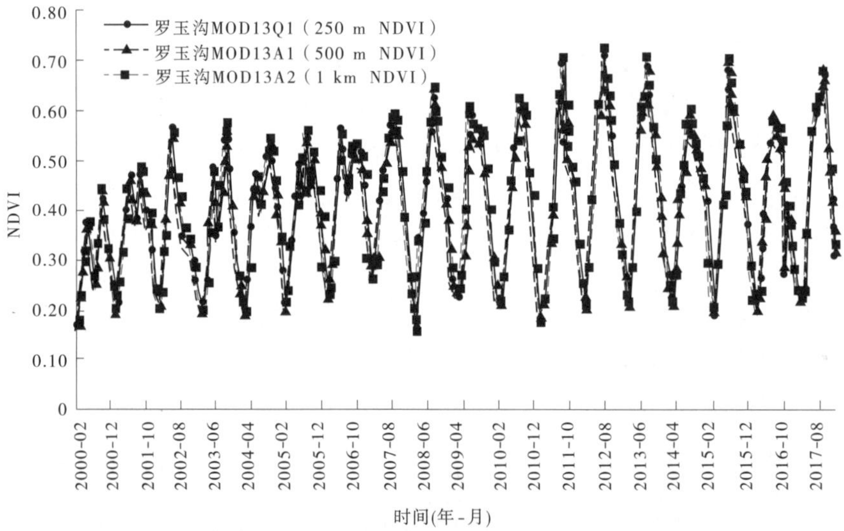

图 3-30 不同分辨率下罗玉沟流域月尺度 NDVI 变化趋势

2. 季节尺度下植被变化

罗玉沟流域 NDVI 在季节尺度下均平稳变化(见图 3-31)。3 种分辨率下变化趋势相一致。春、秋季节和生长季期间,NDVI 均在 0~0.6 平稳变化,植被增长缓慢,增长率分别为 0.001 2 和 0.007 3,生长季增长率为 0.008 3。夏季 NDVI 则在 0.2~0.7 呈波动变化趋势,2001 年夏季 NDVI 较 2000 年增加 0.137,随后从 2002 年开始逐渐降低,而后呈逐渐增加的趋势,以 0.016 3/a 的趋势逐渐增加,且 NDVI 相关性达到了 0.76。冬季 NDVI 在 250 m 和 1 km 分辨率下的变化趋势一致,且略高于在 500 m 分辨率下的 NDVI 值,但 NDVI 整体增长趋势缓慢。整体来看,NDVI 在夏季的相关性最大,且增长趋势较其他季节高,说明夏季适合植被生长,植被受降水、气温等因素的影响较大。

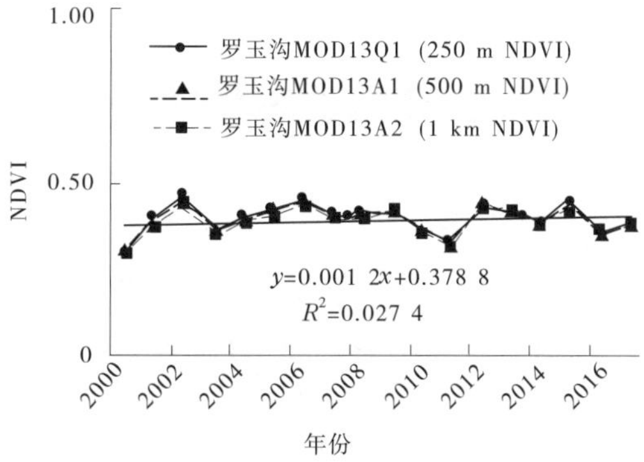

(a)春季

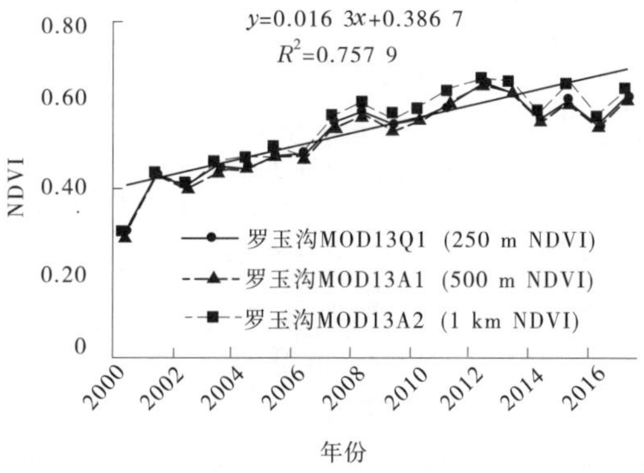

(b)夏季

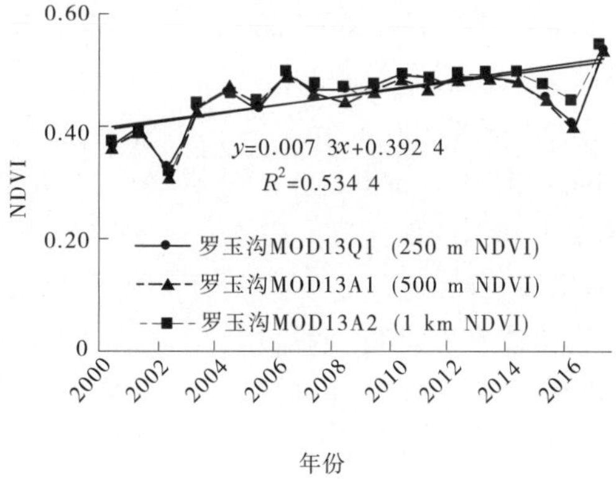

(c)秋季

图 3-31　不同分辨率下罗玉沟流域季节尺度 NDVI 变化趋势

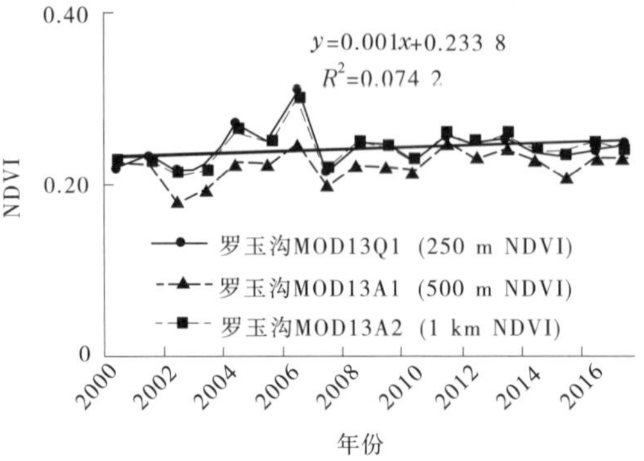

(d)冬季

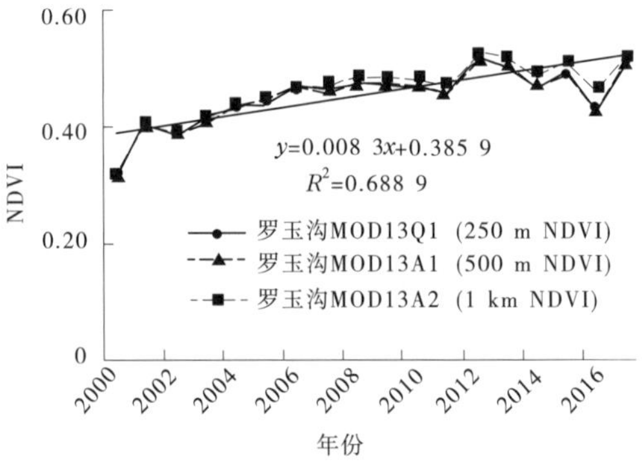

(e)生长季

续图 3-31

3. 年尺度下植被变化

不同分辨率下罗玉沟流域年尺度 NDVI 变化趋势见图 3-32。可以看出，NDVI 在 0.4~0.8 波动变化。在 1 km 分辨率下，2000—2003 年 NDVI 呈直线增加，2004 年 NDVI 减小，之后随着时间的变化，NDVI 逐渐增加，2012 年达到最大值，说明在这个时期植被长势最快，生长状况较好。在 250 m 和 500 m 分辨率下，植被生长变化情况较为一致，而在 2003 年时，250 m 分辨率下的 NDVI 值高于 500 m 分辨率下的 NDVI 值，造成这一现象的原因可能是在 500 m 分辨率下观测的像元尺度较 250 m 分辨率下扩大了 2 倍，观测植被范围扩大，使混合像元面积增大，存在其他物质影响对植被的观测，从而使在 500 m 分辨率下观测的 NDVI 较低。从整体来看，罗玉沟流域 NDVI 在 1 km 分辨率下以 0. 011 2/a 的速率增加，而在 250 m 和 500 m 分辨率下以 0. 01/a 的速率增加，比 1 km 分辨率下的增长趋势低 0. 001 2。

3. 4. 1. 3　藉河和渭河北道以上不同时间尺度的植被变化分析

1. 月尺度下植被变化

相较于罗玉沟和桥子沟，在更大流域尺度上的藉河和渭河北道以上的植被在不同分辨率下的月尺度变化趋势如图 3-33 所示。藉河流域和渭河北道以上流域的 NDVI 在不同分辨率下的变化趋势同小流域和集水区的变化趋势相一致，均呈现增加—减少—增加的波动变化趋势，且存在相同的波峰与波谷，每年的植被变化周期清晰，且在周期内最大值、

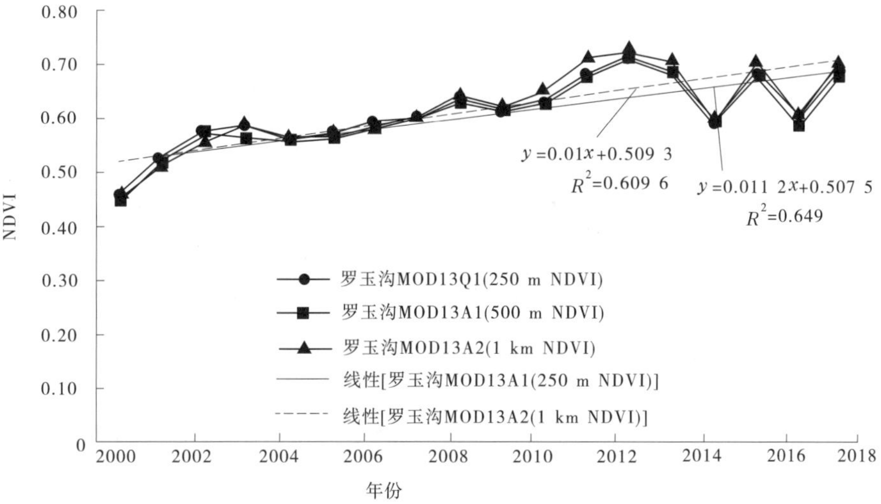

图 3-32　不同分辨率下罗玉沟流域年尺度 NDVI 变化趋势

最小值分布明显,5—9 月的月 NDVI 均值大都处于波峰,1 月 NDVI 均值大都处于波谷位置。藉河流域 NDVI 整体在 0. 1 ~ 0. 8 波动变化,变化趋势较为平稳,而渭河北道以上的 NDVI 则在 0. 1 ~ 0. 7 变化,且在 2011 年之前月 NDVI 均值变化相对平稳,2012 年、2013 年月 NDVI 均值明显有所增加,随后 2014 年恢复平稳变化,2015 年又呈现出明显的增加趋势,随后 NDVI 变化逐渐趋于平稳增加状态。渭河北道以上 NDVI 整体略小于藉河流域,说明在大尺度上,由于范围的扩大,包含的物质变多,不单单只存在植被,出现的混合像元中植被所占的比例有所减少,从而使 NDVI 变化趋势有所降低。

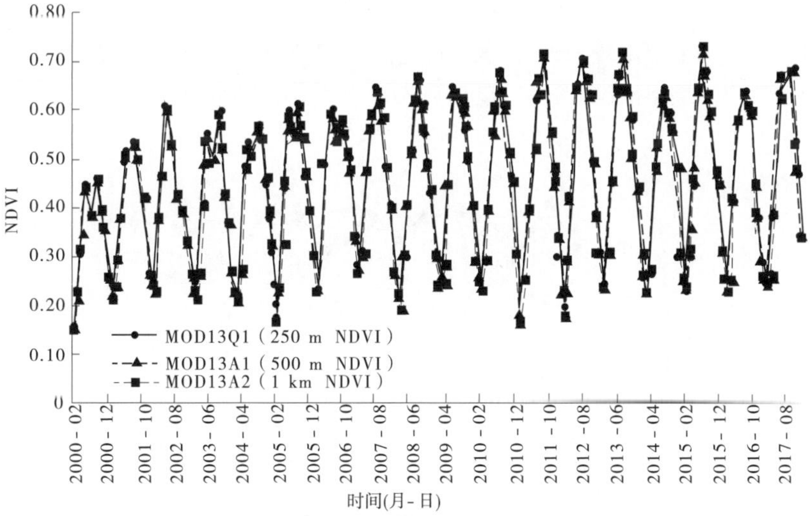

(a)藉河

图 3-33　不同分辨率下藉河和渭河北道以上流域月尺度下 NDVI 变化趋势

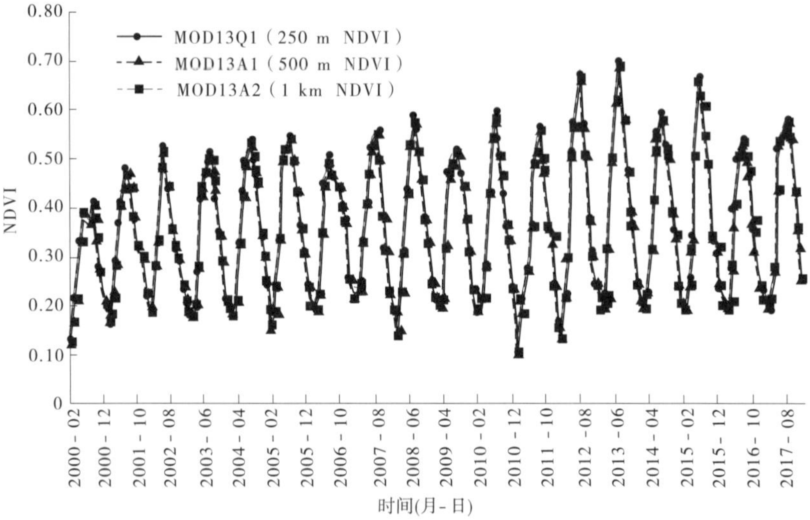

(b)渭河北道以上

续图 3-33

2. 季节尺度下植被变化

不同分辨率下藉河和渭河北道以上流域季节尺度 NDVI 变化趋势如图 3-34 所示。藉河和渭河北道以上在 3 种不同分辨率下观测的 NDVI 变化趋势相同，春季 NDVI 均在 0.3~0.5 变化，且藉河流域比渭河北道以上的 NDVI 增加速度高 0.000 5，相关性高了 0.06。夏季 NDVI 在 0.4~0.7 变化，藉河 NDVI 以 0.012 1/a 的速率增加，渭河北道以上以 0.011 6/a 的速率增加，相关性分别为 0.88 和 0.87。秋季 NDVI 均在 0.3~0.6 变化，相关性分别为 0.78 和 0.80。冬季则在 0.2~0.3 变化，NDVI 较前 3 个季节大幅度降低。生长季期间藉河 NDVI 变化较渭河北道以上高，藉河 NDVI 在 0.3~0.6 变化，渭河北道以上在 0.3~0.5 变化。藉河流域 NDVI 在季节尺度上整体比渭河北道以上的 NDVI 高。

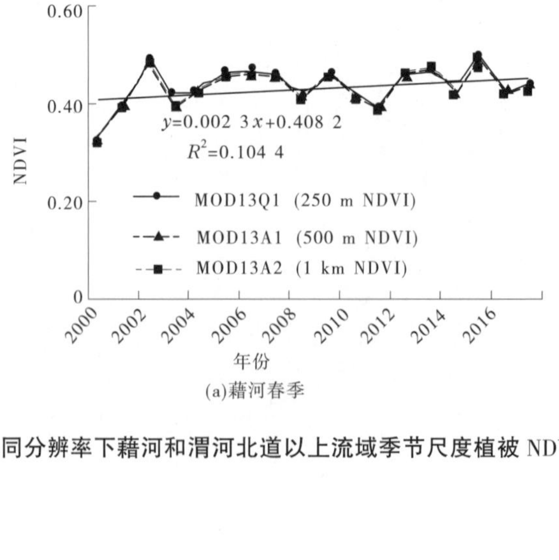

(a)藉河春季

图 3-34　不同分辨率下藉河和渭河北道以上流域季节尺度植被 NDVI 变化趋势

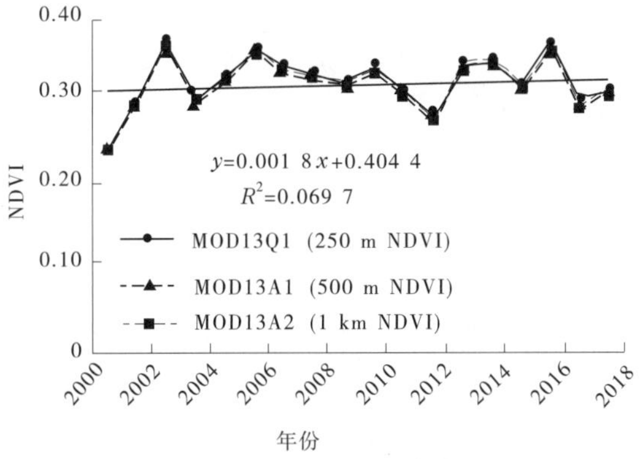

(b)渭河北道以上春季

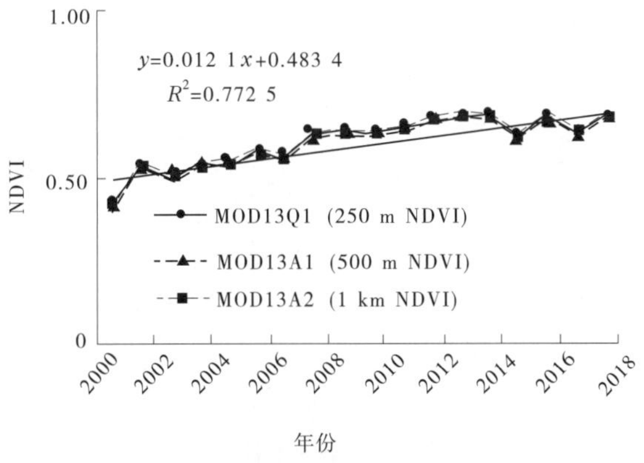

(c)藉河夏季

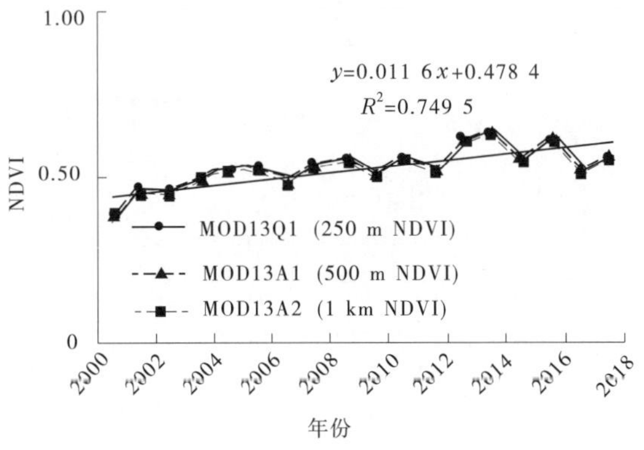

(d)渭河北道以上夏季

续图 3-34

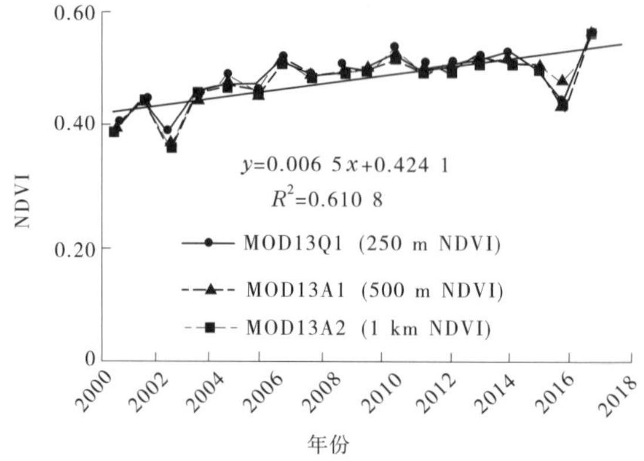

(e)藉河秋季

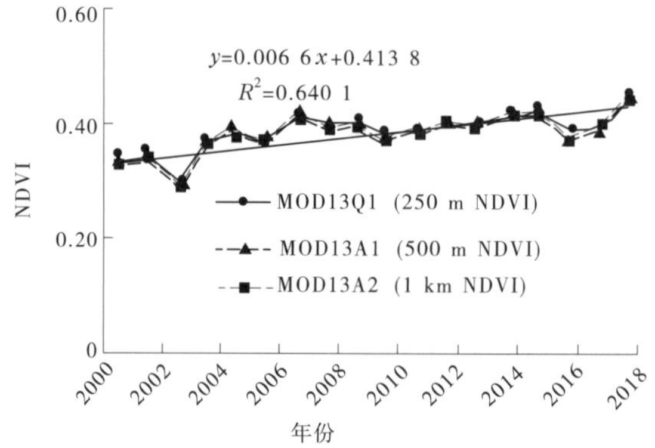

(f)渭河北道以上秋季

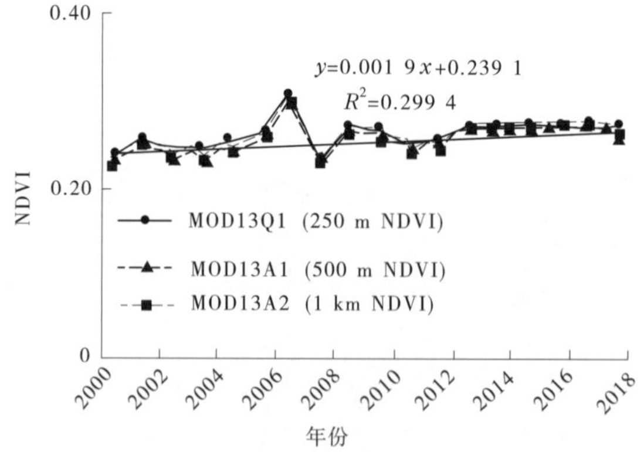

(g)藉河冬季

续图 3-34

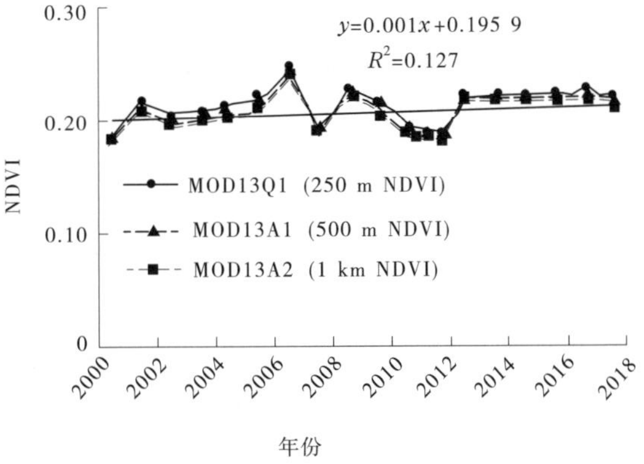

(h)渭河北道以上冬季

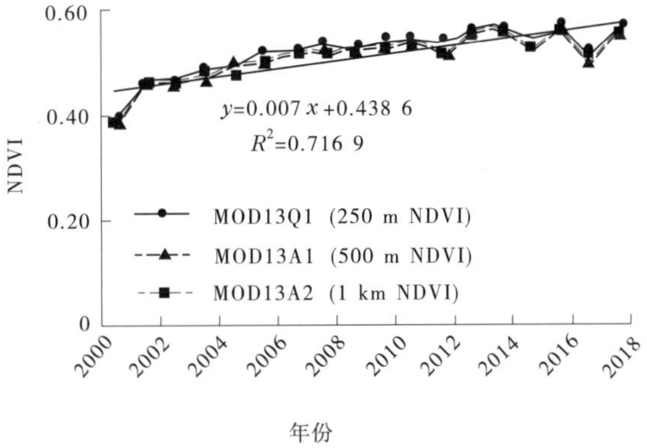

(i)耤河生长季

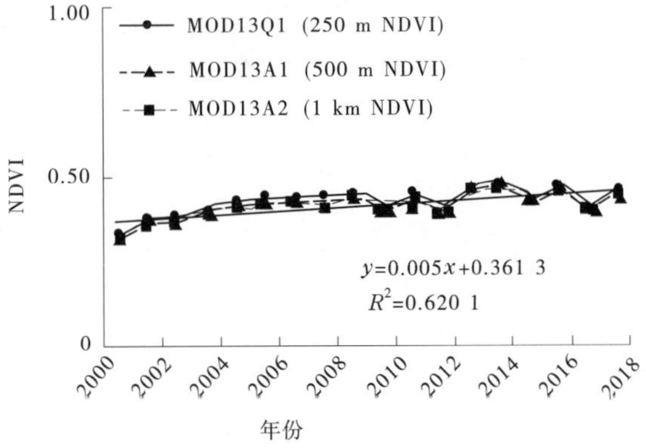

(j)渭河北道以上生长季

续图 3-34

3. 年尺度下植被变化

藉河流域年尺度 NDVI 在 0.4~0.8 变化[见图 3-35(a)]。2000—2017 年 3 种分辨率下的 NDVI 变化趋势相同。250 m 和 500 m 分辨率下的增长趋势相近,相关系数约为 0.82,而在 1 km 分辨率下 NDVI 则以 0.009 3/a 的速率持续增加,相关系数为 0.83。渭河北道以上 NDVI 在 250 m、500 m 和 1 km 分辨率下在 0.4~0.7 变化[见图 3-35(b)]。渭河北道以上 NDVI 在不同分辨率下以接近于 0.007 5/a 的速率随着时间段的变化而逐渐增加,在 1 km 分辨率下的相关性较其他两个分辨率下的相关性高,约为 0.73。

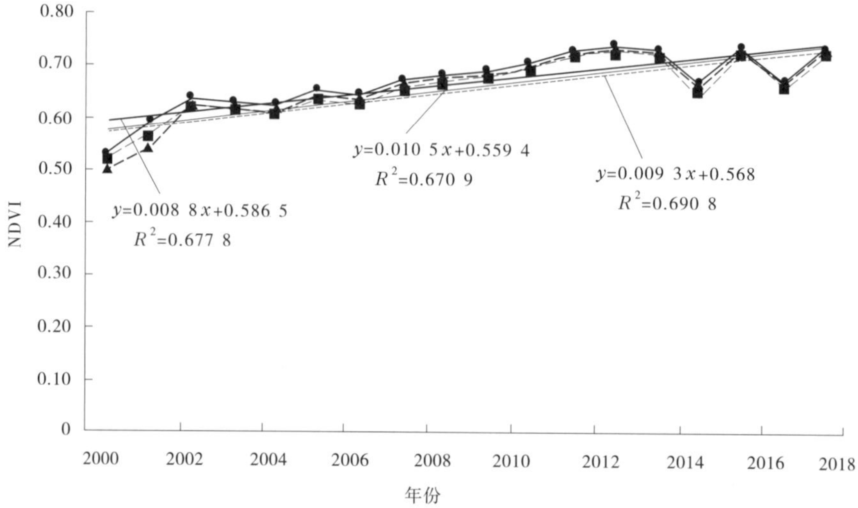

(a)藉河

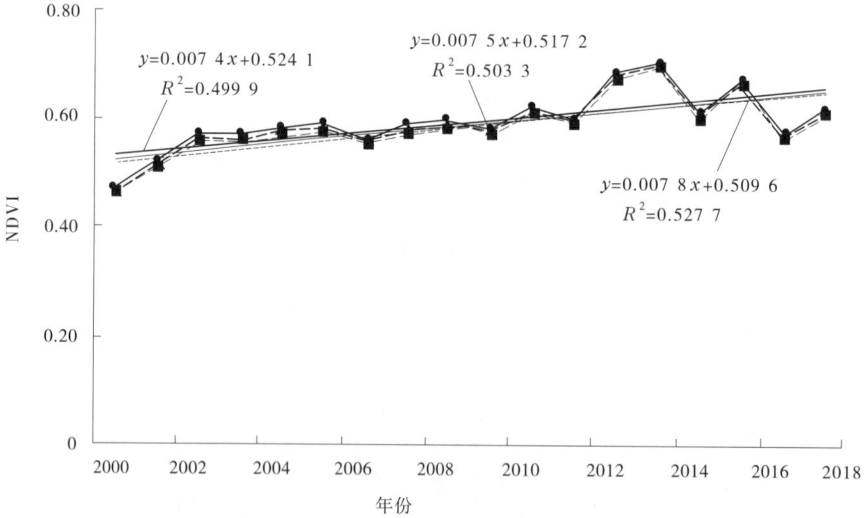

(b)渭河北道以上

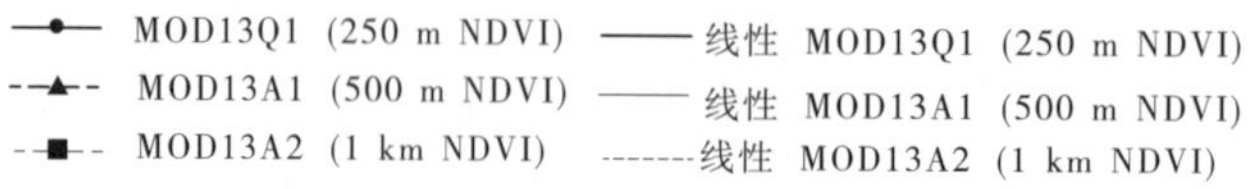

图 3-35　不同分辨率下藉河和渭河北道以上流域年尺度 NDVI 变化

3.4.2　不同尺度植被空间变化对比

3.4.2.1　桥子沟不同尺度的植被空间变化分析

1. 月尺度下植被空间变化趋势

不同分辨率下桥子沟流域月尺度 NDVI 空间变化趋势如图 3-36 所示。由图 3-36 可知，在不同分辨率下，1—3 月 NDVI 变化虽然存在小于 0 的情况，但整体上呈现出逐渐增加的趋势；6—11 月 NDVI 变化趋势均大于 0，植被呈现增加趋势，6—9 月 NDVI 增加趋势均高于 10—11 月，说明随着时间的变化，植被遵循物候季节变化的趋势，树叶开始枯黄凋零，植被增加趋势缓慢，逐渐呈减小趋势；12 月 NDVI 变化趋势逐渐降低且存在小于 0 的区域，说明植被呈减小趋势。不同分辨率下，桥子沟流域 NDVI 在 6 月变化趋势均高于其他月份的增长趋势，且在 250 m 分辨率下，6 月 NDVI 增长趋势最大值为 0. 034，比 500 m

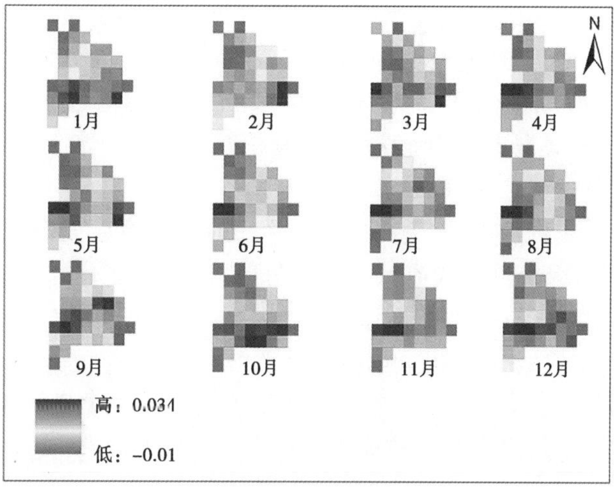

（a）250 m分辨率

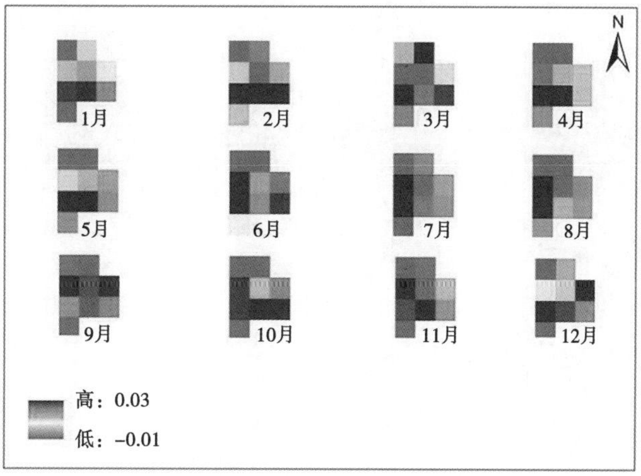

（b）500 m分辨率

图 3-36　不同分辨率下桥子沟流域月尺度 NDVI 空间变化趋势

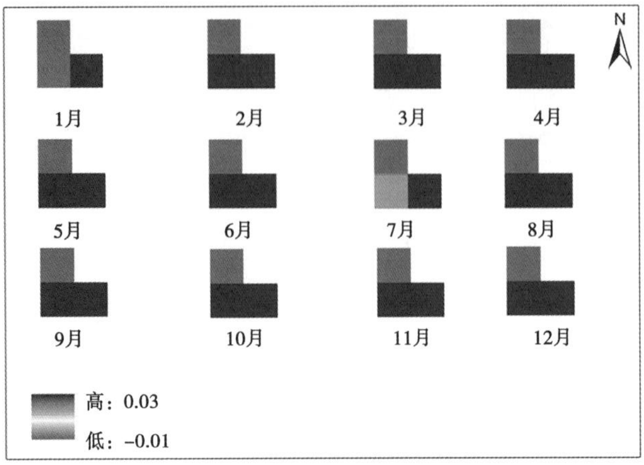

（c）1 km分辨率

续图 3-36

和 1 km 分辨率下增长趋势较高。从整体来看，250 m 和 500 m 分辨率下植被变化趋势略强于 1 km 分辨率下植被变化趋势，这一结果与时间变化趋于一致。桥子东沟由于实施了保护措施，整体植被长势较桥子西沟好。

2. 季节尺度下植被空间变化趋势

不同分辨率下桥子沟流域季节尺度 NDVI 空间变化趋势如图 3-37、表 3-1 所示。可以看出，不同分辨率下，桥子沟流域 NDVI 在夏、秋季节变化趋势高于春冬季节，东沟植被变化趋势明显高于西沟植被，夏季 NDVI 均在 0.01~0.03 变化，秋季在 0.003~0.02 变化，夏、秋季 NDVI 均大于 0，表明植被呈现出增加趋势，而春、冬季 NDVI 小于 0 的区域较多，说明冬季植被枯萎凋零，植被呈减少趋势，春季万物复苏，植被萌生新芽，逐渐呈现出增长趋势。生长季期间，植被整体变化趋势在 0.002~0.02 变化。250 m 分辨率下

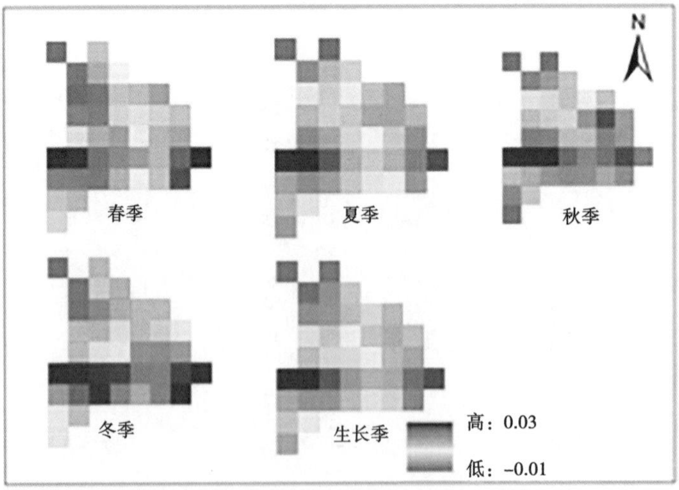

（a）250 m分辨率

图 3-37　不同分辨率下桥子沟流域季节尺度 NDVI 空间变化趋势

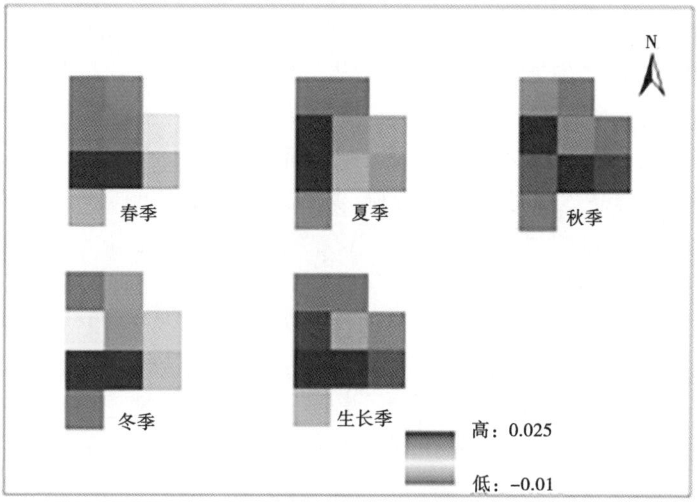

（b）500 m分辨率

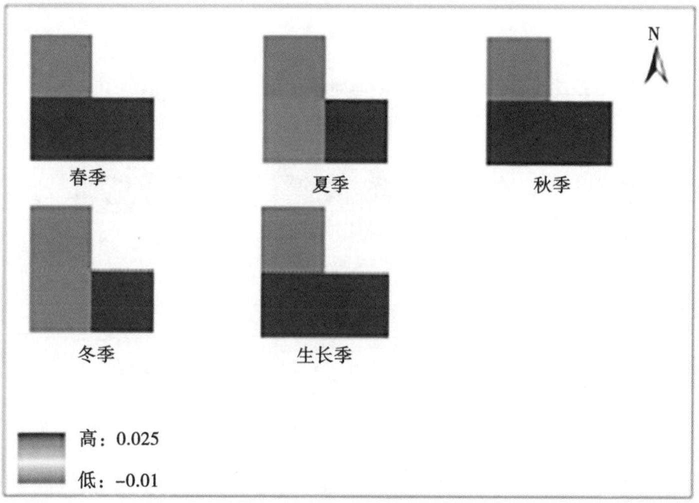

（c）1 km分辨率

续图 3-37

植被 NDVI 在四季的变化趋势均高于其他两个分辨率下的变化趋势，说明在 250 m 分辨率下观测的植被，更能很好地体现出地表植被的真实变化趋势。

表 3-1　不同分辨率下桥子沟流域季节尺度 NDVI 空间变化趋势情况

分辨率	春季	夏季	秋季	冬季	生长季
250 m	-0.009~0.012	0.011~0.030	0.003~0.018	-0.004~0.005	0.002~0.020
500 m	-0.001~0.008	0.015~0.025	0.005~0.015	-0.001~0.003	0.006~0.015
1 km	-0.005~0.005	0.018~0.023	0.007~0.013	-0.002~0.002	0.007~0.014

3. 年尺度下植被空间变化趋势

不同分辨率下桥子沟流域 NDVI 年际变化趋势如图 3-38 所示。随着分辨率的降低,桥子沟流域所覆盖的像元数越来越少,其变化趋势随着分辨率的降低而逐渐减少。在 250 m 分辨率下,2000—2017 年桥子东沟整体 NDVI 呈现明显的增加趋势,而桥子西沟 NDVI 增加趋势缓慢。桥子西沟北部增长趋势较为缓慢,其原因为该区域大多为农耕地、经济林等,植被覆盖较少且植被破坏较为严重。桥子东沟大部分为林草地,部分区域种植的有经济林,且实施了一定的水土保持措施,减少了人类活动的影响,维持了植被原有的生长状态,使植被呈明显的增长趋势。表 3-2 为不同分辨率下桥子沟流域年尺度 NDVI slope 在不同范围下所占的像元个数和百分比。由表 3-2 中统计数值可知,桥子沟在 250 m 分辨率下,在 0. 011 ~ 0. 015 的范围内的像元有 13 个,占 34. 2%,所占比例最大;在 0. 003 ~ 0. 007 范围内所占的比例最小。在 500 m 和 1 km 分辨率下,NDVI slope 范围在 0. 011 ~ 0. 015 内所占比例最高。从整体来看,桥子沟流域植被年际变化趋势在 0. 011 ~ 0. 015,250 m、500 m、1 km 分辨率下分别以 0. 006 5/a、0. 004 8/a、0. 004 7/a 的速率增加。

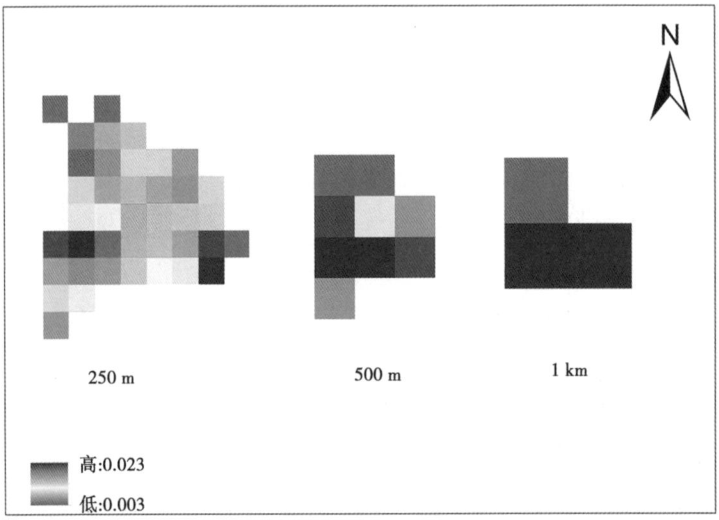

图 3-38　不同分辨率下桥子沟流域年尺度 NDVI 年际变化趋势

表 3-2　不同分辨率下桥子沟流域年尺度 NDVI slope 所占像元个数和百分比

分辨率	0. 003 ~ 0. 007		0. 007 ~ 0. 011		0. 011 ~ 0. 015		0. 015 ~ 0. 019		0. 019 ~ 0. 023	
	像元个数	百分比/%	像元个数	百分比/%	像元个数	百分比/%	像元个数	百分比/%	像元个数	百分比/%
250 m	2	5. 3	9	23. 7	13	34. 2	10	26. 3	4	10. 5
500 m	—	—	2	22. 2	5	55. 6	2	22. 2	—	—
1 km	—	—	—	—	2	66. 7	1	33. 3	—	—

3.4.2.2　罗玉沟不同尺度的植被空间变化分析

1. 月尺度下植被空间变化趋势

不同分辨率下罗玉沟流域月尺度 NDVI slope 2000—2017 年空间分布如图 3-39 所示。在不同观测尺度下，罗玉沟 NDVI 变化速率均从 3 月开始有小部分区域增加速度快，尤其是在 3 月、4 月的西部、北部以及东部地区增加快，而在中部地区 NDVI 变化速率小于 0，呈减小趋势。6—8 月，NDVI 变化速率均大于 0，植被呈现增加趋势，中部 NDVI 变化速率较 3 月、4 月有明显的增加趋势，9 月之后 NDVI 变化速率逐渐减小。250 m、500 m 和 1 km 分辨率下，6—8 月的 NDVI slope 变化范围分别为 0.000 4～0.039、0.004～0.032、0.005～0.027，由此可以看出，在 250 m 分辨率下的 NDVI slope 较 500 m 和 1 km 分辨率下的 NDVI slope 变化范围大，但在 1 km 分辨率下较大的 NDVI slope 值覆盖的范围较广，增长速率过快，与月尺度下植被时间变化趋势一致。

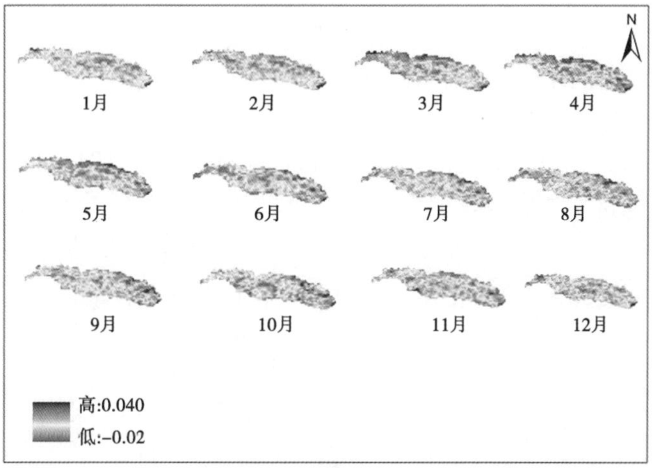

(a)250 m分辨率

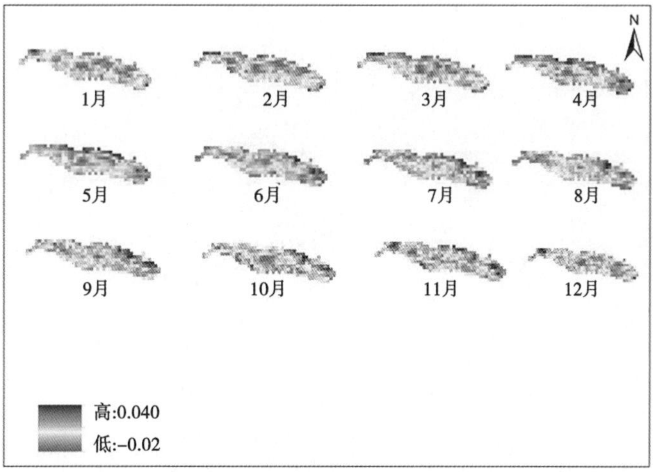

(b)500 m分辨率

图 3-39　不同分辨率下罗玉沟流域月尺度 NDVI slope 空间分布

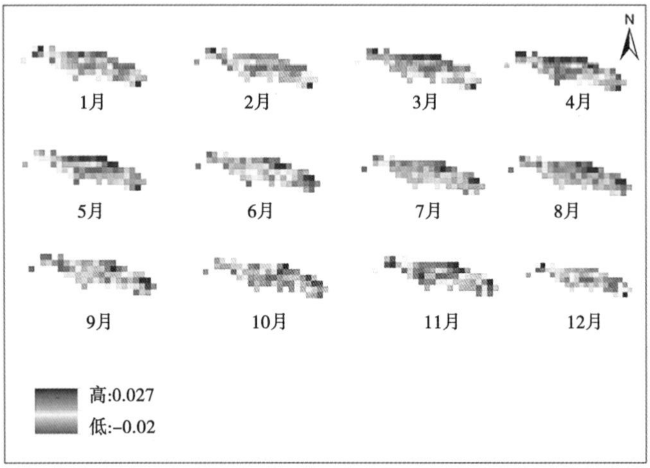

(c)1 km分辨率

续图 3-39

2. 季节尺度下植被空间变化趋势

不同分辨率下罗玉沟流域季节尺度 NDVI slope 空间分布见图 3-40。夏季 NDVI slope 整体大于 0,且东北部增加趋势较中部和西部快。秋、冬季植被减少趋势逐渐增加,尤其是在冬季,植被 NDVI slope 在 3 种分辨率下的变化范围分别为-0.006~0.017、-0.004~0.011、-0.003~0.007,植被减少趋势覆盖范围广,中部和西部 slope 值达到最低。250 m 分辨率下植被空间变化率较 500 m 分辨率下和 1 km 分辨率下的高。

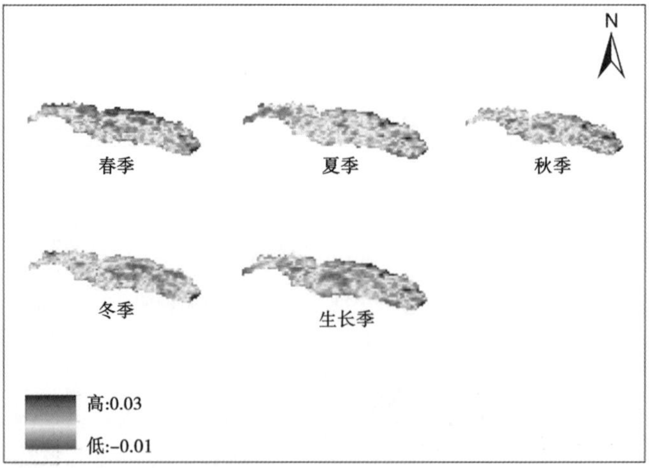

(a) 250 m分辨率

图 3-40　不同分辨率下罗玉沟流域季节尺度 NDVI slope 空间分布

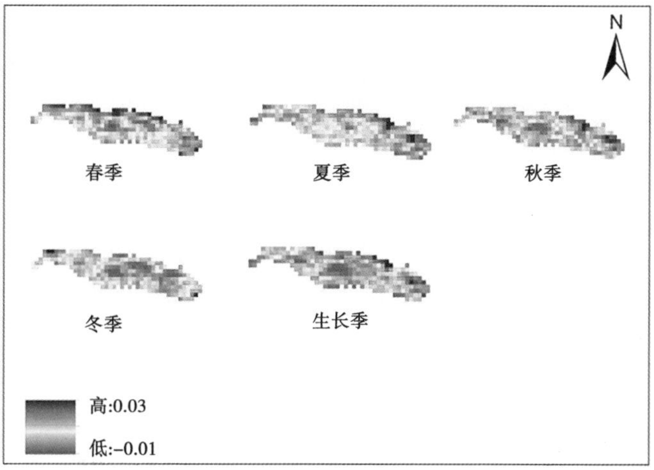

（b）500 m分辨率

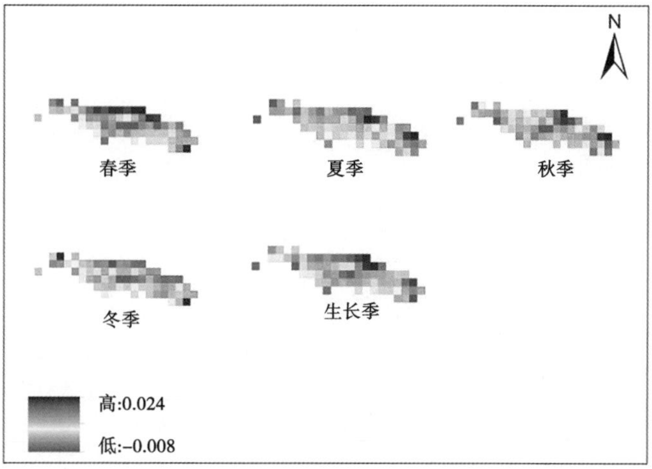

（c）1 km分辨率

续图 3-40

3. 年尺度下植被空间变化趋势

罗玉沟流域 NDVI slope 在 2000—2017 年间缓慢变化,沟谷附近植被生长速率较慢,处于背阴面,阳光不能直照,从而抑制了植被生长。由于北部边缘地区大多是茂密的刺槐林,长势很好,所以存在较高的变化趋势。3 种分辨率下的 NDVI slope 空间变化趋势趋于一致(见图 3-41)。表 3-3 为统计的不同分辨率下 NDVI slope 变化范围内所占的像元个数及其百分比。从统计的数值来看,在 250 m 分辨率下,罗玉沟 NDVI slope 在 0. 005~0. 01 的范围内所占的百分比达到了最大,为 40%,其次是所占比例为 29. 5%的 0. 01~0. 015 的范围,NDVI slope 小于 0 所占的比例为 1. 3%,存在小范围内的减少趋势。在 500 m 分辨率下,NDVI slope 在 0. 01~0. 015 的范围内所占的比例为 39. 3%,NDVI slope 在 0. 005~0. 01 范围内所占的比例为 38. 6%,NDVI slope 小于 0 所占的比例较 250 m 分辨率下降低了 0. 2%。在 1 km 分辨率下,植被 NDVI slope 在 0. 005~0. 01 和 0. 01~0. 015 所占像元个

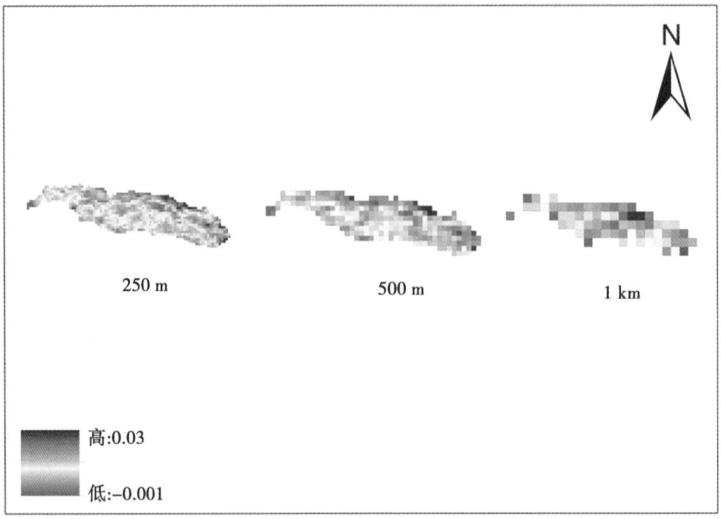

图 3-41　不同分辨率下罗玉沟流域年尺度下不同分辨率 NDVI slope 空间分布

数较多,所占比例分别为 35.3%和 52.9%。从整体来看,罗玉沟流域 NDVI slope 年变化趋势在不同分辨率下所占比例最多的范围为 0.005~0.015,呈缓慢增加趋势,处于较高增长趋势范围内所占的比例较小。

表 3-3　不同分辨率下罗玉沟流域年 NDVI slope 所占像元个数和百分比

分辨率	<0		0~0.005		0.005~0.01		0.01~0.015		0.015~0.02		0.02~0.025		0.025~0.03	
	像元个数	百分比/%	像元个数	百分比/%	像元个数/%	百分比/%	像元个数	百分比/%	像元个数	百分比/%	像元个数	百分比/%	像元个数	百分比/%
250 m	15	1.3	175	15.7	446	40	330	29.5	122	10.9	28	2.51	1	0.1
500 m	3	1.1	32	11.4	108	38.6	110	39.3	25	8.9	2	0.7	—	—
1 km	—	—	—	—	24	35.3	36	52.9	8	11.8	—	—	—	—

3.4.2.3　藉河和渭河北道以上不同尺度的植被空间变化分析

1. 月尺度下植被空间变化趋势

由图 3-42 可知,不同分辨率下藉河和渭河北道以上流域的月尺度 NDVI slope 空间变化趋势基本相同。1—2 月藉河流域中下游部分 NDVI slope 为负值,2 月上游 NDVI slope 较 1 月高。3—4 月藉河流域上游部分变化趋势较快,而中下游部分随着时间的变化,NDVI slope 逐渐增加,5 月整个流域 NDVI slope 呈现较高的变化趋势,6—9 月上游部分 NDVI slope 逐渐降低,中下游部分基本保持不变,以稳定的趋势增加。随着时间的变化,NDVI slope 逐渐减小,但在中下游部分支流周边仍然以大于 0 的趋势缓慢增加,有可能是因为河流中生存的海藻之类的藻类植物呈现出缓慢的增加趋势,但仍较前几个月的增加趋势缓慢。2 月渭河北道以上流域 NDVI slope 呈现大范围的降低趋势,尤其是在甘肃省定西县北部和东北部、天水市辖区以及平凉市呈现出显著的降低趋势。随着时间的变化,

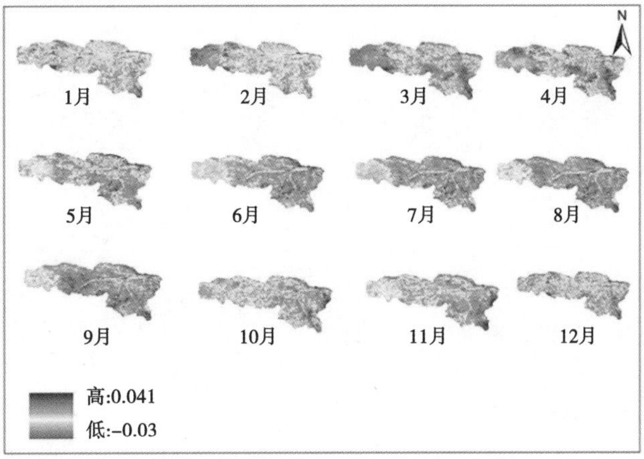

（a）250 m分辨率下藉河

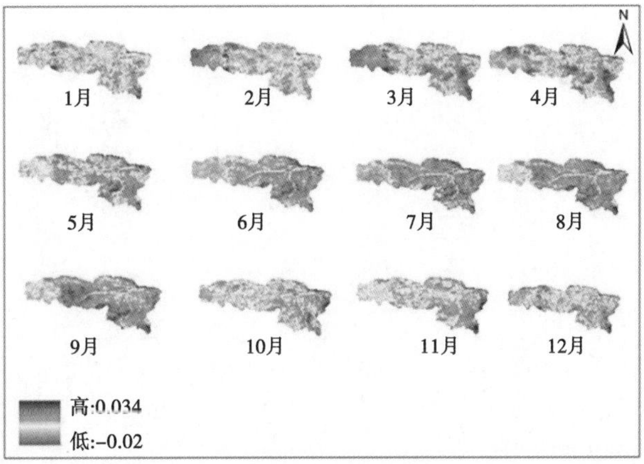

（b）500 m分辨率下藉河

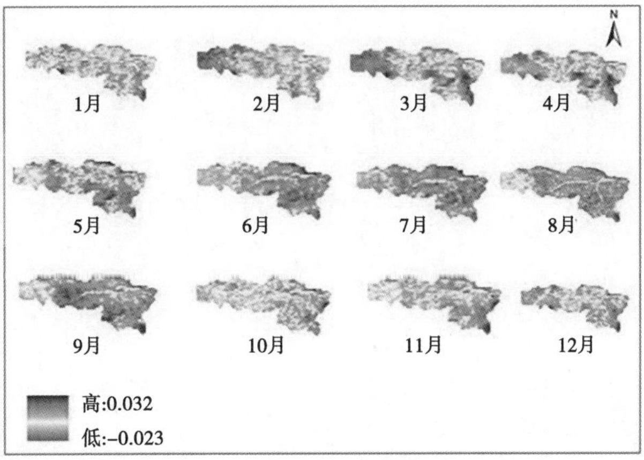

（c）1 km分辨率下藉河

图 3-42　不同分辨率下藉河和渭河北道以上流域月尺度 NDVI slope 空间分布

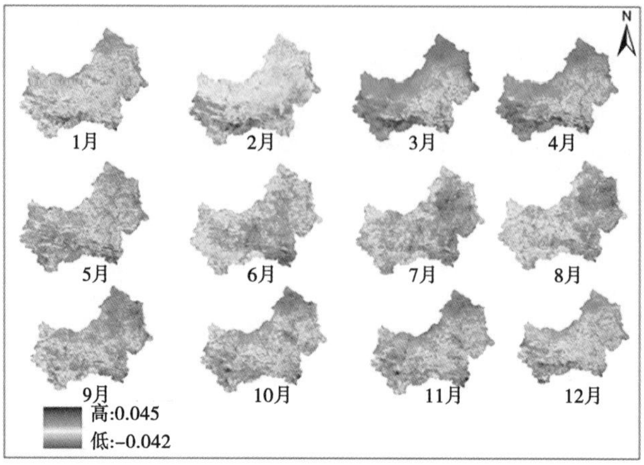

（d）250 m分辨率下渭河北道以上

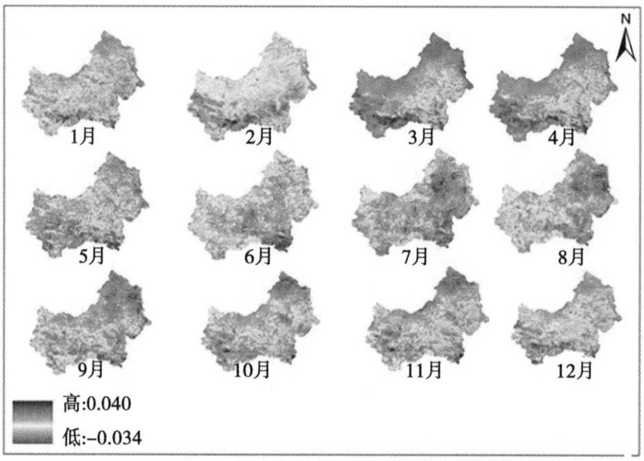

（e）500 m分辨率下渭河北道以上

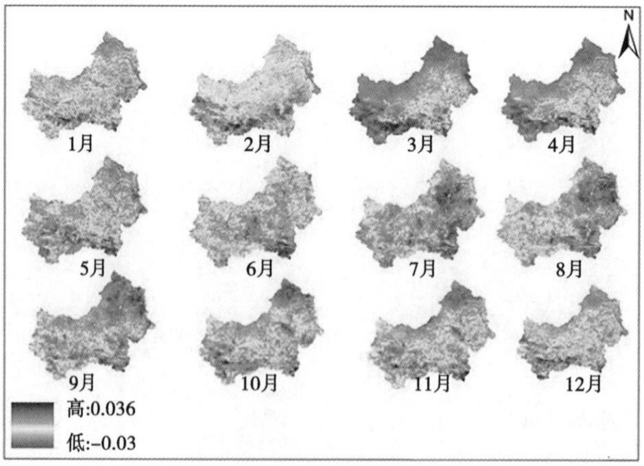

（f）1 km分辨率下渭河北道以上

续图 3-42

3 月、4 月 NDVI slope 增加趋势较快,只在天水市辖区存在少部分的降低趋势。6—8 月,定西县西北部植被增长趋势缓慢,在支流附近的植被增长趋势也较为缓慢。随后在天水市辖区和平凉市植被呈现出减少趋势,其余地区呈现缓慢的增加趋势。空间上整体变化趋势和藉河流域的变化相类似。

2. 季节尺度下植被空间变化趋势

不同分辨率下藉河和渭河北道以上流域 NDVI slope 均在春季呈现出较好的增加趋势(见图 3-43);夏季上游部分均存在小部分减少趋势,可能由于该区域人类活动的影响或者是土地利用类型的改变,降低了植被的生长;冬季呈现减少趋势;生长季期间涵盖了春、夏、秋 3 个季节,直观地反映了植被从萌生新芽到枯萎凋零的生长状况,整体上仍然存在着一定的增加趋势,但较夏季的变化趋势还是较为缓慢。这一结果与时间上观测的变化趋势相一致。

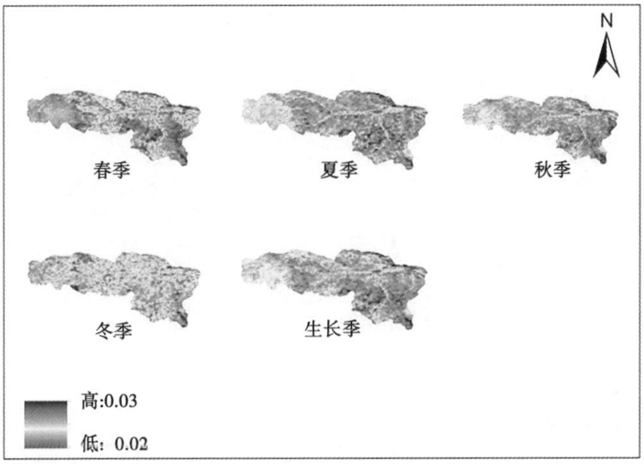

(a) 250 m分辨率下藉河

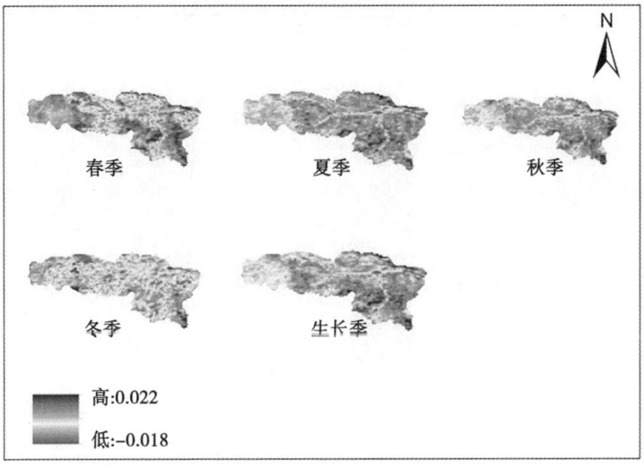

(b) 500 m分辨率下藉河

图 3-43 不同分辨率下藉河和渭河北道以上流域季节尺度 NDVI slope 空间分布

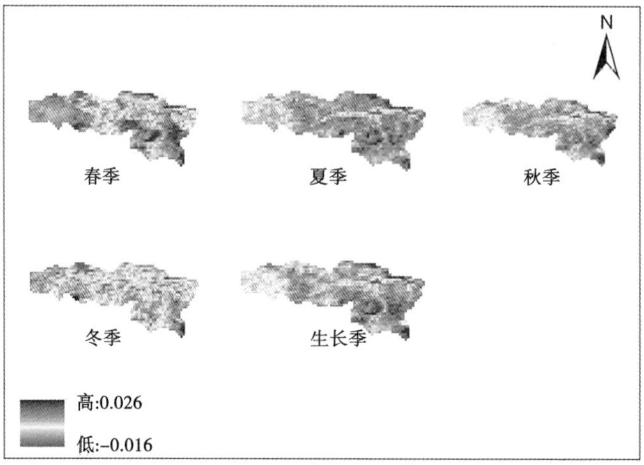

（c）1 km分辨率下藉河

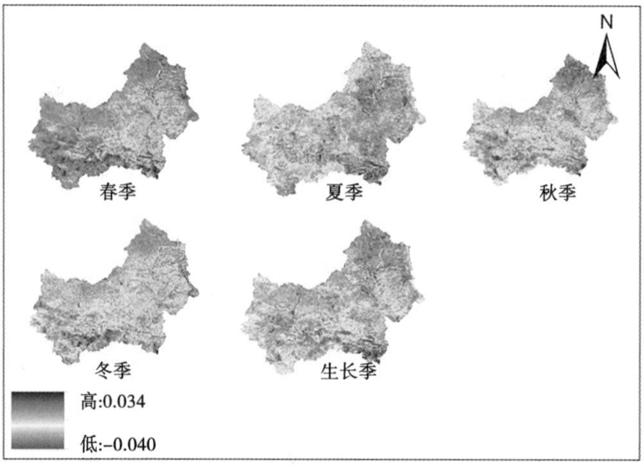

（d）250 m分辨率下渭河北道以上

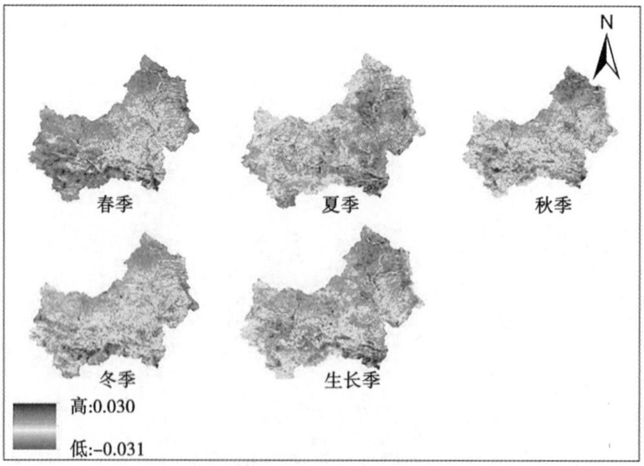

（e）500 m分辨率下渭河北道以上

续图 3-43

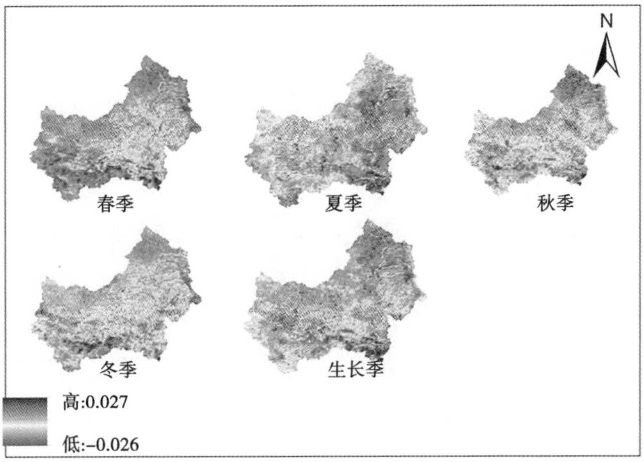

（f）1 km分辨率下渭河北道以上

续图 3-43

3. 年尺度下植被空间变化趋势

2000—2017 年年尺度下藉河和渭河北道以上流域 NDVI slope 空间变化如表 3-4、图 3-44 所示。藉河流域年尺度下 NDVI slope 在上游部分存在减少趋势，而在中下游部分存在缓慢的增加趋势。藉河流域北部地区存在 NDVI slope 小于 0 的趋势，但所占比例较小，且随着分辨率的逐渐提高，小于 0 的比例逐渐降低。在 0～0. 015 范围内所占的比例最多，中下游地区在该范围内呈现出增加趋势。下游部分 NDVI slope 分布在 0. 015～0. 03。渭河北道以上流域年尺度下 NDVI slope 在定西县西北部呈现减少趋势，东部大都呈现缓慢的增加趋势，而在定西县东北部和平凉市西北部呈现较高的增加趋势。与藉河流域的变化趋势相同，同样是在 0～0. 015 范围内所占的比例最多，不同分辨率下整体达到了 90. 8%、92. 57%、93. 57%，即在定西县东部、天水市辖区、平凉市分布。NDVI slope 在 0. 015～0. 03 范围内所占的比例有所下降，但主要还是分布在定西县东北部和平凉市西北部分。

表 3-4　不同分辨率下藉河和渭河北道以上流域年尺度 NDVI slope 所占像元个数和百分比

流域	分辨率	<0		0～0. 005		0. 005～0. 01		0. 01～0. 015		0. 015～0. 02		0. 02～0. 025		0. 025～0. 03	
		像元个数	百分比/%	像元个数	百分比/%	像元个数	百分比/%	像元个数	百分比/%	像元个数	百分比/%	像元个数	百分比/%	像元个数	百分比/%
藉河	250 m	661	3. 5	4 143	22	6 134	32. 5	5 784	30. 6	1 822	9. 7	296	1. 6	22	0. 1
	500 m	107	2. 3	972	20. 7	1 556	33. 1	1 616	34. 4	394	8. 4	48	1	1	0. 02
	1 km	26	2. 2	216	18. 3	366	31	473	40	95	8. 1	4	0. 3	—	—
渭河北道以上	250 m	21 095	5. 56	94 441	24. 89	161 126	42. 47	88 906	23. 44	12 607	3. 32	1 089	0. 29	96	0. 03
	500 m	4 536	4. 78	23 486	24. 76	41 054	43. 28	23 269	24. 53	2 364	2. 49	142	0. 15	3	0. 003
	1 km	874	3. 68	5 143	21. 68	10 285	43. 35	6 769	28. 53	639	2. 69	14	0. 06	—	—

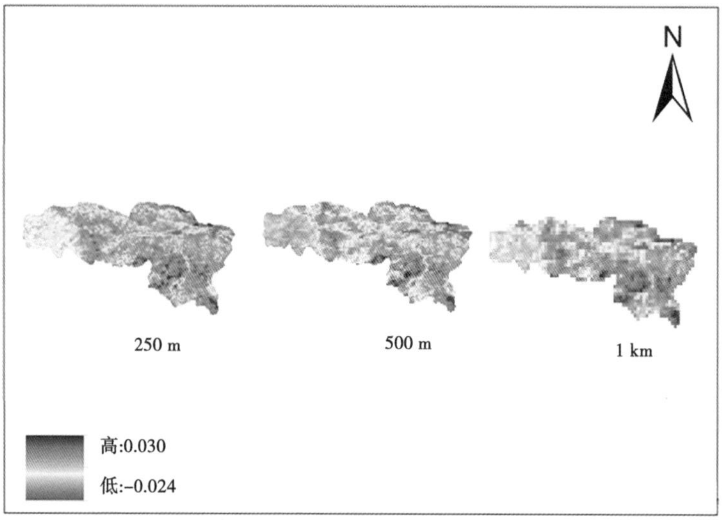

(a)藉河

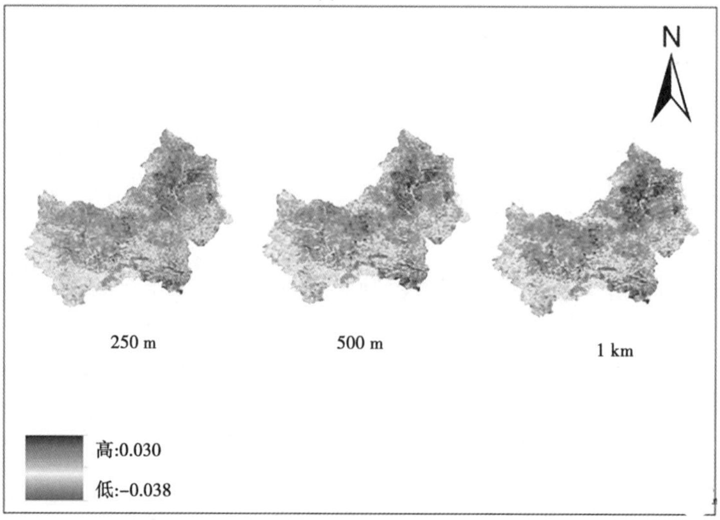

(b)渭河北道以上

图 3-44　不同分辨率下藉河和渭河北道以上流域年尺度 NDVI slope 空间分布

3.4.3　不同尺度植被变化对比

渭河北道以上-藉河-罗玉沟-桥子沟在月尺度上,同一区域不同分辨率下的 NDVI 具有相同的变化趋势,均呈现出增加—减小—增加的波动变化趋势,且存在明显的植被变化周期,更能清楚明了地反映植被生长状况。5—9 月的 NDVI 值大都处于波峰位置,1 月大都处于波谷位置。不同尺度下 NDVI 月均值在 0.1~0.8 波动变化。在空间变化上,均存在 NDVI slope 小于 0 的区域,增长速率过快的区域所占面积较小。

季节尺度上,在 250 m、500 m 和 1 km 分辨率下的桥子沟-罗玉沟-藉河和渭河北道以上流域的 NDVI 变化趋势相同,折线图近似于重合状态。春秋季和冬季 NDVI 变化趋势较为平稳,夏季 NDVI 呈现出明显的增加趋势,遵循了物候的变化规律。在桥子沟流域,夏季 NDVI 增长速率为 0.021 3/a,相关性 R 为 0.75,生长季 NDVI 增长速率为 0.010 9/a,相关性 R 为 0.66;在罗玉沟流域,夏季 NDVI 增长速率为 0.016 3/a,相关性 R 为 0.76,生长季 NDVI 增长速率为 0.008 3/a,相关性 R 为 0.69;在藉河和渭河北道以上流域,夏季 NDVI 分别以 0.012 1/a 和 0.011 6/a 的速率增加,相关性分别为 0.77 和 0.75,生长季 NDVI 增长速率和相关性分别为 0.007/a、0.72 和 0.005/a、0.62。不同尺度下的夏季 NDVI 随时间的变化相关性达到了 0.86 以上,而随着尺度的扩大,其增长速率逐渐减小,即从桥子沟流域的 0.021 3/a 降低到渭河北道以上流域的 0.011 6/a。不同尺度下的生长季 NDVI 随着时间的变化相关性均达到了 0.79 以上,且生长季期间的植被生长速率随着尺度的扩大也呈现出逐渐下降的趋势。在空间变化上,随着尺度的增加,NDVI 趋势也在逐渐增加,但仍然是夏季的植被增加趋势最快,这正与实际的物候变化情况相符合,同时能够直观地描述植被的长势,更有利于日后对植被 NDVI 的变化研究。

年尺度上,桥子沟流域在 250 m 和 500 m 分辨率下的 NDVI 值较 1 km 分辨率下的 NDVI 值高,但在 1 km 分辨率观测下的植被变化相关性达到了 3 种不同分辨率下的最大值,即 R=0.59。罗玉沟流域在 1 km 分辨率下的 NDVI 值较 250 m 和 500 m 分辨下的 NDVI 值高,相关性 R 达到了 0.81。同样,在渭河北道以上和藉河流域 NDVI 均在 1 km 分辨率下的相关性达到了最高,分别为 0.69 和 0.53。2000 年桥子沟、罗玉沟、藉河流域 NDVI 呈逐渐增加趋势,2000 年 NDVI 值的范围分别为 0.3~0.4、0.4~0.5 和 0.5~0.6,而渭河北道以上流域 NDVI 最小值范围则与罗玉沟 NDVI 范围相同,但整体上看,在空间上,不同尺度的增长速率 NDVI slope 大都在 0~0.015 的范围内呈缓慢增加趋势,小部分 NDVI slope 小于 0,呈减少趋势。

第 4 章　不同尺度下植被空间异质性分析

本章选择桥子沟-罗玉沟-藉河嵌套流域为对象，分析不同尺度下植被空间异质性。由于 MODIS 250 m、500 m 以及 1 km 分辨率下的 NDVI 开始年份为 2000 年，而 Landsat NDVI 开始年份较早，为了与 MODIS NDVI 在时间上相对应，分别选取 2000 年、2010 年、2015 年夏季 MODIS NDVI 与 Landsat NDVI 数据来分析 2000—2015 年植被的异质性。

4.1　桥子沟流域 NDVI 空间异质性分析

4.1.1　NDVI 变异系数

桥子沟流域 2000—2015 年不同分辨率、不同土地利用类型下的空间变异系数如图 4-1 所示，图 4-1(a)～(c)分别为桥子沟流域在整体范围、耕地范围以及林草地范围下的变异系数空间分布。可以看出，桥子沟流域 30 m 分辨率下的 NDVI 变异系数整体在桥子西沟西北角与桥子东沟东南方向的较高，结合耕地和林草地的 NDVI 变异系数，可以看出在这 15 年间，该区域的耕地和林草地的 NDVI 分布较为分散，植被覆盖时序相对不稳定，可能原因是该部分区域离城镇、村庄距离较近，植被生长状况受到了一定的影响，从而使植被分布相对离散。桥子西沟与桥子东沟临界边缘地区耕地所占范围较林草地的广，耕地和林草地 NDVI 变异系数值较西北角和东南方向的低，植被分布在 15 年间相对稳定，30 m 分辨率下的像元与像元之间 NDVI 差异较小。整体上，桥子沟流域在 30 m、250 m 和 500 m 分辨率下的 NDVI 变异系数在空间分布上存在相同的变化范围。

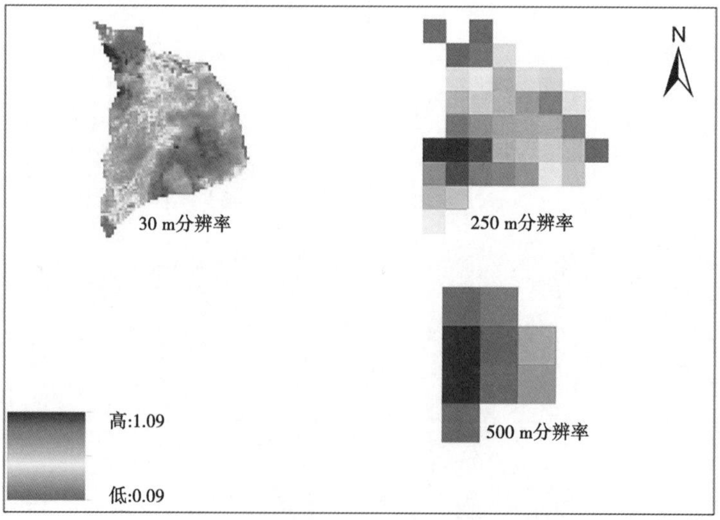

(a)2000—2015年流域整体范围

图 4-1　不同分辨率及土地利用类型下的桥子沟流域逐像元空间变异系数

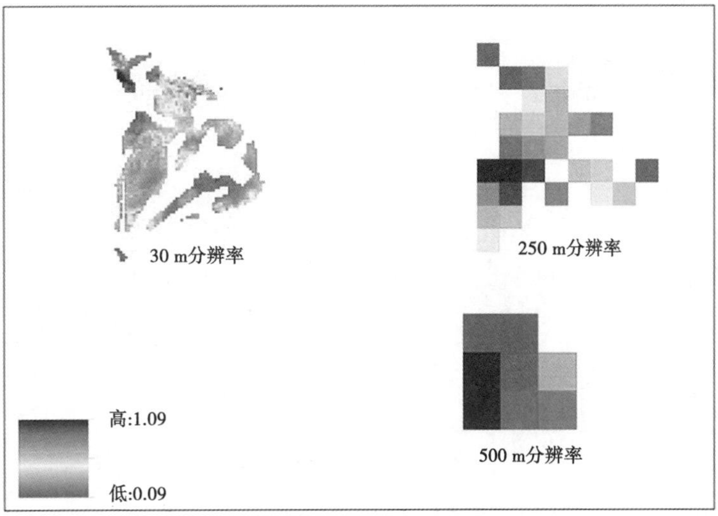

(b)2000—2015年耕地范围

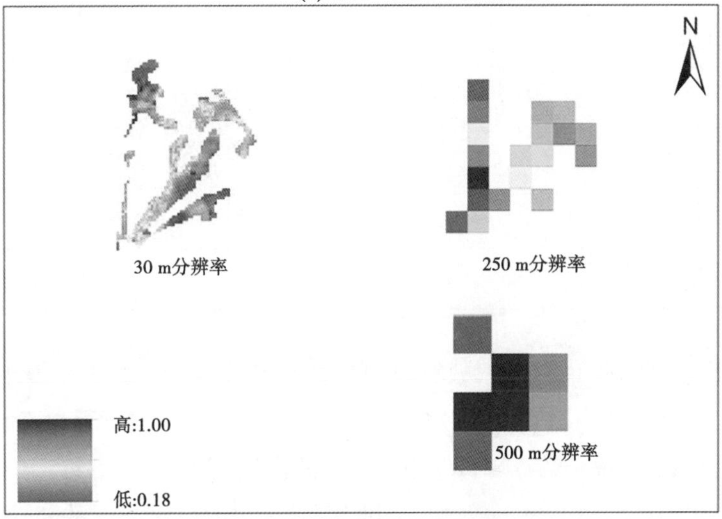

(c)2000—2015年林草地范围

续图 4-1

图 4-1 从空间上来说明桥子沟流域 NDVI 在 15 年间分布状况是否稳定,结合表 4-1 统计的桥子沟流域在不同分辨率、不同土地利用状况下的 NDVI 变异系数在各个范围中所占的百分比,更能看出 15 年间桥子沟流域 NDVI 空间变异情况。从表 4-1 中统计的数据来看,桥子沟流域在不同分辨率下变异系数大部分分布在 0.4~0.8,说明在这 15 年间,桥子沟流域植被覆盖状况相对不稳定,NDVI 高低值分布较为分散,相似的 NDVI 值分布不集中。在 30 m 高分辨率的观测下,植被变化处于相对稳定状态下的比例仅占 4.3%,其中耕地和林草地 NDVI 变化在相对稳定状态下所占比例分别为 5.3%和 1.4%,耕地较林草地 NDVI 分布相对聚集,植被覆盖相对稳定。

表 4-1　不同分辨率下桥子沟 NDVI 变异系数、标准差及所占像元百分比

分辨率/m	土地利用类型	不同变异系数所占像元百分比/%					标准差
		0~0.2	0.2~0.4	0.4~0.6	0.6~0.8	0.8~1.0	
30	整体	0.9	3.4	17.9	53.6	24.2	0.360
	耕地	1.1	4.2	21.4	55.2	18.1	0.320
	林草地	0.1	1.3	14.3	57.3	27	0.314
250	整体	—	—	89.5	10.5	—	0.289
	耕地	—	—	85.2	14.8	—	0.273
	林草地	—	—	89.5	10.5	—	0.256
500	整体	—	—	77.8	22.2	—	0.277
	耕地	—	—	75	25	—	0.272
	林草地	—	—	85.7	14.3	—	0.258
1 000	整体	—	—	100	—	—	0.272
	耕地	—	—	100	—	—	0.272
	林草地	—	—	100	—	—	0.197

根据高程数据提取出桥子沟流域坡度信息，并将其坡度等分为 5 个等级，即 0°~5°、5°~10°、10°~15°、15°~20°、20°~25°，分别统计各个坡度范围下的桥子沟流域 NDVI 变异系数的变化，见表 4-2。桥子沟流域整体小于 0.4 的变异系数在坡度 5°~10°、10°~15°所占的百分比分别为 1.7%和 1.9%，较其他坡度范围下的 NDVI 变异系数高，说明在变异系数小于 0.4 时且在 5°~10°、10°~15°这两个坡度下的植被变化分布相对稳定。变异系数在大于 0.4 的范围下，植被在坡度 10°~15°分布较多，且在 0.6~0.8 范围内分布的变异系数占 32.1%，相对不稳定。在不同土地利用状况下，耕地小于 0.4 的变异系数在 0°~5°占 0.6%，耕地和林草地小于 0.4 的变异系数在 5°~10°分别占 1.5%和 1%，耕地和林草地小于 0.4 的变异系数在 10°~15°分别占 2.9%和 0.4%，由此可以看出，耕地在 10°~15°坡度下的植被覆盖相对稳定，而林草地在 5°~10°的坡度下分布相对稳定。而在变异系数大于 0.4 的情况下，耕地和林草地在各个坡度范围下的变异系数所占的百分比都较小于 0.4 的变异系数高，且耕地和林草地均在 10°~15°的坡度下 NDVI 变异系数最高，植被覆盖相对不稳定。

表 4-2　桥子沟流域不同坡度下 30 m 分辨率 NDVI 变异系数所占像元百分比

土地利用类型	坡度	不同变异系数所占像元百分比/%				
		0~0.2	0.2~0.4	0.4~0.6	0.6~0.8	0.8~1.0
整体	0°~5°	0.4	0.1	0.1	1.4	0.5
	5°~10°	0.3	1.4	4.7	14.2	3.2
	10°~15°	0.2	1.7	10.1	32.1	16.5
	15°~20°	—	0.2	2.4	5.6	4
	20°~25°	—	—	0.6	0.3	—
耕地	0°~5°	0.5	0.1	0.2	1.1	0.3
	5°~10°	0.2	1.3	4.3	17.1	3.3
	10°~15°	0.4	2.5	12.3	31.5	12.6
	15°~20°	—	0.3	3.6	4.9	1.9
	20°~25°	—	—	1	0.6	-
林草地	0°~5°	—	—	0.2	1.7	1.1
	5°~10°	0.1	0.9	5.3	13.1	3.1
	10°~15°	—	0.4	7.4	34.4	19.4
	15°~20°	—	—	1.1	8.1	3.4
	20°~25°	—	—	0.3	—	—

4.1.2　NDVI Moran's I

表 4-3 为统计的桥子沟流域在不同分辨率及不同土地利用类型下的全局 Moran's I。该指数均通过了 $P<0.05$ 的显著性检验，且 $|Z|>1.96$。从表 4-3 中统计数值可知，桥子沟流域在不同分辨率下的整体 NDVI 全局 Moran's I 除 2015 年 500 m 分辨率下的小于 0 外，其余均大于 0，说明桥子沟流域 NDVI 在不同分辨率下均表现出空间正自相关性，且相邻像元之间的差异较小，而在 2015 年 500 m 分辨率下的 Moran's I 表示了桥子沟流域植被呈现出离散状态，表现出空间负自相关性，且相邻像元之间的差异较大。在 30 m 分辨率下的 Moran's I 随着时间的变化，呈逐渐减小趋势，说明 NDVI 逐渐从聚集状态向分散状态分布。耕地整体呈现正的空间自相关关系，但在 2010 年 500 m 分辨率下呈现负的空间自相关关系。林草地在 2000 年和 2015 年 500 m 分辨率下的 Moran's I 小于 0，呈现负的空间自相关关系，且在 2015 年林草地分布差异较大。

表 4-3　不同分辨率下桥子沟流域 NDVI 全局 Moran′s I

分辨率/m	土地利用类型	2000 年	2010 年	2015 年
30	整体	0. 907	0. 840	0. 794
	耕地	0. 897	0. 860	0. 825
	林草地	0. 898	0. 805	0. 716
250	整体	0. 543	0. 591	0. 615
	耕地	0. 692	0. 530	0. 560
	林草地	0. 130	0. 638	0. 564
500	整体	0. 116	0. 199	-0. 263
	耕地	0. 216	-0. 168	0. 055
	林草地	-0. 175	0. 133	-0. 237

图 4-2 为在 30 m 分辨率下的 NDVI Moran′s I 与像元相邻距离的变化趋势。由图 4-2 可知，桥子沟整体 Moran′s I 均大于 0，且在 2000 年的值高于 2010 年和 2015 年的，2015 年的 Moran′s I 较其他两个时期低，说明随着时间的变化，桥子沟植被逐渐由聚集状态向分散状态转化，邻近像元之间的 NDVI 差异逐渐增大。随着像元与像元之间距离的增加，桥子沟整体在不同时期下的 Moran′s I 均呈减小趋势，均在像元距离达到 240 m 之前，Moran′s I 呈骤然下降趋势，且在 2000 年时，Moran′s I 减小趋势较快。同样，耕地和林草地的 Moran′s I 随着距离的增加，也呈减小趋势，但林草地在不同时期的变化浮动较耕地明显，林草地的 Moran′s I 随着相邻像元距离的增加减小速率较耕地快，说明不论是耕地还是林草地，随着时间和距离的变化，相邻像元 NDVI 空间自相关性逐渐减小，NDVI 空间分布越分散。

图 4-3～图 4-5 中(a)、(c)、(e)为采用 Geodata 软件计算的 Moran′s I 散点图，其中斜线代表两者之间的线性关系，斜率即为 Moran′s I，4 个象限逆时针分别表示了 NDVI 和相邻 NDVI 在流域局部存在的关联形式，即 HH(高值-高值区)、LH(低值-高值区)、LL(低值-低值区)、HL(高值-低值区)，且点在 HH、LL 区域的显示自身与周边的相关性较高或较低，空间差异程度较小，存在较强的空间正相关，即为热点区和盲点区。可以看出，桥子沟整体或者在耕地和林草地的土地利用类型下，Moran′s I 散点图斜率均为正值，整体表现出空间正相关，且绝大多数点分布在一、三象限，表明桥子沟整体以及耕地和林草地在 HH、LL 区域呈现明显的聚集趋势，即桥子沟 NDVI 高值与周边像元的高值呈现出空间聚集现象，低值与周边像元的低值呈现空间聚集现象。而落在 LH、HL 区域的点较少，说明桥子沟整体以及在耕地和林草地的土地利用类型下 NDVI 低值与周边像元的高值、NDVI 高值与周边像元的低值较少分布，即出现异常的情况较小。Moran′s I 散点图只是表现出了 NDVI 在空间上的聚集和异常的特征，而局部 Moran′s I 图(NDVI LISA 分布图)能够进一步确认局部 NDVI 在空间上呈现聚集和异常情况的位置分布图。图 4-3～图 4-5 中

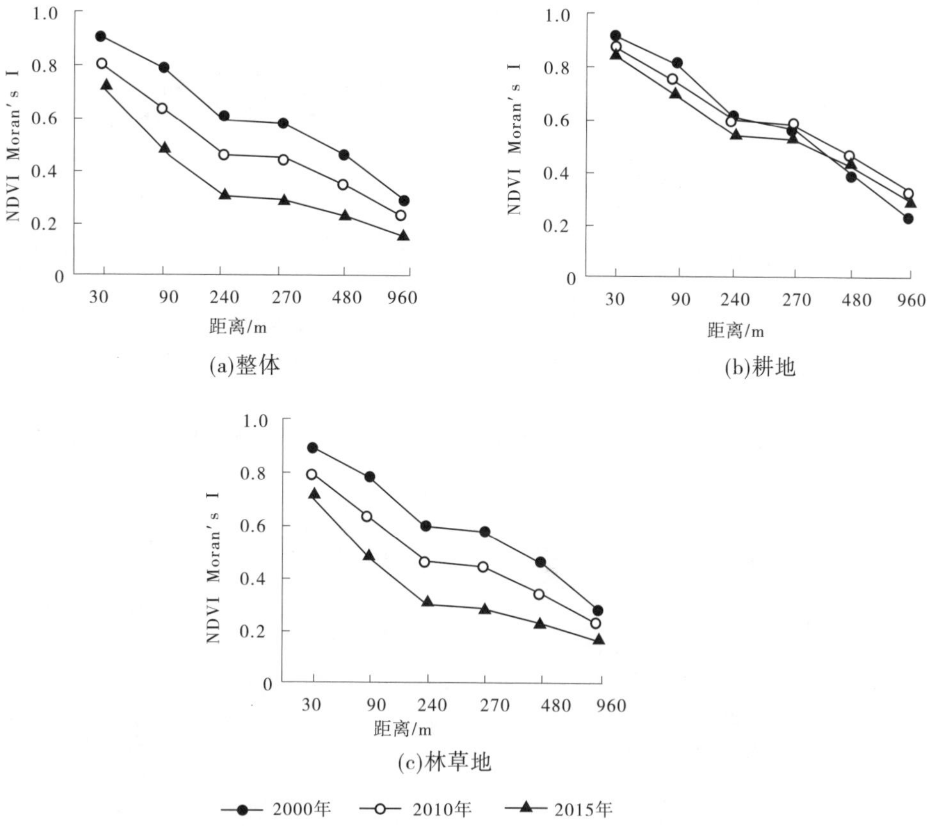

图 4-2　不同距离下桥子沟流域 30 m 分辨率下 NDVI Moran's I 变化趋势

(b)、(d)、(f)为 NDVI LISA 分布图，可以看出，NDVI 随着时间的变化，HH 高值聚集与 LL 低值聚集也存在着一定的变化。2000 年桥子西沟 NDVI 存在低值与低值的聚集状态较高值与高值的范围大，而在桥子东沟 NDVI 低值与低值的聚集状态分布范围较广。随着时间的变化，高值与高值区逐渐向桥子东沟分布，低值与低值区在桥子西沟分布范围较广，这是由于桥子东沟实施了保护措施，植被生态环境未遭受到严重的破坏，而在桥子西沟受人类活动的影响较大，植被覆盖可能较少，从而呈现 NDVI 低值与低值聚集分布。耕地和林草地存在些许 LH、HL 分布，NDVI 与周边像元 NDVI 呈现异常，耕地与林草地同样是 NDVI 高值逐渐向桥子东沟分布，NDVI 低值逐渐向桥子西沟分布。

表 4-4 为不同坡度下的桥子沟流域 30 m 分辨率下 NDVI Moran's I 统计。可以看出，除 20°～25° Moran's I 呈负的空间自相关关系外，其余坡度下均为正的空间自相关关系。随着坡度的增加，Moran's I 呈减小—增加—减小波动变化趋势。在 0°～5°和 5°～10°坡度下，Moran's I 随着时间的变化呈增加—减小趋势，说明在这两个坡度下桥子沟流域植被由聚集状态向分散状态过渡，而在 10°～25°坡度下，Moran's I 均呈逐渐减小趋势，且在 15°～20°坡度下，Moran's I 随着时间的变化下降了 0.472，比前后两个坡度下的 Moran's I 下降得快，说明随着时间的变化，桥子沟流域植被在 15°～20°坡度下逐渐呈现离散状态，植被分布相对不稳定。同一时间下，耕地 Moran's I 随着坡度的增加，呈现波动变化趋势，

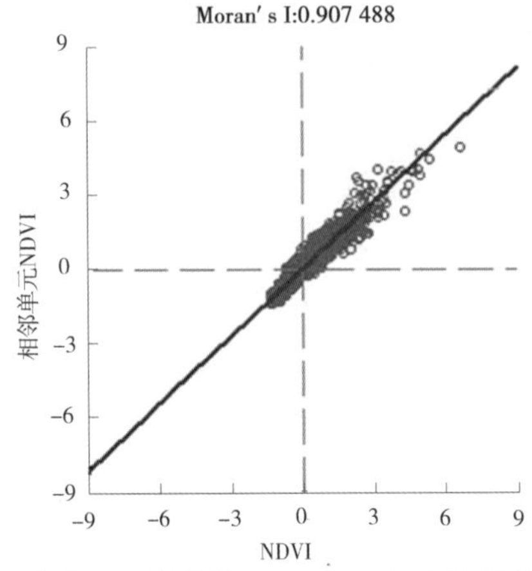

（a）2000年整体NDVI Moran' s I 散点图

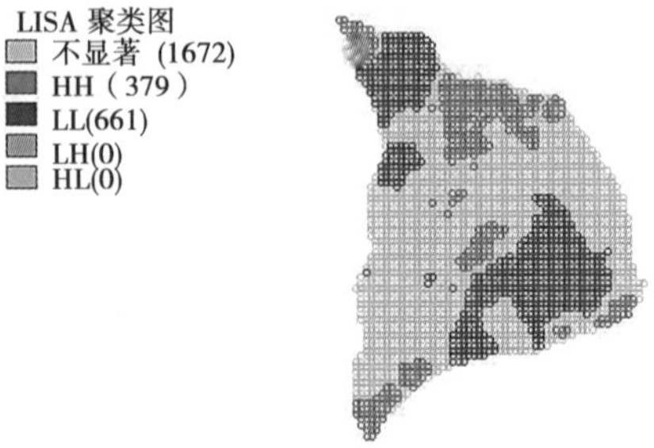

（b）2000年整体NDVI LISA图

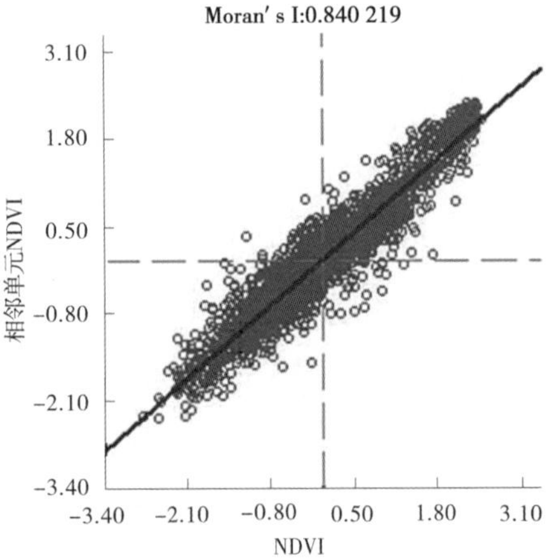

（c）2010年整体NDVI Moran' s I 散点图

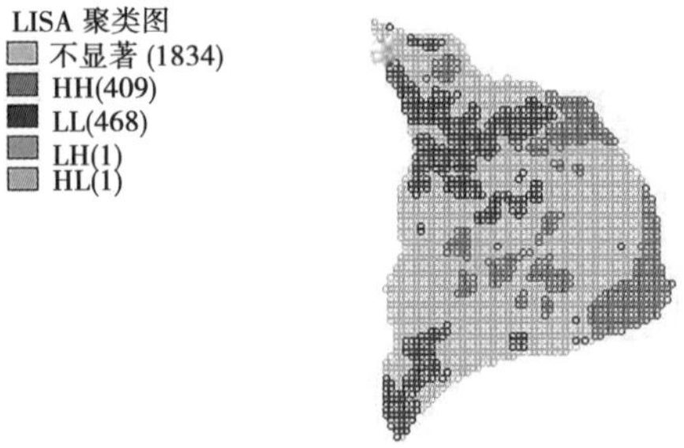

（d）2010年整体NDVI LISA图

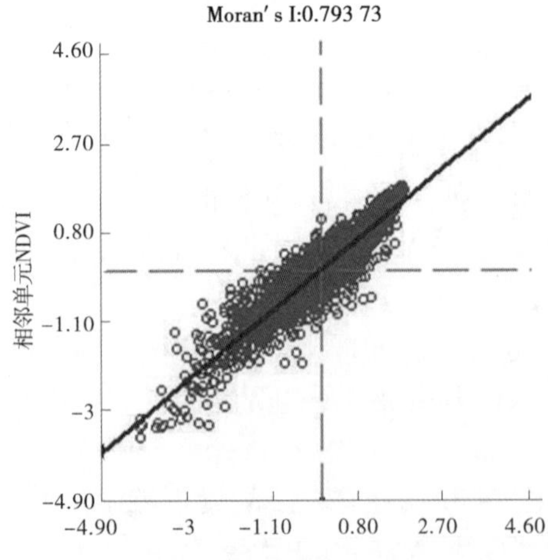

（e）2015年整体NDVI Moran' s I 散点图

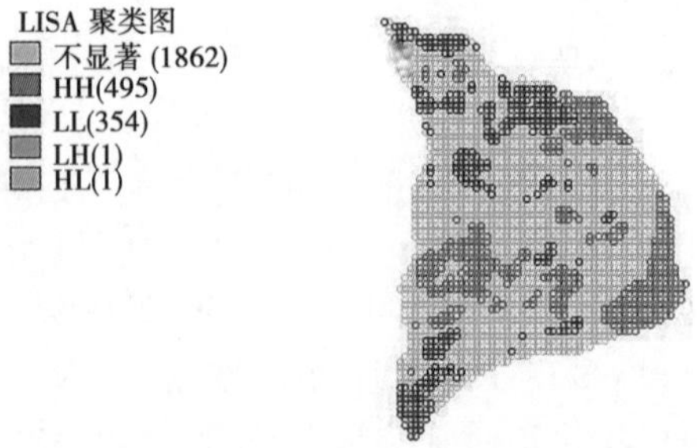

（f）2015年整体NDVI LISA图

图 4-3　桥子沟流域整体 30 m 分辨率下 NDVI Moran's I 散点图及 NDVI LISA 图

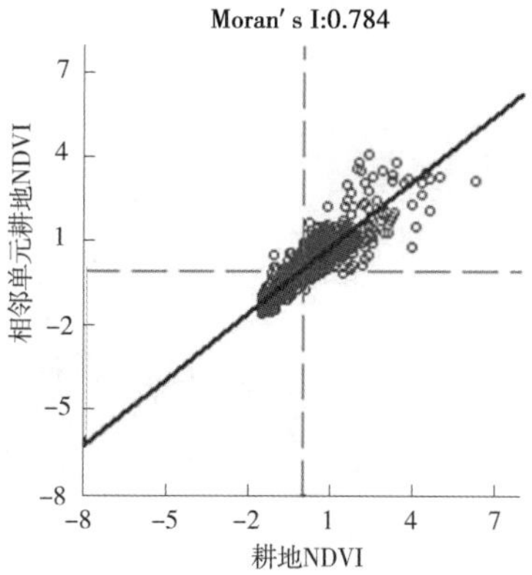

（a）2000年耕地NDVI Moran' s I散点图

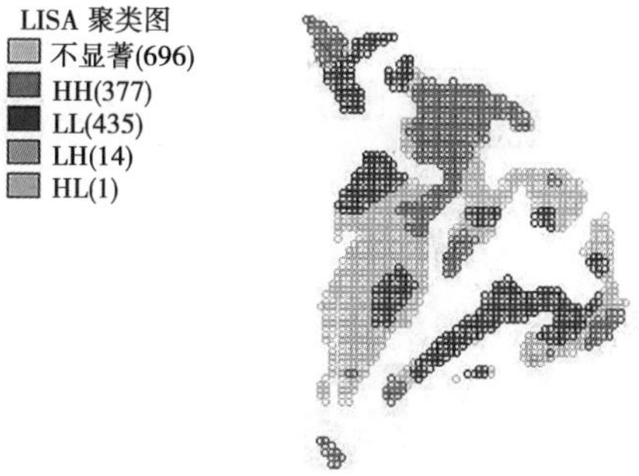

（b）2000年耕地NDVI LISA图

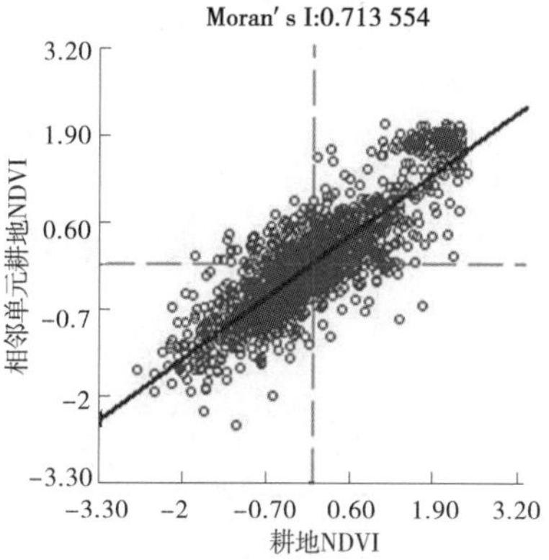

（c）2010年耕地NDVI Moran' s I散点图

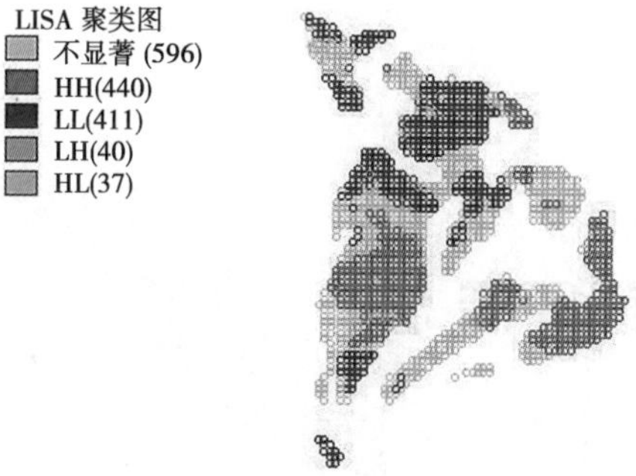

（d）2010年耕地NDVI LISA图

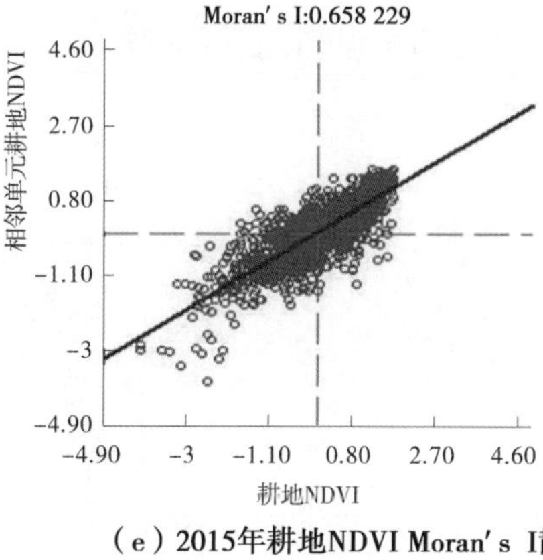

（e）2015年耕地NDVI Moran' s I散点图

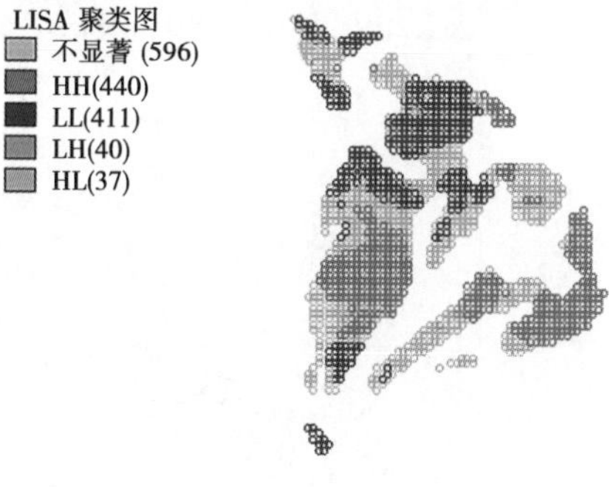

（f）2015年耕地NDVI LISA图

图 4-4　桥子沟流域耕地 30 m 分辨率下 NDVI Moran's I 散点图及 NDVI LISA 图

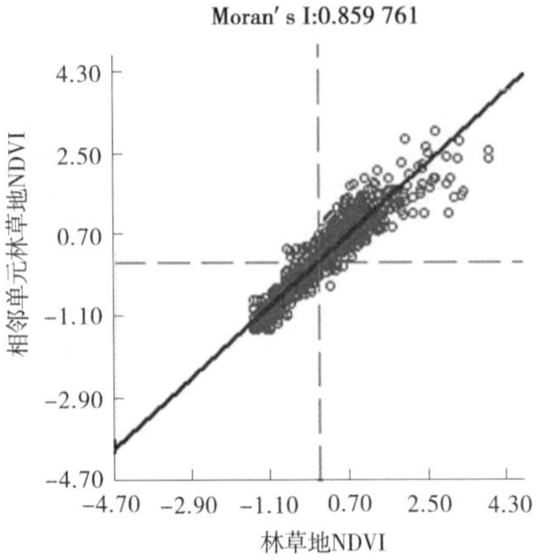

(a) 2000年林草地NDVI Moran' s I散点图

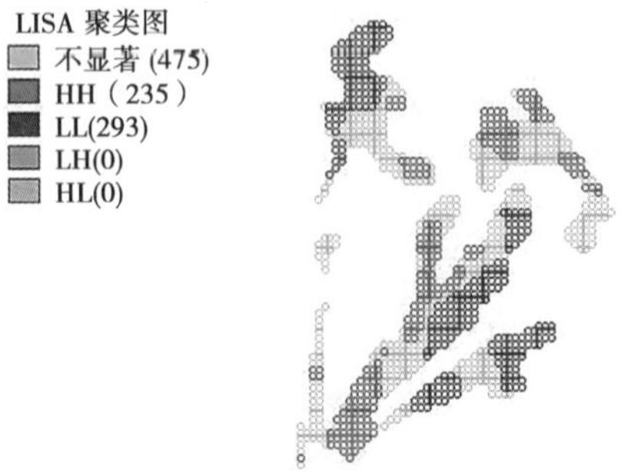

(b) 2000年林草地NDVI LISA图

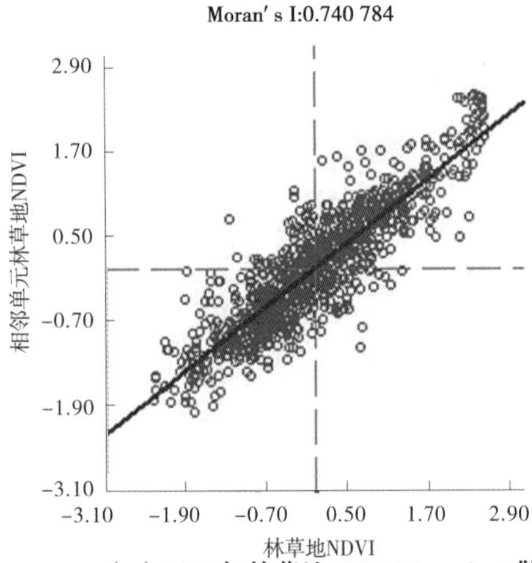

(c) 2010年林草地NDVI Moran' s I散点图

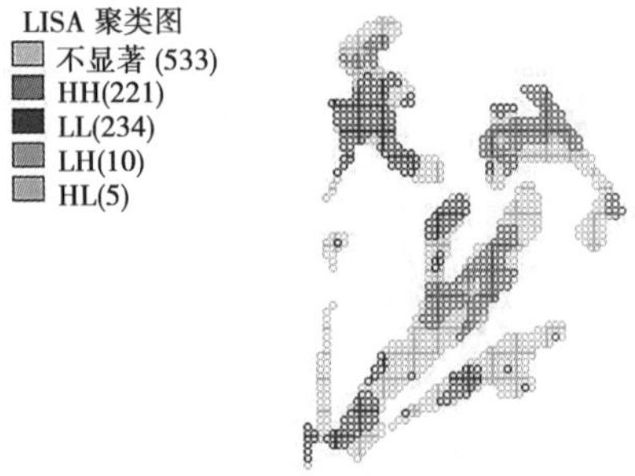

(d) 2010年林草地NDVI LISA图

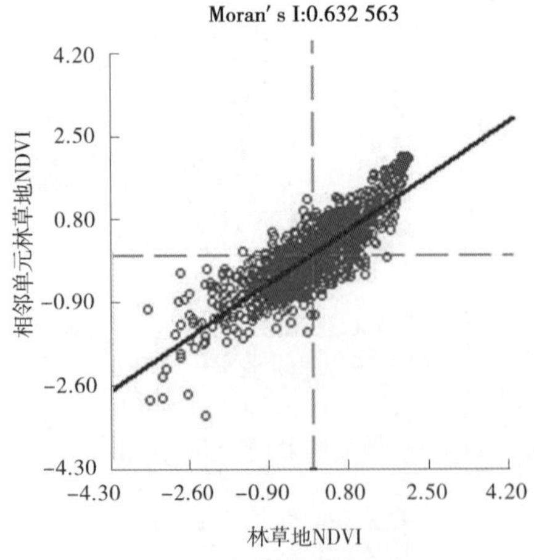

(e) 2015年林草地NDVI Moran' s I散点图

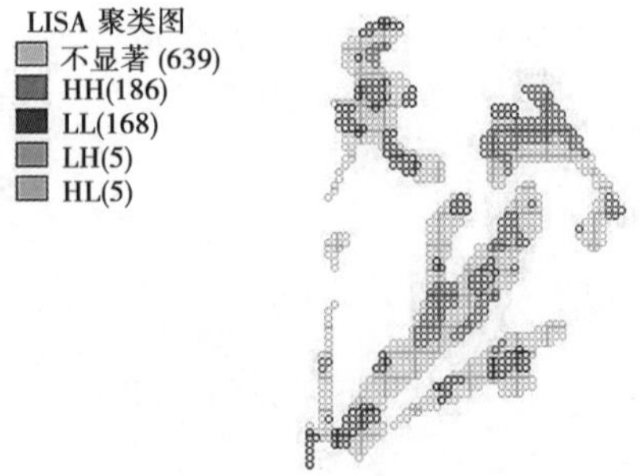

(f) 2015年林草地NDVI LISA图

图 4-5　桥子沟流域林草地 30 m 分辨率下 NDVI Moran's I 散点图及 NDVI LISA 图

且在 2015 年 Moran′s I 波动较为剧烈。在 0°～5°坡度下耕地 Moran′s I 呈现增加趋势，植被分布相对聚集；5°～10°坡度下耕地 Moran′s I 随着时间的变化呈现先增加后减小的趋势，2010 年耕地 Moran′s I 较 2000 年和 2015 年的高，说明在 2000—2010 年，耕地邻近像元之间趋向于聚集状态，2010—2015 年耕地 Moran′s I 逐渐减小，说明植被相邻区域存在差异。在 10°～25°坡度下 Moran′s I 呈现减小趋势，且在 2000—2015 年 15°～20°坡度下 Moran′s I 减少得最多，说明在该坡度范围下，植被虽然呈现正的空间自相关关系，但是植被存在一定的差异，植被分布逐渐呈现出离散状态。林草地 Moran′s I 在相同时间下也随着坡度的增加呈波动变化，且在 2010 年波动较快。不同坡度下林草地 Moran′s I 均随着时间的变化呈现减小趋势，说明在 2000—2015 年林草地空间自相关性随着时间的变化逐渐减小，相邻像元之间存在一定的差异，植被分布相对分散。林草地在 0°～5°和 15°～20°坡度下 Moran′s I 随着时间变化较为明显，植被自相关性减弱，逐渐由聚集状态向离散状态发展，说明桥子沟流域植被可能受到人类活动等因素的影响较大。

表 4-4　不同坡度下桥子沟流域 30 m 分辨率下 NDVI Moran′s I 统计

年份	土地利用类型	0°～5°	5°～10°	10°～15°	15°～20°	20°～25°
2000 年	整体	0.858	0.510	0.772	0.781	0.719
	耕地	0.815	0.393	0.819	0.704	0.722
	林草地	0.960	0.372	0.699	0.803	-1
2010 年	整体	0.875	0.518	0.576	0.418	0.461
	耕地	0.941	0.445	0.703	0.373	0.474
	林草地	0.890	0.359	0.502	0.611	-1
2015 年	整体	0.780	0.406	0.484	0.309	0.433
	耕地	0.950	0.336	0.632	0.346	0.420
	林草地	0.377	0.096	0.309	0.217	-1

4.1.3　NDVI 信息熵

信息熵用来反映 NDVI 每个像元中所包含的信息，熵值越大，NDVI 值越分散；熵值越小，NDVI 值越聚集。图 4-6 为 30 m 分辨率下桥子沟流域 2000—2015 年 NDVI 信息熵空间分布。从图 4-6 来看，在 2000 年，边界上以及支沟处 NDVI 信息熵较高，沟内整体 NDVI 信息熵处于 0.5 以下，随着时间的变化，2010 年沟内 NDVI 信息熵逐渐增加，尤其在桥子沟北部，NDVI 信息熵增加较 2000 年明显，而在 2015 年时，桥子沟流域高值区 NDVI 信息熵逐渐覆盖全区域，NDVI 呈现分散状态。结合表 4-5 中统计的桥子沟整体的信息熵值，可以看出，随着时间的变化，桥子沟整体信息熵逐渐增加，且耕地 NDVI 信息熵增加较林草地 NDVI 信息熵快，说明耕地在这 15 年期间受到人类活动的影响较大，可能是因为改变了作物种植的种类，耕地分布不均匀，耕地的信息熵变化较大。

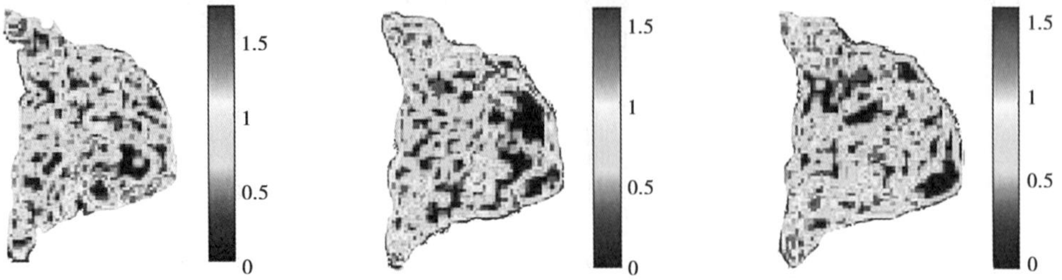

(a)2000年　　(b)2010年　　(c)2015年

图 4-6　30 m 分辨率下桥子沟流域 2000—2015 年 NDVI 信息熵空间分布

表 4-5　不同时间下桥子沟流域 30 m 分辨率下 NDVI 信息熵统计值

土地利用类型	2000 年	2010 年	2015 年
整体	1. 058	1. 317	1. 438
耕地	0. 677	0. 975	1. 051
林草地	0. 878	0. 878	0. 958

4. 2　罗玉沟流域 NDVI 空间异质性分析

4. 2. 1　NDVI 变异系数

图 4-7 为不同分辨率下 2000—2015 年罗玉沟流域 NDVI 逐像元空间变异系数。从图 4-7(a)中可以看出,NDVI 在不同分辨率下上游部分变异系数均较小,说明 NDVI 分布越集中,变异系数越小,分布相对稳定;东部变异系数较大,说明 NDVI 分布较分散,植被

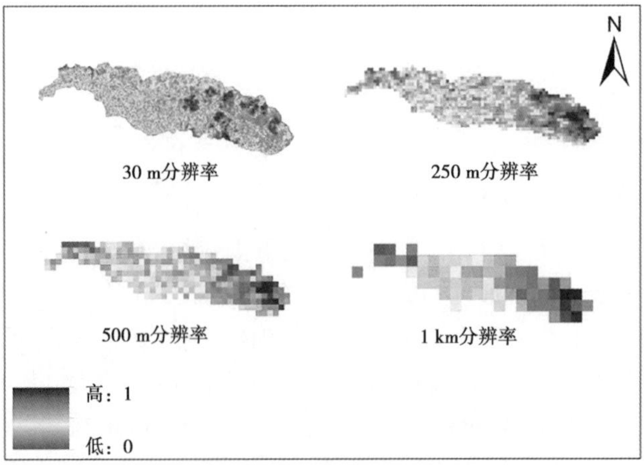

(a) 2000—2015年整体

图 4-7　不同分辨率下 2000—2015 年罗玉沟流域 NDVI 逐像元空间变异系数

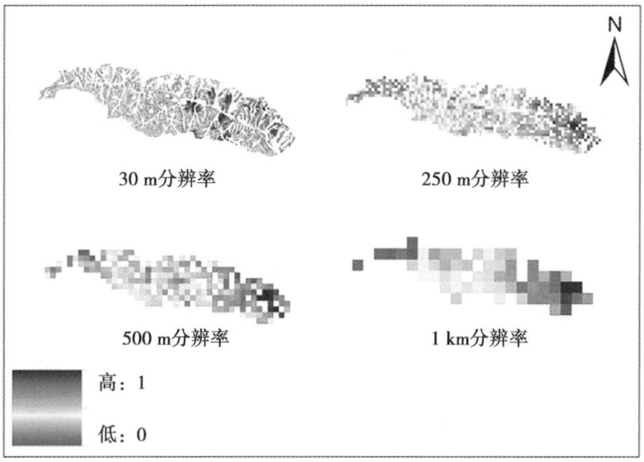

（b）2000—2015年耕地

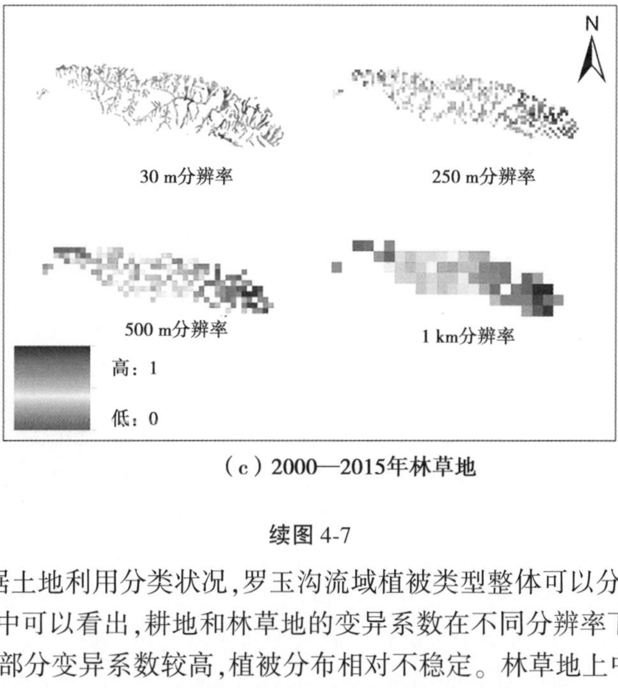

（c）2000—2015年林草地

续图 4-7

覆盖不稳定。根据土地利用分类状况，罗玉沟流域植被类型整体可以分为耕地和林草地。从图 4-7(b)、(c)中可以看出，耕地和林草地的变异系数在不同分辨率下均在中上游部分居于较低值，下游部分变异系数较高，植被分布相对不稳定。林草地上中游部分相较于耕地变异系数值低，林草地 NDVI 分布相对均匀，变化相对稳定。

表 4-6 为不同分辨率下 2000—2015 年罗玉沟流域 NDVI 逐像元变异系数百分比。可以看出，在 30 m 分辨率下 NDVI 变异系数在 0.4~0.6 范围内所占的比例最多，说明在该时期罗玉沟流域内 NDVI 处于长期的相对不稳定状态，且耕地在该范围内的比例高于林草地的比例，说明耕地更具有不稳定性。在大于 0.8 范围内所占比例较小，说明植被离散程度较小，与集水区桥子沟流域 30 m 分辨率下的 NDVI 变异系数相比较，小流域尺度上 NDVI 变化相对稳定。在 250 m、500 m 和 1 km 分辨率下罗玉沟流域 NDVI 变异系数均在 0.4~0.6 范围内居多，植被分布仍然呈现出相对不稳定的状态。30 m、250 m、500 m 和 1 km 分辨率下的罗玉沟流域的 NDVI 流域变异系数均值和标准差为表 4-6 统计数据。由此可知，随着观测尺度的增加，罗玉沟流域 NDVI 变异系数逐渐减小，整体更趋于稳定，且在

30 m、250 m 和 500 m 尺度下，耕地的稳定性较林草地的低，而在 1 km 尺度下，林草地的稳定性较耕地的低。

表 4-6　不同分辨率下 2000—2015 年罗玉沟流域 NDVI 逐像元变异系数标准差及所占像元百分比

分辨率/m	土地利用类型	不同变异系数所占像元百分比/%					标准差
		0~0.2	0.2~0.4	0.4~0.6	0.6~0.8	0.8~1.0	
30	整体	6.0	25.9	39.7	21.7	6.7	0.279
	耕地	3.9	24.2	43.1	22.1	6.7	0.254
	林草地	9.1	27.2	34.8	22.0	6.9	0.191
250	整体	0.3	39.9	58.2	1.6	—	0.217
	耕地	—	39.4	58.9	1.7	—	0.200
	林草地	0.6	36.7	60.2	2.5	—	0.174
500	整体	—	43.2	55.4	1.4	—	0.213
	耕地	—	42.5	55.7	1.8	—	0.201
	林草地	—	44.6	54.3	1.1	—	0.193
1 000	整体	—	38.2	61.8	—	—	0.208
	耕地	—	36.7	63.3	—	—	0.201
	林草地	—	35.5	64.5	—	—	0.212

表 4-7 为不同坡度下罗玉沟流域 30 m 分辨率下 NDVI 变异系数分布情况。可以看出，罗玉沟流域 NDVI 变异系数在各个坡度范围下均有所分布，但随着坡度的增加，小于 0.4 的变异系数所占比例先变大后变小，且在 10°~20°坡度下 0.2~0.4 范围内所占比例大，部分植被在该坡度下存在一定的稳定性。而在 0°~20°坡度下植被 NDVI 变异系数大于 0.4 所占的比例远大于 0~0.4 范围内所占的比例，2000—2015 年植被覆盖不稳定。在坡度 40°~50°和 50°~60°下，NDVI 变异系数大于 0.4 所占比例逐渐减小，且小于 NDVI 变异系数 0.2~0.4 的情况下所占的比例。在坡度 30°~60°内，罗玉沟流域整体变异系数 0~0.4 范围内所占的比例为 1.122%，0.4~1.0 范围内所占的比例为 0.697%。耕地和林草地同样是在 10°~20°坡度下变异系数所占的百分比最多，耕地和林草地在 0°~30°和 30°~60°范围下 NDVI 变异系数小于 0.4 所占的比例分别为 27.537%、0.563%和 34.063%、2.237%。耕地和林草地在 0°~30°和 30°~60°范围下 NDVI 变异系数大于 0.4 所占的比例分别为 71.141%、0.759%和 62.905%、0.795%。

表 4-7　不同坡度下罗玉沟流域 30 m 分辨率下 NDVI 变异系数分布情况　%

土地利用类型	坡度	0~0.2	0.2~0.4	0.4~0.6	0.6~0.8	0.8~1.0
整体	0°~10°	2.200	9.287	15.280	7.744	2.390
	10°~20°	2.600	12.166	20.967	12.734	3.845
	20°~30°	1.000	3.525	2.916	1.130	0.397
	30°~40°	0.200	0.904	0.506	0.079	0.066
	40°~50°	—	0.017	0.027	0.011	0.002
	50°~60°	—	0.001	0.004	0.002	—
耕地	0°~10°	1.721	9.561	17.142	8.368	2.534
	10°~20°	1.85	11.781	22.431	12.428	3.763
	20°~30°	0.306	2.318	2.932	1.199	0.344
	30°~40°	0.023	0.53	0.562	0.086	0.057
	40°~50°	—	0.008	0.027	0.015	0.002
	50°~60°	—	0.002	0.006	0.004	—
林草地	0°~10°	2.168	7.231	12.272	6.99	2.237
	10°~20°	3.891	11.931	18.518	13.763	3.956
	20°~30°	2.6	6.242	3.465	1.156	0.548
	30°~40°	0.441	1.754	0.515	0.087	0.155
	40°~50°	—	0.042	0.03	0.004	0.004

4.2.2　NDVI Moran′s I

表 4-8 为不同分辨率下罗玉沟流域植被 NDVI 全局 Moran′s I。随着分辨率的降低，Moran′s I 值逐渐降低，均呈现出正的空间自相关性。在相同时间下，Moran′s I 值随着分辨率的降低而降低，说明 NDVI 与相邻像元值存在一定的差异。随着分辨率的降低，混合像元范围增加，使相邻像元的 NDVI 值出现异常，分布较为分散。耕地和林草地均在 1 km 分辨率下的 Moran′s I 值较其他分辨率下的值低，说明耕地和林草地在 1 km 分辨率下观测的 NDVI 分布较分散，与周边相邻的像元存在较大差异，而在 30 m 分辨率下耕地 NDVI 分布相对均匀，差异较小，在 250 m 分辨率下林草地分布相对均匀，相邻像元之间存在的差异较小。

表 4-8　不同分辨率下罗玉沟流域 NDVI 全局 Moran′s I

分辨率/m	土地利用类型	2000 年	2010 年	2015 年
30	整体	0. 893	0. 860	0. 834
	耕地	0. 861	0. 842	0. 815
	林草地	0. 768	0. 659	0. 591
250	整体	0. 839	0. 854	0. 795
	耕地	0. 714	0. 753	0. 693
	林草地	0. 829	0. 780	0. 723
500	整体	0. 777	0. 716	0. 672
	耕地	0. 656	0. 626	0. 572
	林草地	0. 727	0. 621	0. 522
1 000	整体	0. 514	0. 147	0. 119
	耕地	0. 532	0. 191	0. 228
	林草地	0. 473	0. 063	0. 042

图 4-8 为不同距离下罗玉沟流域 30 m 分辨率下 NDVI Moran′s I 变化趋势。可以看出，Moran′s I 随着像元距离的增加而呈现逐渐减小趋势，像元距离由 30 m 逐渐增加到 240 m 时，Moran′s I 减小趋势较快，在 270 m 距离时减小趋势较慢，而后又呈现较快的减小趋势。耕地 Moran′s I 的变化趋势与罗玉沟整体变化趋势保持一致，而林草地 Moran′s I 在相邻像元距离达到 90 m 时达到最大值，说明林草地在距离为 90 m 时，周边的林草分布相对聚集。在距离达到 240 m 之后，林草地 Moran′s I 逐渐降低，但减小趋势低于耕地，说明在 2000—2015 年，耕地逐渐趋向于离散状态。

图 4-9、图 4-10 为不同时期罗玉沟流域 Moran′s I 散点图及 LISA 分布图。从图 4-9 可以看出，罗玉沟流域在 2000—2015 年的 NDVI 均呈空间正自相关性，Moran′s I 在 HH 和 LL 区域分布的散点数较 HL 和 LH 区域分布的散点数多，即罗玉沟流域植被 NDVI 相邻像元之间存在正的空间自相关性，耕地和林草地同样存在正的空间自相关性。由图 4-10 可以看出，2000 年罗玉沟流域整体在上中游分布着 HH 值，而在下游区域存在 LL 值较多，而随着时间的变化，高值区域逐渐往下游分布，低值区域逐渐往上中游分布；LH 和 HL 区域的值随着时间的变化在支沟沟谷部分呈逐渐增加趋势，说明在该地区植被高低值分布较为分散，植被长势不均匀。耕地和林草地均呈现随着时间的变化，LH 和 HL 区域的值逐渐增加，植被呈现相对不均匀状态。

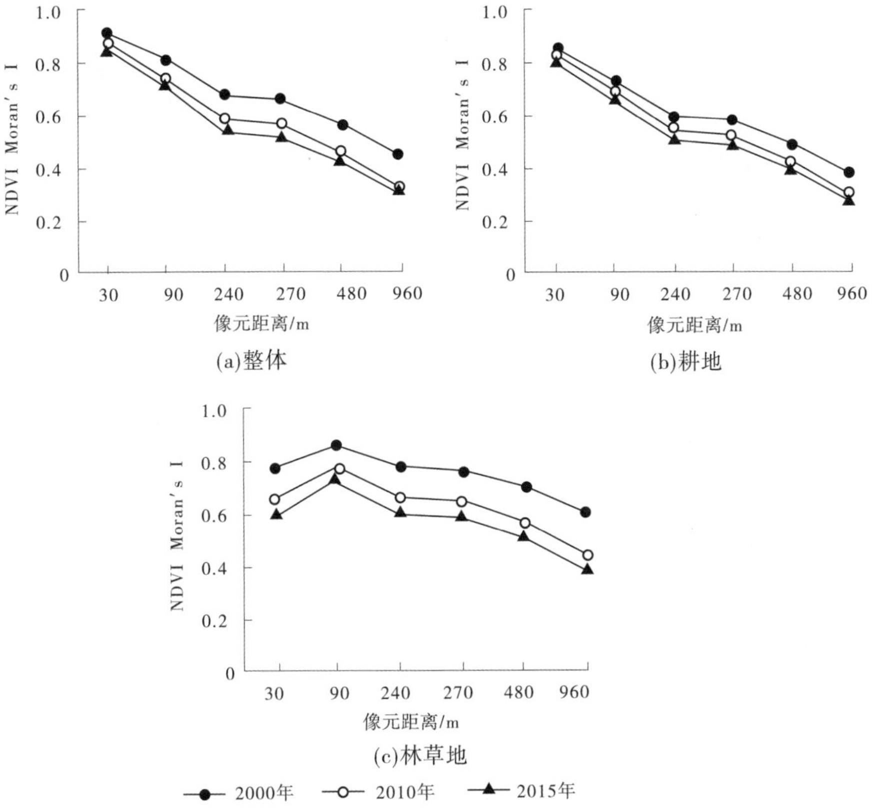

图 4-8　不同距离下罗玉沟流域 30 m 分辨率下 NDVI Moran's I 变化趋势

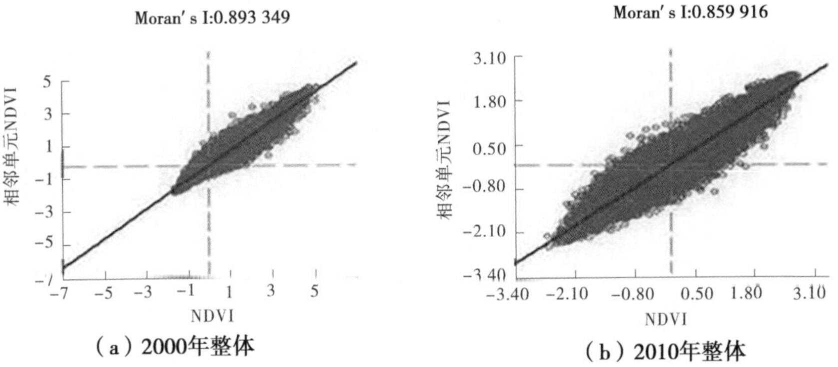

图 4-9　不同时期罗玉沟流域 Moran's I 散点图

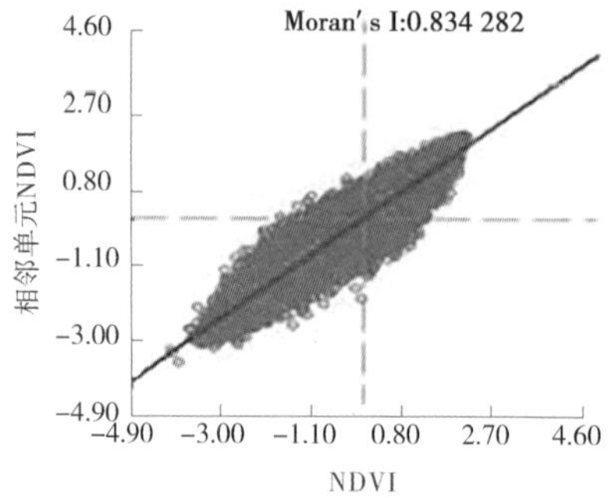

（c）2015年整体

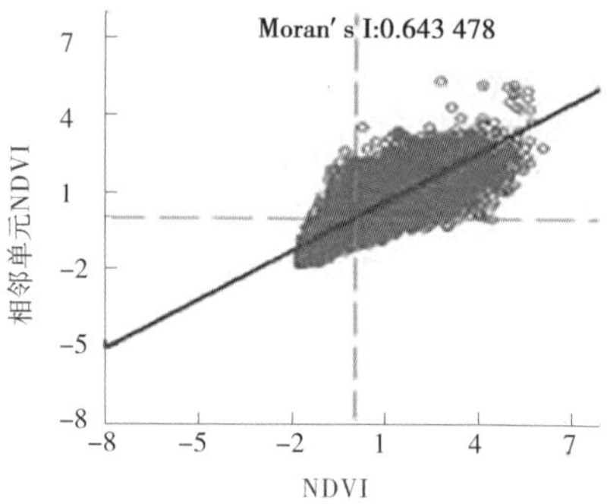

（d）2000年耕地

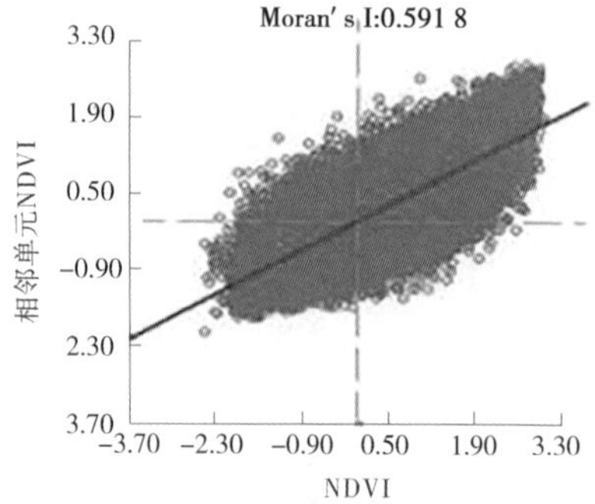

（e）2010年耕地

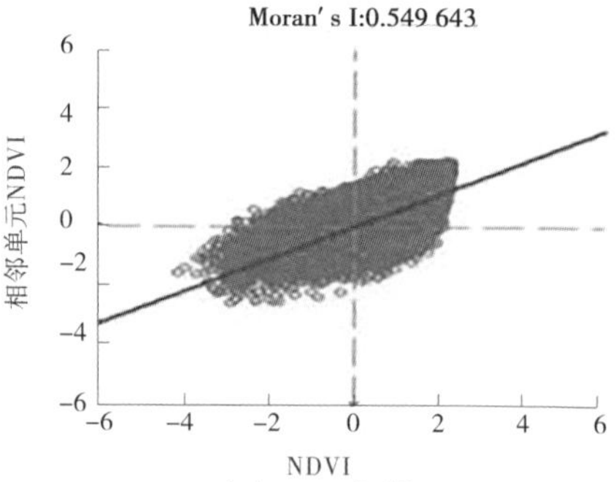

（f）2015年耕地

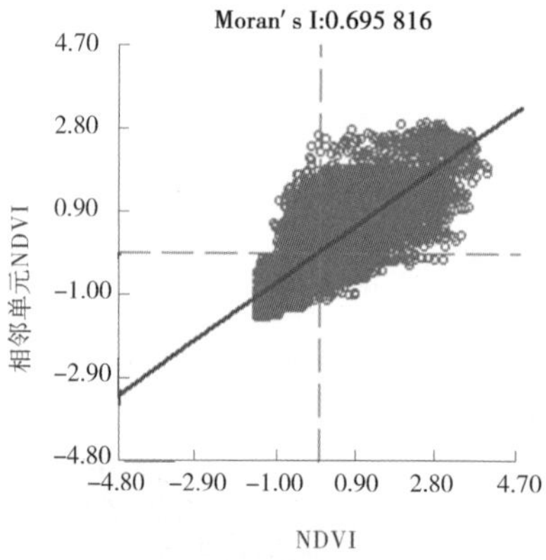

（g）2000年林草地

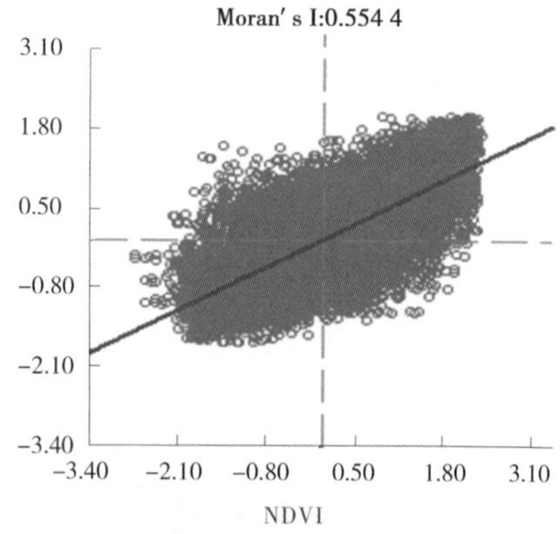

（h）2010年林草地

续图 4-9

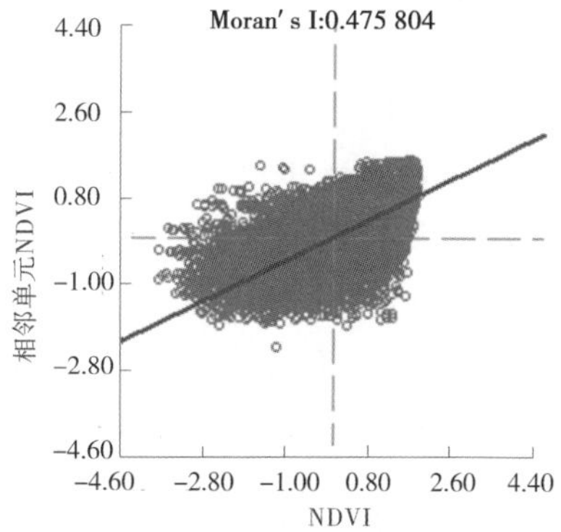

（i）2015年林草地

续图 4-9

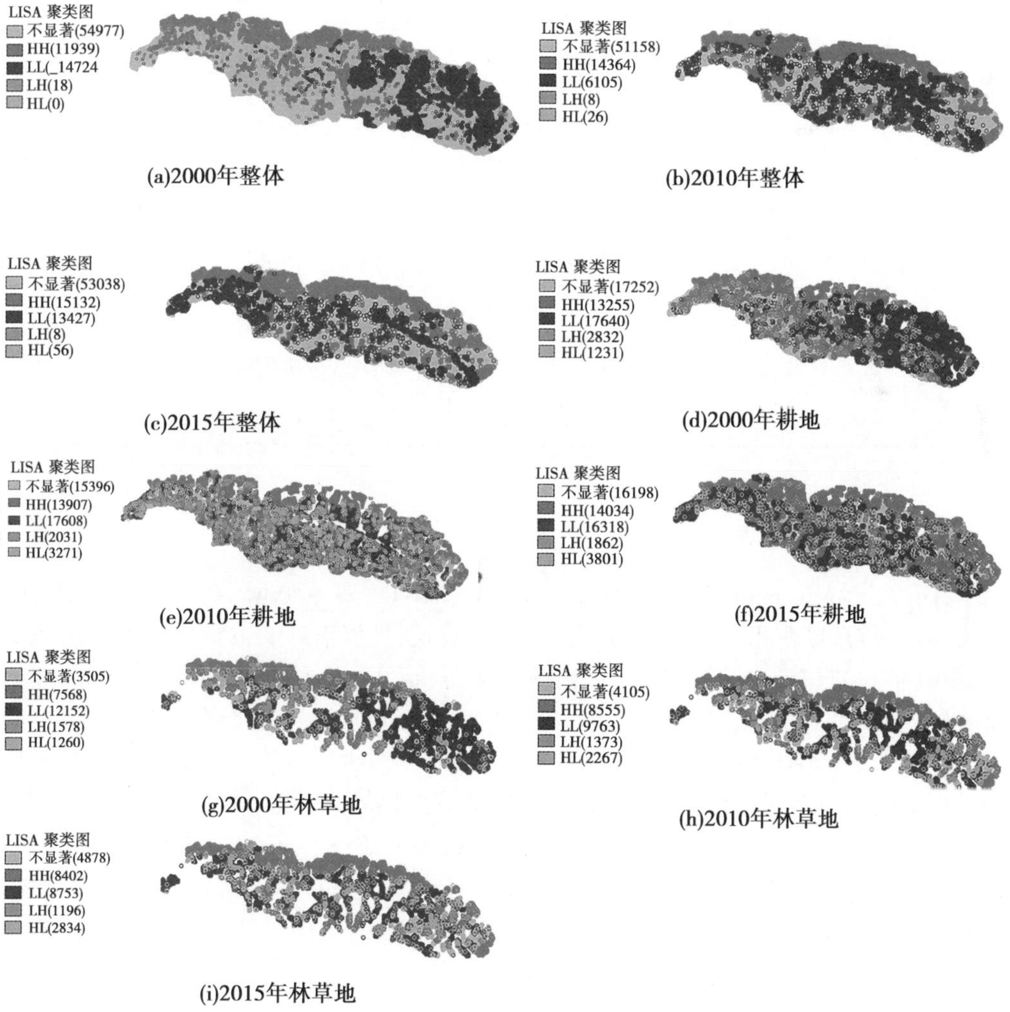

(a)2000年整体　(b)2010年整体

(c)2015年整体　(d)2000年耕地

(e)2010年耕地　(f)2015年耕地

(g)2000年林草地　(h)2010年林草地

(i)2015年林草地

图 4-10　不同时期罗玉沟流域 LISA 分布图

罗玉沟流域植被在不同时期不同坡度下呈现出正的空间自相关关系，除了在 2000 年 50°~60° 坡度下罗玉沟植被呈现负的自相关关系，且罗玉沟植被在不同坡度下的 Moran′s I 不同，分布也不相同（见表 4-9）。罗玉沟流域植被 Moran′s I 在 2000—2015 年呈波动变化，说明植被在这 15 年间呈现出离散状态，分布相对不均匀。2000 年、2010 年、2015 年罗玉沟流域整体植被在 30°~40°坡度下 Moran′s I 达到最大，分别为 0. 798、0. 756、0. 673，说明植被在该坡度下分布相对集中，而在 50°~60°坡度下 Moran′s I 较小，说明植被分布相对分散。耕地和林草地 Moran′s I 同样是在 30°~40°坡度下值最高，在 2000 年时，林草地 Moran′s I 较耕地高 0. 014，而在 2010 年和 2015 年耕地 Moran′s I 均高于林草地，说明林草地随着时间的变化，植被空间正自相关关系逐渐减小。

表 4-9　不同坡度下罗玉沟流域 30 m 分辨率下 NDVI Moran′s I 统计

年份	土地利用类型	0°~10°	10°~20°	20°~30°	30°~40°	40°~50°	50°~60°
2000	整体	0. 591	0. 559	0. 618	0. 798	0. 478	−0. 462
	耕地	0. 561	0. 494	0. 584	0. 720	0. 038	−0. 462
	林草地	0. 718	0. 406	0. 546	0. 734	0. 390	—
2010	整体	0. 490	0. 468	0. 626	0. 756	0. 612	0. 082
	耕地	0. 476	0. 429	0. 629	0. 724	0. 530	0. 082
	林草地	0. 585	0. 655	0. 460	0. 667	0. 676	—
2015	整体	0. 434	0. 426	0. 580	0. 673	0. 579	0. 353
	耕地	0. 412	0. 406	0. 583	0. 639	0. 485	0. 353
	林草地	0. 507	0. 582	0. 392	0. 599	0. 588	—

4. 2. 3　NDVI 信息熵

罗玉沟流域 30 m 分辨率下 NDVI 信息熵如图 4-11、表 4-10 所示。可以看出，罗玉沟流域 NDVI 信息熵在北部值较低，植被分布相对稳定，低值信息熵主要分布在支流周边地区，2010 年 NDVI 信息熵较 2000 年有明显的降低，而 2015 年的信息熵大范围地降低，较前两个时期有明显变化。罗玉沟流域 NDVI 信息熵随着时间的变化逐渐降低，NDVI 逐渐趋于稳定状态。整体 NDVI 信息熵 2010 年较 2000 年减少了 0. 197，2015 年较 2010 年减少了 0. 059，2015 年较 2000 年减少了 0. 256，呈减少趋势。耕地 NDVI 信息熵 2010 年较 2000 年减少了 0. 106，2015 年较 2010 年减少了 0. 039，2015 年较 2000 年减少了 0. 145，呈减少趋势。罗玉沟林草地 NDVI 信息熵 2010 年较 2000 年减少了 0. 073，2015 年较 2010 年增加了 0. 023，2015 年较 2000 年减少了 0. 05。

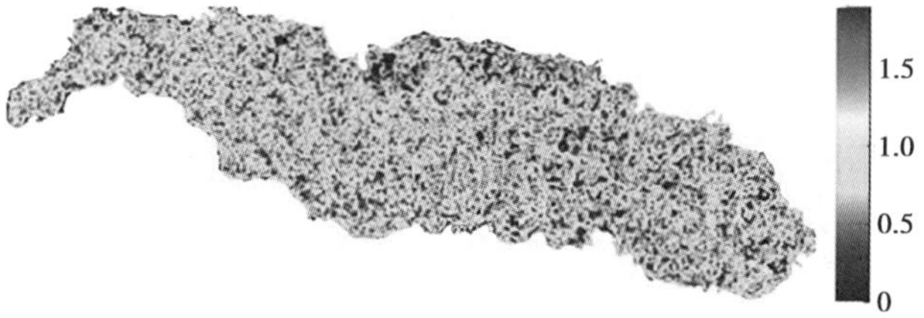

（a）2000年

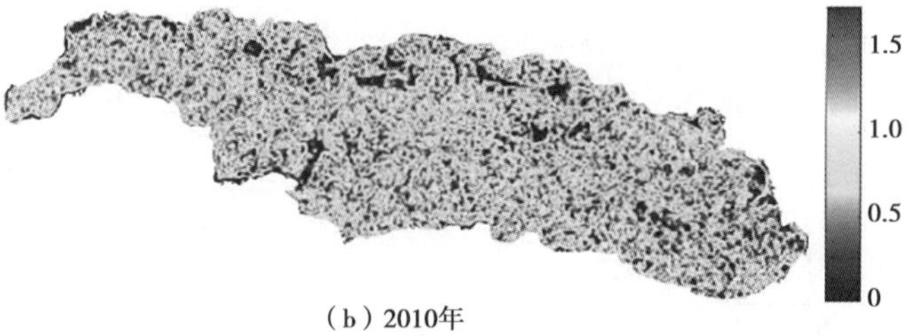

（b）2010年

（c）2015年

图 4-11　罗玉沟流域 30 m 分辨率下 NDVI 信息熵

表 4-10　不同时期罗玉沟流域 30 m 分辨率下 NDVI 信息熵统计

土地利用类型	2000 年	2010 年	2015 年
整体	2.153	1.956	1.897
耕地	1.580	1.474	1.435
林草地	1.020	0.947	0.970

4.3　藉河流域 NDVI 空间异质性分析

4.3.1　NDVI 变异系数

图 4-12 和表 4-11 分别从空间和数值范围上分析了藉河流域 NDVI 变异系数分布。可以看出,藉河流域在不同分辨率下的变异系数在上游部分较低,上游部分大多为林草地,植被覆盖相对稳定。在支流周边,NDVI 变异系数较上游部分高,植被覆盖相对不稳定。耕地在不同分辨率下的 NDVI 变异程度大致一致,较为稳定。林草地中下游部分变异系数较上游部分高。藉河流域在不同分辨率下的 NDVI 变异系数在 0.4 以下所占的比

例分别为 58.4%、67.6%、70.8%和 75.8%,变化相对稳定。与集水区和小流域的 NDVI 变异系数相比较,藉河流域整体的 NDVI 时序覆盖更稳定。

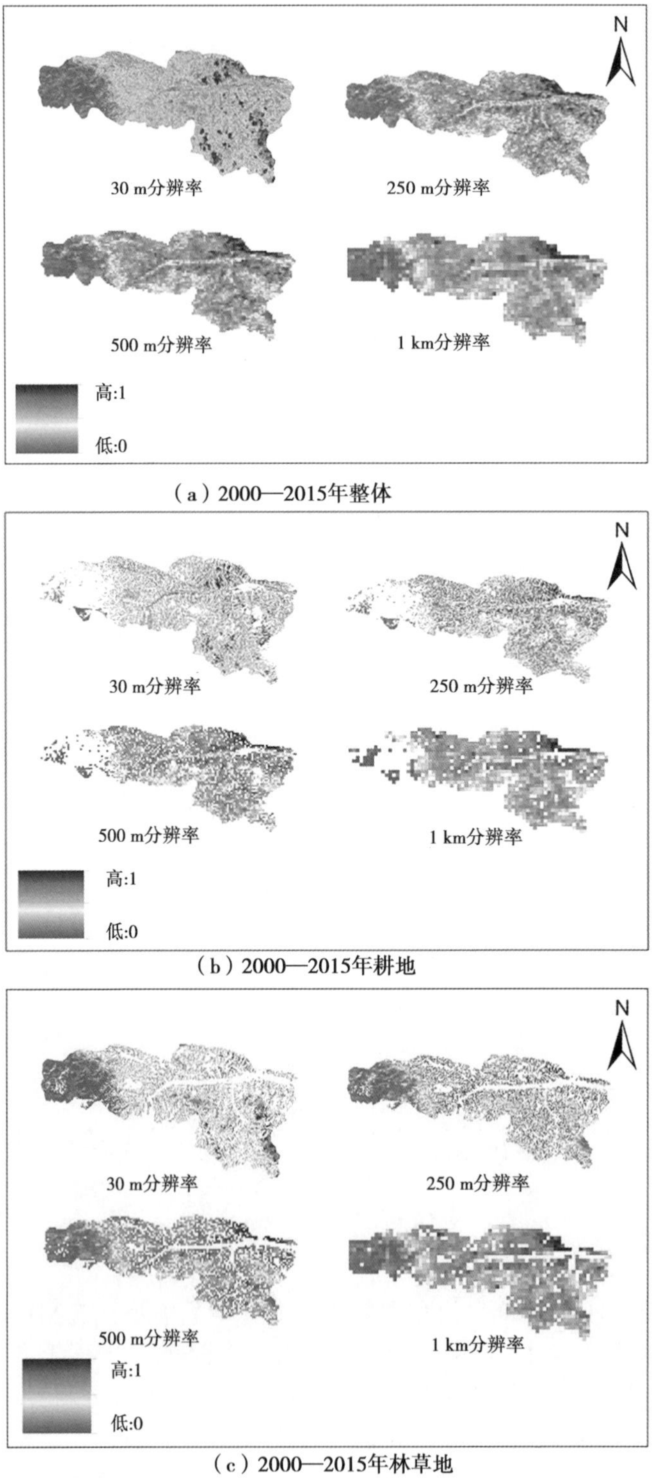

(a) 2000—2015年整体

(b) 2000—2015年耕地

(c) 2000—2015年林草地

图 4-12　不同分辨率下藉河流域及土地利用类型下的逐像元空间变异系数

表 4-11　不同分辨率下藉河 NDVI 变异系数标准差及所占像元百分比

分辨率/m	土地利用类型	不同变异系数所占像元百分比/%					标准差
		0~0.2	0.2~0.4	0.4~0.6	0.6~0.8	0.8~1	
30	整体	26.7	31.7	29.6	9.3	2.7	0.233
	耕地	12.2	34.5	38.4	11.8	3.1	0.205
	林草地	42.2	27.8	20.8	6.9	2.3	0.166
250	整体	18.8	48.8	32.1	0.3	—	0.189
	耕地	5.5	52.6	41.5	0.4	—	0.175
	林草地	29.3	43.5	27	0.2	—	0.154
500	整体	18.4	52.4	29.1	0.1	—	0.186
	耕地	5.8	59.2	34.8	0.2	—	0.181
	林草地	23.5	48.4	27.9	0.2	—	0.170
1 000	整体	18.1	57.7	24.2	—	—	0.181
	耕地	7.7	64.5	27.8	—	—	0.182
	林草地	19.2	55.5	25.3	—	—	0.178

对不同坡度下的 NDVI 变异系数在不同范围内所占的比例进行统计,数值见表 4-12。藉河流域 NDVI 变异系数在 0°~30°所占比例居多,变异系数在坡度达到 20°以上时,所占比例逐渐降低。变异系数小于 0.4 在坡度为 0°~30°范围内所占的比例为 55.55%,在坡度为 30°~60°范围内变异系数所占的比例为 2.85%。NDVI 变异系数大于 0.4 在坡度为 0°~30°范围内所占的比例约为 41.1%,在坡度为 30°~60°范围内变异系数所占的比例约为 0.4%。由此看来,藉河流域植被在坡度小于 30°的情况变异系数小于 0.4 的比例高于变异系数大于 0.4 的比例,说明藉河流域植被在 2000—2015 年呈现出相对稳定的状态。耕地和林草地同样是在 0°~30°范围内所占的比例较高,而后随着坡度的增加,在各个范围内的变异系数所占的比例逐渐减小。耕地和林草地在坡度为 0°~30°范围内变异系数小于 0.4 所占的比例分别约为 46%和 64%,在坡度为 30°~60°范围内变异系数小于 0.4 所占的比例分别约为 0.7%和 5.5%;耕地和林草地在坡度为 0°~30°范围内变异系数大于 0.4 所占的比例分别约为 53%和 29%,在坡度为 30°~60°范围内变异系数大于 0.4 所占的比例分别约为 0.4%和 0.5%,说明林草地的覆盖状况较耕地相对稳定,耕地在小于 30°的坡度下分布不稳定,受人类活动的影响较大。

表 4-12 不同坡度下藉河流域 30 m 分辨率下 NDVI 变异系数所占像元百分比

土地利用类型	坡度	不同变异系数所占像元百分比/%				
		0~0.2	0.2~0.4	0.4~0.6	0.6~0.8	0.8~1.0
整体	0°~10°	6.908	11.607	10.679 9	3.507 2	1.123 7
	10°~20°	10.558	15.019	15.403 1	4.902	1.228 6
	20°~30°	7.208	4.35	3.176 2	0.78	0.288 7
	30°~40°	2.001	0.665	0.228 4	0.103 3	0.053 4
	40°~50°	0.122	0.055	0.012 1	0.007 3	0.005 3
	50°~60°	0.003	0.004	0.000 3	0.000 2	0.000 3
耕地	0°~10°	5.461 4	13.636 7	14.028 3	4.613 8	1.412 8
	10°~20°	5.009 8	16.661 1	20.188 2	6.330 3	1.474 7
	20°~30°	1.522 4	3.677 6	3.863 6	0.787 9	0.190 4
	30°~40°	0.189 6	0.489 2	0.310 1	0.064	0.020 8
	40°~50°	0.016 5	0.034 7	0.009 4	0.003 9	0.001
	50°~60°	0.000 3	0.000 7	0.000 4	0.000 1	0.000 3
林草地	0°~10°	7.238 3	7.878 7	6.619 4	2.204 4	0.752 1
	10°~20°	16.829 7	13.521 8	11.224 4	3.720 3	1.029
	20°~30°	13.592 1	5.406 3	2.693 6	0.810 4	0.417 9
	30°~40°	4.293	0.903 9	0.246 5	0.153	0.090 3
	40°~50°	0.240 2	0.082 6	0.015 9	0.011 6	0.010 4
	50°~60°	0.006 7	0.006 7	0.000 2	0.000 3	0.000 3

4.3.2 NDVI Moran's I

藉河流域 NDVI 全局 Moran's I 如表 4-13 所示。藉河流域 NDVI Moran's I 在不同分辨率下随着时间的变化逐渐减小，整体 Moran's I 均在 0.8 以上，呈现出正的空间自相关关系，藉河流域植被整体分布相对稳定。在不同分辨率下，林草地的 Moran's I 均大于耕地的，且耕地和林草地的 Moran's I 均随着时间变化而呈现出逐渐减小的趋势，但耕地的 Moran's I 减小速率较林草地的快，说明在这 15 年间，林草地整体相邻像元之间具有的正自相关关系较耕地强，藉河流域林草地空间分布比耕地的空间分布更为稳定。

表 4-13　不同分辨率下藉河流域 NDVI 全局 Moran's I

分辨率	土地利用类型	2000 年	2010 年	2015 年
30 m	整体	0.949	0.915	0.900
	耕地	0.795	0.750	0.741
	林草地	0.917	0.864	0.830
250 m	整体	0.956	0.918	0.893
	耕地	0.742	0.631	0.509
	林草地	0.916	0.798	0.756
500 m	整体	0.956	0.906	0.998
	耕地	0.769	0.647	0.495
	林草地	0.945	0.867	0.823
1 km	整体	0.931	0.806	0.806
	耕地	0.778	0.580	0.536
	林草地	0.919	0.769	0.770

藉河流域随着像元与像元之间距离的增加，Moran's I 呈现出不同的变化趋势，如图 4-13 所示。藉河流域 NDVI Moran's I 随着距离的增加呈现出减小趋势，但减小趋势较罗玉沟流域和桥子沟流域缓慢，Moran's I 在 0.6～1.0 变化。藉河流域在 2010 年和 2015 年变化趋势较为一致，林草地的 Moran's I 随着距离的增加减小趋势较耕地 Moran's I 缓慢，且均在距离达到 960 m 时，Moran's I 达到最低。林草地与耕地的 Moran's I 在 240 m、270 m 和 480 m 距离时相差较小，说明林草地和耕地相邻像元在这 3 种距离下 NDVI 分布差异较小。

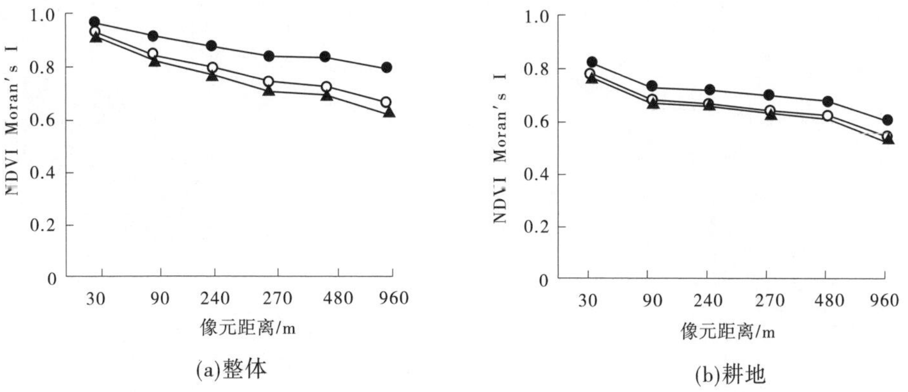

图 4-13　不同像元距离下藉河流域 30 m 分辨率下 NDVI Moran's I 变化趋势

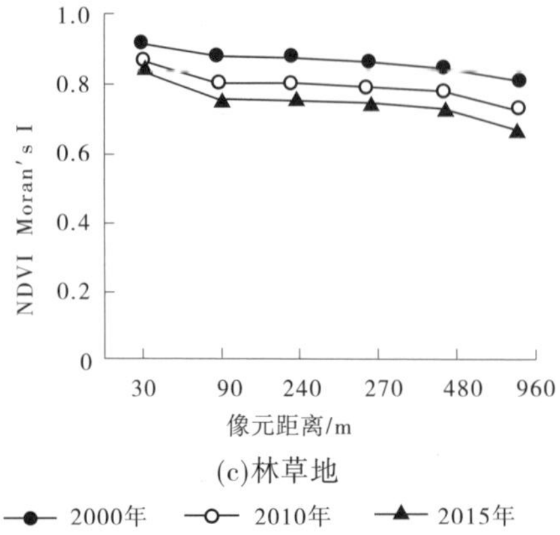

续图 4-13

图 4-14、图 4-15 为不同时期藉河流域 30 m 分辨率下 NDVI Moran's I 散点图及 NDVI LISA 分布图。可以看出,藉河流域 2000—2015 年的 NDVI 均呈空间正自相关性,Moran's I 在 HH

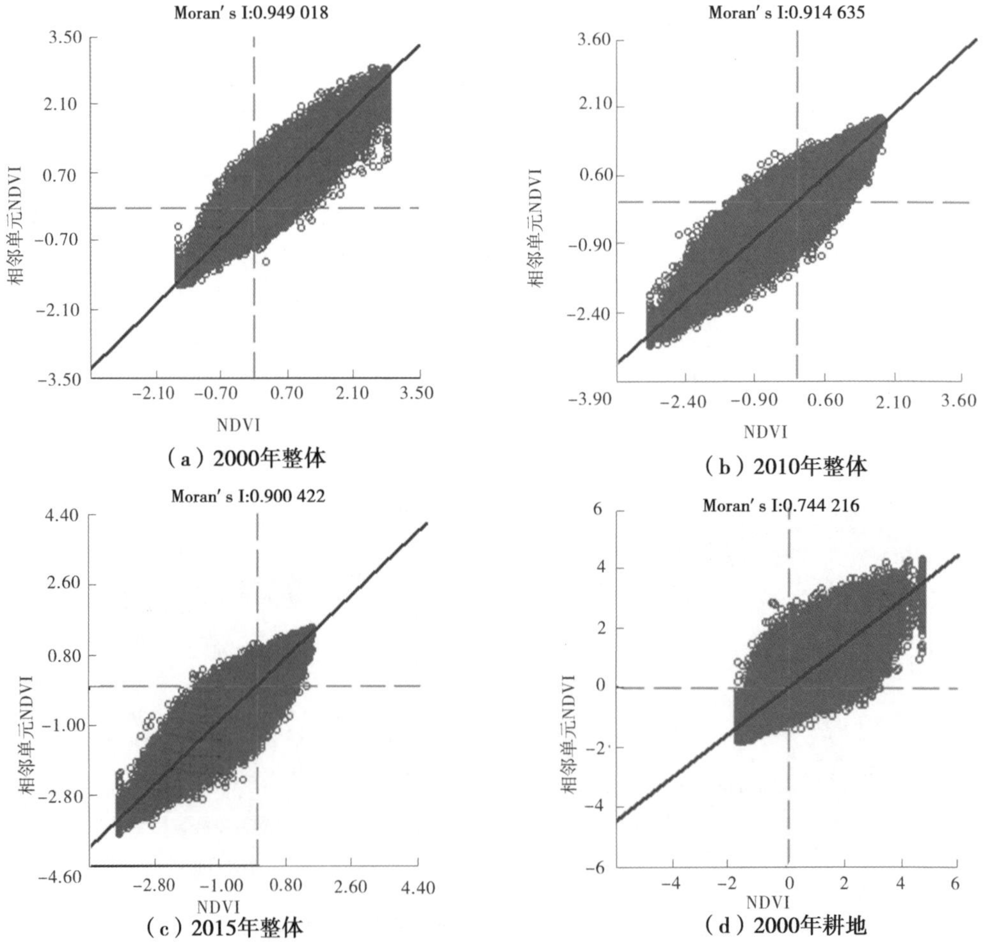

图 4-14　不同时期藉河流域 30 m 分辨率下 NDVI Moran's I 散点图

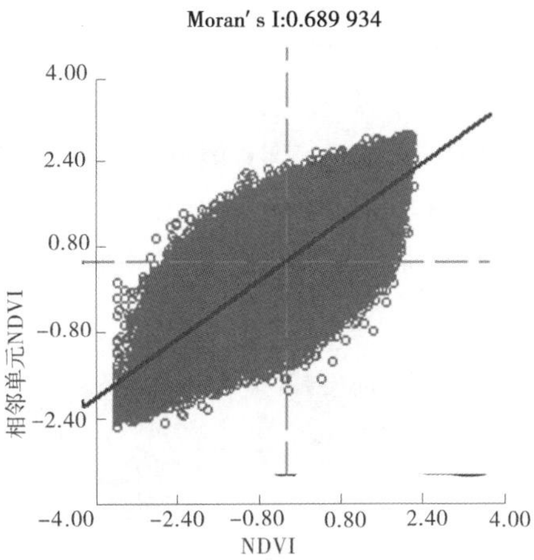

（e）2010年耕地

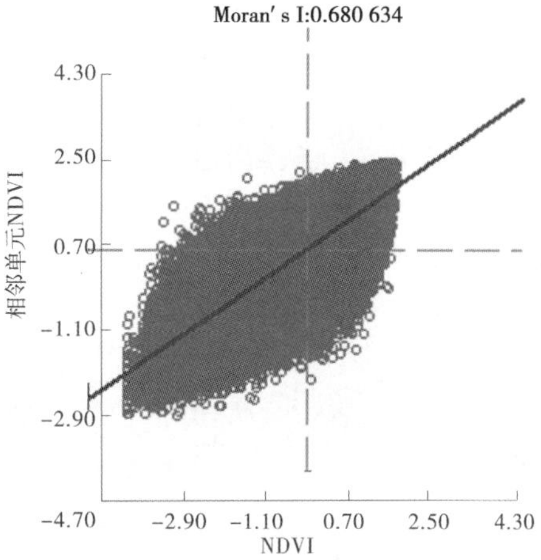

（f）2015年耕地

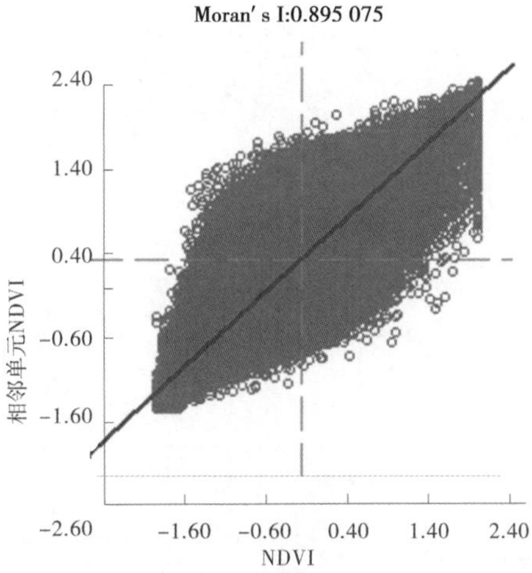

（g）2000年林草地

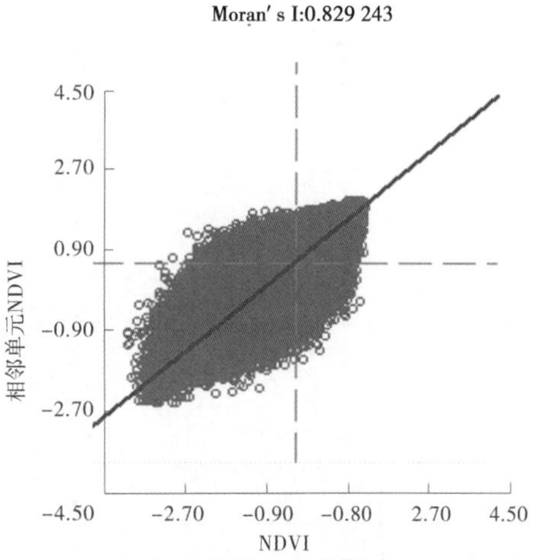

（h）2010年林草地

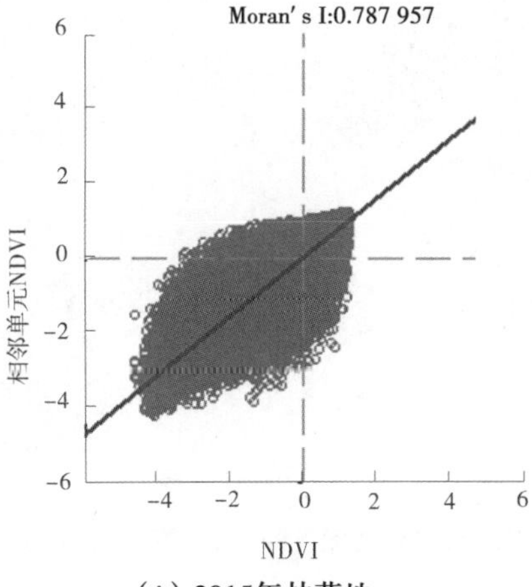

（i）2015年林草地

续图 4-14

和 LL 区域分布的散点数较 HL 和 LH 区域的多,即藉河流域植被 NDVI 相邻像元之间存在正的空间自相关性,耕地和林草地同样存在正的空间自相关性。在图 4-15LISA 空间分布中,2000 年藉河流域整体在上游分布着 HH 值,而在中下游区域存在 LL 值较多,而随着时间的变化,2015 年高值区域逐渐往下游分布,低值区域逐渐减小,但低值区域所占面积仍然高于高值区域分布面积。随着时间的变化,耕地和林草地高值区域逐渐向中下游分布,耕地和林草地整体低值区域分布较广,藉河流域支流周边分布大量的低值,整体植被分布较为稳定。

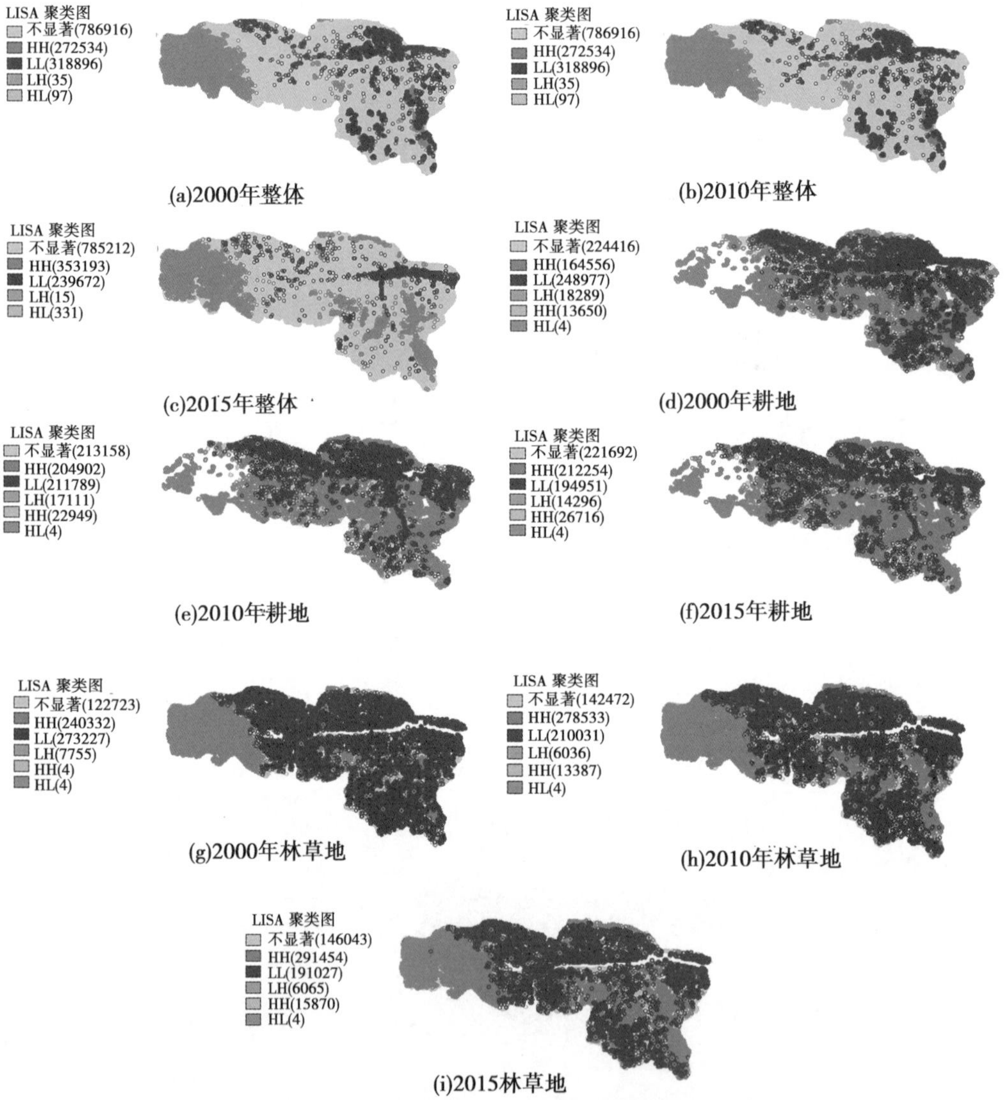

图 4-15　不同时期藉河流域 30 m 分辨率下 NDVI LISA 分布图

不同坡度下蔀河流域 30 m 分辨率下 NDVI Moran′s I 值见表 4-14。蔀河流域整体 Moran′s I 在不同时间不同坡度下数值有所不同,且蔀河流域 Moran′s I 在 2000 年的值均高于 2010 年和 2015 年,2015 年 Moran′s I 达到最低,说明蔀河流域植被在 2000 年相邻像元之间差异较小,2015 年相邻像元之间差异较大,植被逐渐呈现出不稳定状态,且坡度越高,Moran′s I 值越大,植被分布相对稳定。2000—2015 年蔀河流域耕地在 0°~40°坡度下,Moran′s I 均小于林草地的 Moran′s I,说明在该坡度范围下,耕地相对覆盖不稳定,逐渐趋于离散状态。而在 2000—2010 年 40°~50°坡度下,耕地的 Moran′s I,大于林草地的 Moran′s I,50°~60°坡度下,耕地 Moran′s I 小于林草地的 Moran′s I。2015 年耕地的 Moran′s I 仍然小于林草地 Moran′s I,说明 2000—2010 年该坡度范围下耕地分布相对稳定,林草地受到人类活动的干扰较大,而 2015 年在该坡度范围下林草地相对耕地更为稳定,说明在该时期人们更注重对环境的保护,林草地的破坏程度降低。

表 4-14　不同坡度下蔀河流域 30 m 分辨率下 NDVI Moran′s I 值

年份	土地利用类型	0°~10°	10°~20°	20°~30°	30°~40°	40°~50°	50°~60°
2000	整体	0.688	0.780	0.727	0.748	0.816	0.837
	耕地	0.475	0.623	0.598	0.682	0.886	0.651
	林草地	0.809	0.815	0.704	0.740	0.809	0.888
2010	整体	0.606	0.689	0.655	0.686	0.784	0.887
	耕地	0.415	0.572	0.557	0.626	0.829	0.843
	林草地	0.713	0.736	0.646	0.678	0.759	0.892
2015	整体	0.592	0.636	0.598	0.620	0.727	0.747
	耕地	0.415	0.535	0.510	0.538	0.641	0.678
	林草地	0.660	0.683	0.597	0.629	0.756	0.762

4.3.3　NDVI 信息熵

蔀河流域 30 m 分辨率下不同时期 NDVI 信息熵如表 4-15、图 4-16 所示。可以看出,2000—2015 年蔀河流域 30 m 分辨率下 NDVI 信息熵在上游部分呈现出低值分布,说明蔀河流域上游部分植被 NDVI 分布相对稳定,而在蔀河支流周边呈现出较高的熵值,说明在蔀河支流周边植被分布相对分散。随着时间的变化,蔀河下游部分熵值向低值分布较多,且 2015 年蔀河下游明显有低值熵分布,植被逐渐向聚集状态分布。由表 4-15 可知,蔀河流域 NDVI 信息熵随着时间的变化逐渐降低,NDVI 逐渐趋于稳定状态。蔀河流域整体 NDVI 信息熵 2010 年较 2000 年减少了 0.269,2015 年较 2010 年减少了 0.087,2015 年较 2000 年减少了 0.356,呈减少趋势。蔀河流域耕地 NDVI 信息熵 2010 年较 2000 年减少了 0.174,2015 年较 2010 年减少了 0.084,2015 年较 2000 年减少了 0.258,呈减少趋势。蔀河流域林草地 NDVI 信息熵 2010 年较 2000 年减少了 0.091,2015 年较 2010 年减少了

0.003,2015 年较 2000 年减少了 0.094。

表 4-15　不同时期藉河流域 30 m 分辨率下 NDVI 信息熵统计

土地利用类型	2000 年	2010 年	2015 年
整体	2.421	2.152	2.065
耕地	1.514	1.340	1.256
林草地	1.450	1.359	1.356

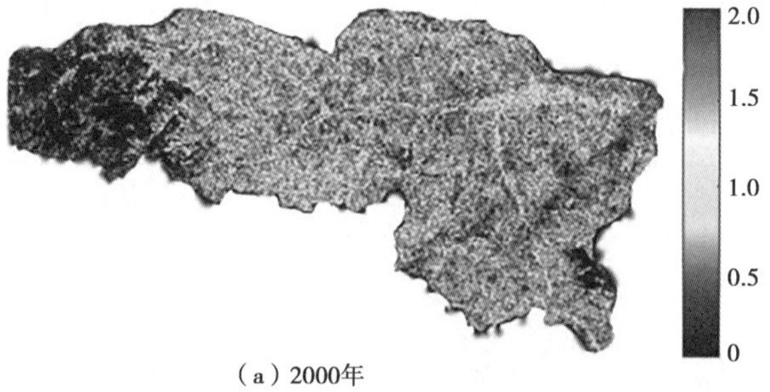

（a）2000年

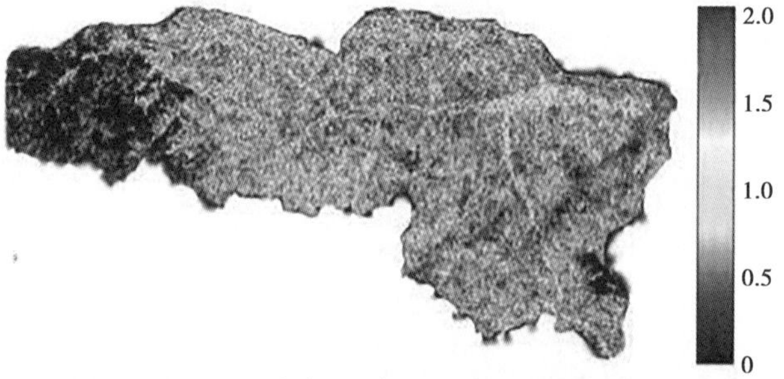

（b）2010年

（c）2015年

图 4-16　藉河流域 30 m 分辨率下不同时期 NDVI 信息熵

4.4　不同尺度下 NDVI 空间异质性分析

集水区桥子沟流域 NDVI 变异系数整体在桥子西沟西北角与桥子东沟东南方向较高，桥子沟在不同分辨率下变异系数大部分分布在 0.4～0.8，耕地变异系数较林草地低，植被覆盖相对不稳定。NDVI 变异系数小于 0.4 在 5°～10°、10°～15°这两个坡度下的植被变化分布相对稳定。10°～15°坡度下变异系数在 0.6～0.8 所占比例较高，植被覆盖相对不稳定。罗玉沟流域 NDVI 在不同分辨率下上游部分变异系数均较小，NDVI 分布较集中，北部变异系数较小，分布相对稳定；东部变异系数较高，NDVI 分布较分散，植被覆盖不稳定。NDVI 变异系数在 0.4～0.6 范围内所占的比例最多。10°～20°坡度下罗玉沟 NDVI 变异系数在 0.2～0.4 范围内所占比例最大，部分植被在该坡度下存在一定的稳定性。藉河流域在不同分辨率下的 NDVI 变异系数在上游部分较低，且上游部分大多为林草地，植被覆盖相对稳定。在支流周边 NDVI 变异系数较上游部分高，植被覆盖相对不稳定。藉河流域在不同分辨率下的 NDVI 变异系数在 0.4 以下所占的比例分别为 58.4%、67.6%、70.8%和 75.8%，整体 NDVI 变化相对稳定。藉河流域植被在坡度小于 30°时植被覆盖相对稳定，耕地和林草地在坡度为 0°～30°范围内 NDVI 变异系数小于 0.4 所占的比例分别约为 46%和 64%，林草地在该坡度下相较于耕地分布更为稳定。综上所述，桥子沟流域和罗玉沟流域变异系数值较高，植被分布相对不稳定，而当尺度扩大到藉河流域时，NDVI 变异系数值较小，植被分布相对稳定。

桥子沟流域 NDVI Moran′s I 在不同分辨率下大都大于 0，呈现出正的自相关关系，但随着时间的变化和分辨率的增加，桥子沟流域 NDVI Moran′s I 指数逐渐接近 0，说明植被朝着离散状态发展，植被覆盖相对不稳定。0°～5°和 5°～10°坡度下，桥子沟流域 NDVI Moran′s I 随着时间的变化呈现出增加—减小趋势，10°～25°坡度下植被呈现出离散状态。罗玉沟流域 NDVI Moran′s I 随着 NDVI 分辨率的降低呈降低趋势，但仍呈现出正的空间自相关性。2000—2015 年罗玉沟流域 NDVI 植被在 30°～40°坡度下 Moran′s I 达到最大，分别为 0.798、0.756、0.673，说明植被在该坡度下分布相对集中，而在 50°～60°坡度下 Moran′s I 较小，植被分布相对分散。藉河流域 NDVI Moran′s I 在不同分辨率下随着时间的变化逐渐减小，整体 Moran′s I 均在 0.8 以上，呈现出正的空间自相关关系，藉河流域植被整体分布相对稳定，林草地分布较耕地更为稳定。藉河流域 NDVI Moran′s I 在 40°～60°坡度下值较高，说明在藉河流域坡度越高，植被分布越聚集，越呈现出稳定状态。由此可知，集水区和小流域尺度下 NDVI Moran′s I 值较小，植被分布相对不稳定，而流域尺度下 NDVI Moran′s I 较集水区和小流域尺度下的值高，从而流域尺度下植被分布相对稳定。

桥子沟流域植被信息熵随着时间的变化逐渐增加，且耕地的 NDVI 信息熵增加较林草地的快，同样表明植被在 2000—2015 年呈现出不稳定状态。罗玉沟流域 NDVI 信息熵在北部少部分区域值较低，2000—2015 年 NDVI 信息熵逐渐降低，但熵值仍然较高，植被呈现出相对不稳定状态。藉河流域 NDVI 信息熵在空间分布上低值分布较多，但在藉河上游部分 NDVI 信息熵达到最低,植被覆盖相对更为稳定,只在支流周边呈现出较高的熵值,藉河流域整体 NDVI 信息熵随着时间的变化逐渐减小,说明藉河流域在 2000 2015 年植被逐渐呈现出稳定状态。

综上所述,采用 3 种方法对集水区、小流域、流域进行 NDVI 空间异质性分析,均表现出了一致性,且在集水区和小流域尺度下 NDVI 空间分布较为分散,植被覆盖相对不稳定,而在流域尺度下,NDVI 分布较为聚集,植被分布更为稳定。

第 5 章　不同尺度径流变化特征及影响因素

本章选择清流河、车路沟作为集水区尺度，藉河、牛头河、散渡河、渭河武山以上区域、葫芦河为小流域尺度，渭河干流上游为流域尺度，分析不同空间、时间尺度下径流变化特征，解析影响径流变化的主要因子。

5.1　不同空间尺度径流变化特征

5.1.1　集水区尺度径流动态分析

利用清流河、车路沟集水区年径流量数据进行线性分析，并计算 3 年滑动平均值。由于数据有限，只统计 2001—2017 年清流河和 2001—2013 年车路沟年径流量的变化情况，统计结果如图 5-1 所示。清流河流域年径流量呈“M”形波动变化的趋势，多年平均年径流量为 0.023 1 亿 m^3，年径流量最大值和最小值分别出现在 2013 年和 2009 年，分别为 0.057 8 亿 m^3、0.007 7 亿 m^3，增长速率并不明显。车路沟流域年径流量呈减少—增加—减少的变化趋势，多年平均年径流量为 0.003 4 亿 m^3，在 2011 年达到最大值 0.014 0 亿 m^3，在 2006 年为最小值 0.000 5 亿 m^3，增长速率仅为 0.000 1 亿 m^3/a。从年径流量 3 年滑动平均曲线看出，清流河流域年径流量呈波动变化的情况，总体来说无明显上升或下降的趋势；车路沟流域年径流量变化总体呈缓慢增加的趋势，增长速率同样较小。

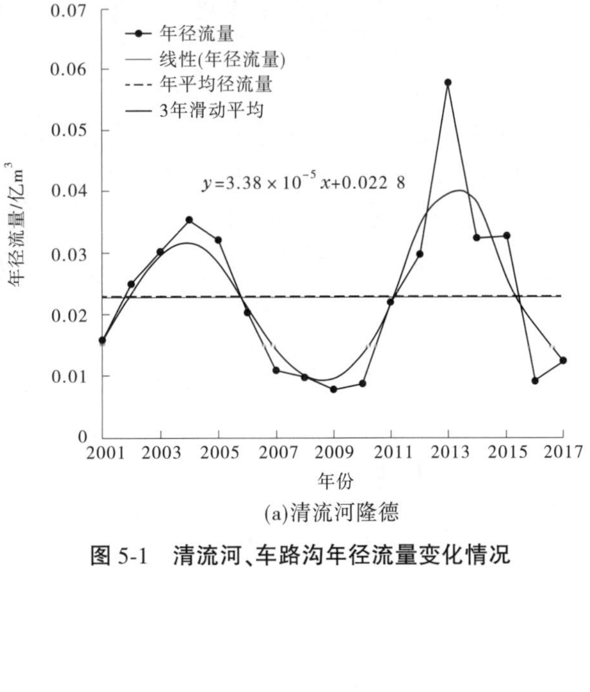

(a)清流河隆德

图 5-1　清流河、车路沟年径流量变化情况

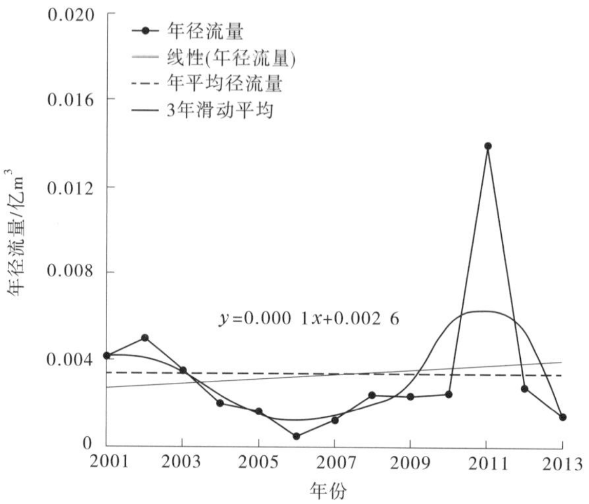

(b)车路沟夏寨

续图 5-1

5.1.2 小流域尺度径流动态分析

1981—2017 年藉河、牛头河、散渡河、渭河武山、葫芦河年径流量变化情况如图 5-2 所示。藉河流域年径流量变化呈逐渐下降的趋势,最大值出现在 1984 年,为 1.749 5 亿 m^3,最小值出现在 1996 年,仅为 0.016 9 亿 m^3,多年平均年径流量为 0.491 9 亿 m^3。牛头河流域年径流量在 0.2 亿~4 亿 m^3 波动,最大值和最小值分别出现在 2013 年、1997 年,整体向径流减少的趋势发展,多年平均年径流量为 1.107 4 亿 m^3。散渡河流域年径流量变化情况差异较大,可分为两个阶段波动分析,1981—1997 年年径流量波动范围集中在 1.6 亿~2.8 亿 m^3 内,1998—2017 年年径流量波动范围集中在 0.1 亿~1.0 亿 m^3 内,年径流量下降趋势明显。渭河武山站多年平均年径流量为 4.272 0 亿 m^3,最大值出现在 1984 年,为 10.402 4 亿 m^3;最小值出现在 1997 年,为 1.121 9 亿 m^3,呈逐渐减少的趋势。葫芦河流域年径流量整体上呈减少的趋势,年径流量最大值和最小值分别出现在 1984 年和 1997 年,分别为 4.364 2 亿 m^3、0.315 8 亿 m^3,相差 4.048 4 亿 m^3。藉河天水、牛头河社棠、散渡河甘谷、渭河武山和葫芦河泰安年平均径流量均呈现不同程度的减小趋势,线性倾向方程分别为 $y=-0.012\,3x+0.726\,3$、$y=-0.015\,4x+1.399\,1$、$y=-0.075\,7x+2.513\,1$、$y=-0.108\,4x+6.331\,9$、$y=-0.054\,7x+2.716\,8$,年径流量分别以 -0.012 3 亿 m^3/a、-0.015 4 亿 m^3/a、-0.075 7 亿 m^3/a、-0.108 4 亿 m^3/a、-0.054 7 亿 m^3/a 的速率变化。从 5 个水文站 3 年滑动平均曲线可以看出,藉河流域年均径流量呈波动的变化趋势,总体来看径流量逐渐变小;牛头河流域呈现反复减小—增加—减小的波动变化趋势,波动情况具有一定的规律性,散渡河流域年径流量总体呈波动式下降的趋势;渭河武山站年径流量变化趋势也较为明显,葫芦河流域年径流量变化呈明显的波动式下降状态。

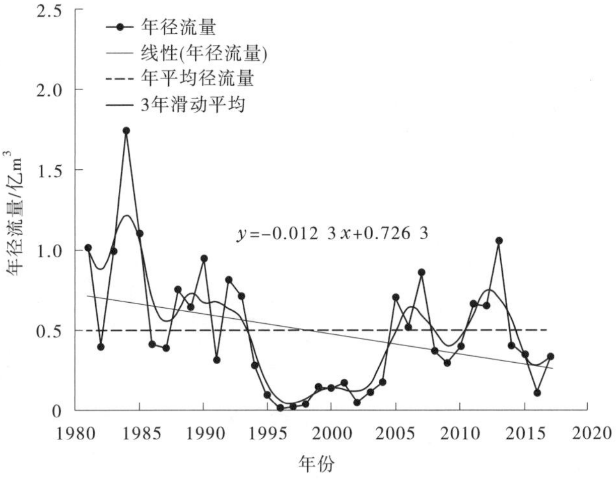

(a)藉河天水

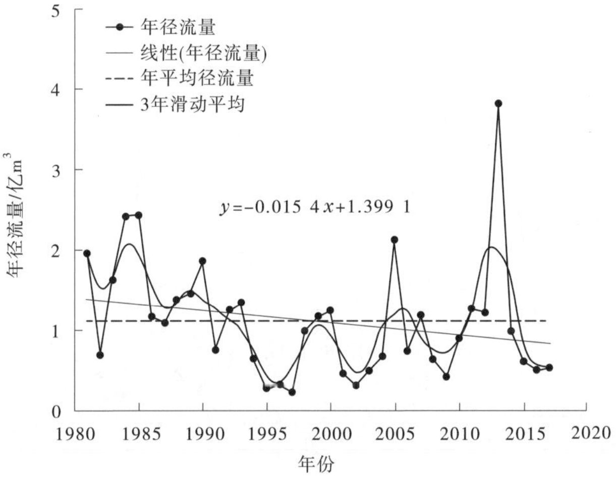

(b)牛头河社棠

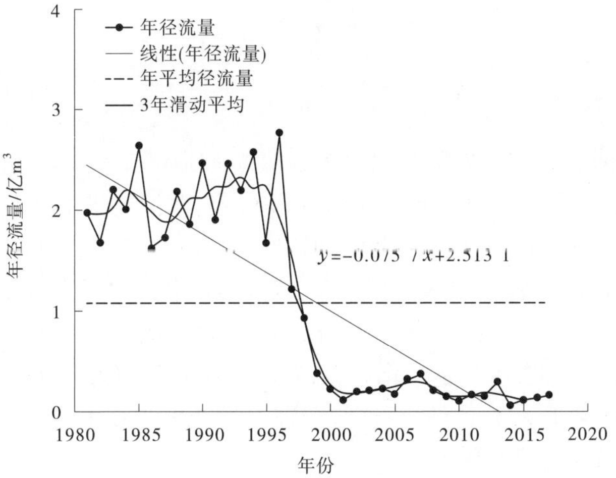

(c)散渡河甘谷

图 5-2　藉河、牛头河、散渡河、渭河武山、葫芦河年径流量变化情况

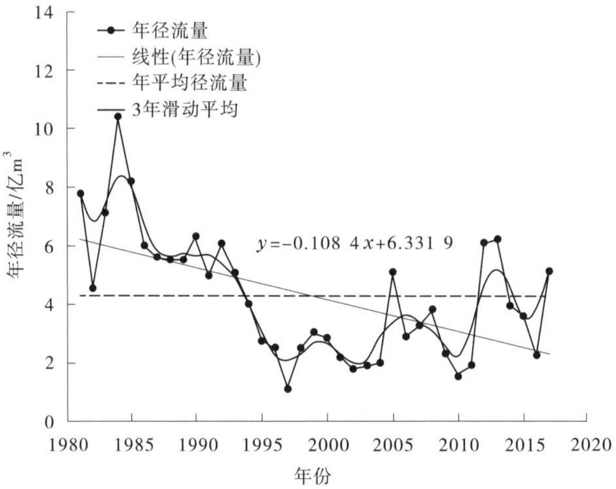

(d)渭河武山

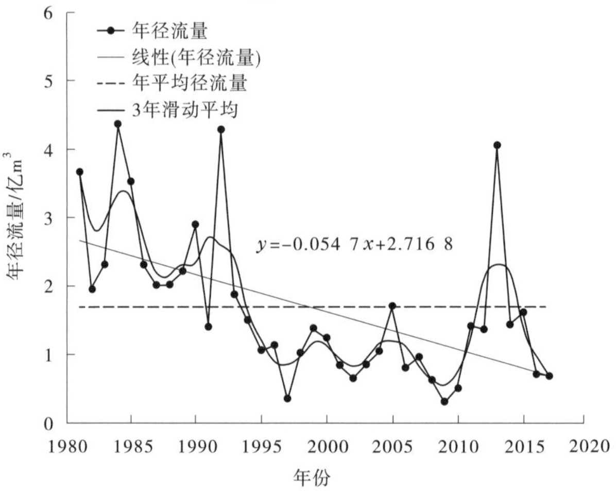

(e)葫芦河秦安

续图 5-2

5.1.3　流域尺度径流动态分析

1981—2017 年渭河北道径流量变化情况如图 5-3 所示。整体来看,渭河北道的年径流量呈下降趋势,在 1997 年出现拐点。1981—1997 年,渭河北道的平均径流量处于时期较高水平,年平均径流量 10.45 亿 m^3,此时间段内气候较为湿润。1997 年年径流量最小,为 1.28 亿 m^3,然后逐渐上升。1998—2017 年,平均年径流量明显增加,2013 年出现峰值且年径流量为 12.26 亿 m^3,此后年径流量呈波动式下降状态。总体来说,1981—2017 年,渭河北道径流量呈递减—递增交替变化趋势,年平均径流量约为 8.09 亿 m^3,年径流量最大值与最小值之比达到 16.23∶1。所有这些结果表明,1981—2017 年,渭河北道的年径流量以非线性和非平稳的过程变化。

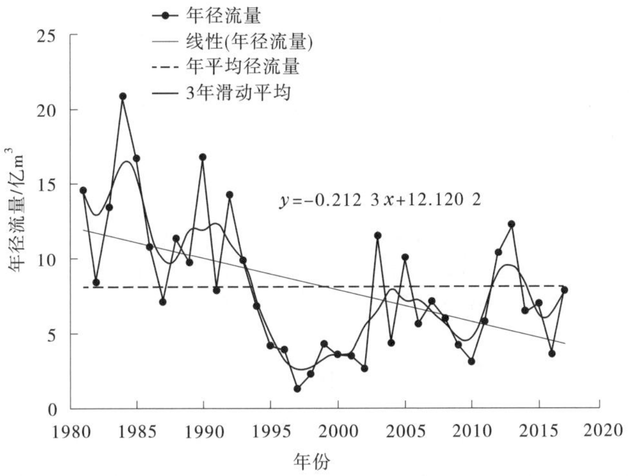

图 5-3　1981—2017 年渭河北道径流量变化情况

5.1.4　空间尺度相关性分析

为有效解析流域内各河流径流序列的时空变化规律以及同步化程度，对渭河上游流域及其集水区、小流域之间的年径流量计算相关系数。利用相关分析法对清流河、车路沟、藉河、牛头河、散渡河、渭河武山、葫芦河以及渭河上游年径流资料进行分析，进一步研究渭河上游流域内各河流年径流过程的相互关系，从而刻画出河道径流过程对周围环境因素响应的同步程度，并最终检验河川径流的周期变化规律及空间分异特征，从空间尺度对各个河流站点年径流量序列存在的联系程度进行分析，其空间相关性分析结果如表 5-1 所示。

表 5-1　各河流年径流量序列相关系数

流域	参数	清流河	车路沟	藉河	牛头河	散渡河	渭河武山	葫芦河	渭河上游
清流河	*R*	1	-0.070	0.393	0.688**	0.143	0.474	0.856**	0.622**
	S		0.819	0.119	0.002	0.583	0.054	0	0.008
车路沟	*R*	-0.070	1	-0.069	-0.113	-0.342	-0.347	-0.038	-0.184
	S	0.819		0.823	0.714	0.253	0.245	0.902	0.546
藉河	*R*	0.393	-0.069	1	0.807**	0.364*	0.846**	0.804**	0.874**
	S	0.119	0.823		0	0.027	0	0	0
牛头河	*R*	0.688**	-0.113	0.807**	1	0.212	0.714**	0.798**	0.708**
	S	0.002	0.714	0		0.208	0	0	0
散渡河	*R*	0.143	-0.342	0.364*	0.212	1	0.556**	0.563**	0.519**
	S	0.583	0.253	0.027	0.208		0	0	0.001

续表 5-1

流域	参数	清流河	车路沟	藉河	牛头河	散渡河	渭河武山	葫芦河	渭河上游
渭河武山	R	0.474	−0.347	0.846**	0.714**	0.556**	1	0.849**	0.904**
	S	0.054	0.245	0	0	0		0	0
葫芦河	R	0.856**	−0.038	0.804**	0.798**	0.563**	0.849**	1	0.855**
	S	0	0.902	0	0	0	0		0
渭河上游	R	0.622**	−0.184	0.874**	0.708**	0.519**	0.904**	0.855**	1
	S	0.008	0.546	0	0	0.001	0	0	

注:表中 R 为皮尔逊相关系数;S 为显著性(双尾);* * 为在 0.01 级别(双尾)相关性显著;* 为在 0.05 级别(双尾)相关性显著。

通过表 5-1 可以看出,渭河上游流域内各个河流年径流量变化过程大多呈正相关性,部分相关性通过了显著性检验,且径流空间相关性主要受空间地理位置、流域面积和年径流量大小的影响。集水区清流河与小流域葫芦河的年径流量相关系数高达 0.856,超过 $\alpha=0.01$ 显著性检验。清流河属于葫芦河的子流域,面积仅 43.3 km^2,多年平均径流量 230.68 万 m^3,在地理位置上与葫芦河有一定的空间自相关性。清流河除与车路沟年径流量呈负相关外,与其他流域均呈正相关,与牛头河、葫芦河、渭河上游相关性较好。集水区车路沟位于葫芦河北部地区,流域面积 89.5 km^2,与其他所有流域的年径流均为负相关。此集水区年径流数据较少,由于空间尺度较小,年径流量受气象、地形、土壤和植被等因子的综合影响较为严重,同时人类活动对径流的影响方式较多,比如沟道工程和经营模式的不同会引起径流量的不同,所以径流量的变化方式与其他流域有一定的差别。小流域藉河位于渭河上游南部地区,高程 1 083~2 707 m,多年平均径流量 0.491 9 亿 m^3,平均斜率 14.2%。藉河与牛头河、渭河武山、葫芦河、渭河上游的径流量相关性系数均在 0.8 以上,均超过 $\alpha=0.01$ 显著性水平,且与渭河上游的相关性最高,达 0.874,在空间上体现了自相关性。牛头河位于渭河上游东部地区,紧邻藉河,流域面积 1 846 km^2,平均年径流量为 1.107 4 亿 m^3,与藉河年径流量相关系数最高,为 0.807。散渡河年径流量序列与渭河武山、葫芦河和渭河上游的相关系数仅在 0.5 以上,通过 $\alpha=0.01$ 显著性检验,与其他流域的相关系数较小。散渡河位于渭河上游中部地区,流域面积 2 484 km^2,高程 1 271~2 574 m,平均年径流量 1.074 7 亿 m^3。渭河武山站年径流量与藉河、牛头河、散渡河、葫芦河、渭河上游相关系数分别为 0.846、0.714、0.556、0.849、0.904,和渭河上游年径流量相关系数最高,在空间尺度上有较好的一致性。渭河武山流域位于渭河上游西部地区,流域面积为 8 080 km^2,高程 1 465~3 929 m,平均斜率 14.15%。葫芦河位于渭河上游北部地区,年径流量除与车路沟呈负相关性外,和其他流域的相关系数均在 0.5 以上,且都超过 $\alpha=0.01$ 显著性水平,平均年径流量 1.677 4 亿 m^3,流域面积 9 805 km^2,平均斜率 11.98%。

渭河上游流域除与车路沟外,与其他子流域年径流量均具有较好的相关性,在空间尺度上表现出自相关的特征。

对渭河上游流域 30 多年年均径流量采用反距离权重法(IDW)进行空间插值,如图 5-4 所示。由图 5-4 可知,渭河上游流域径流量高值区主要集中在研究区西部和东部,在空间分布上较为连续,而低值区主要集中在研究区北部车路沟、清流河一带。对于渭河上游,自北向南径流量大体上呈逐渐增加的趋势。总体上看,流域径流量形成了“南高北低”的空间分布格局。

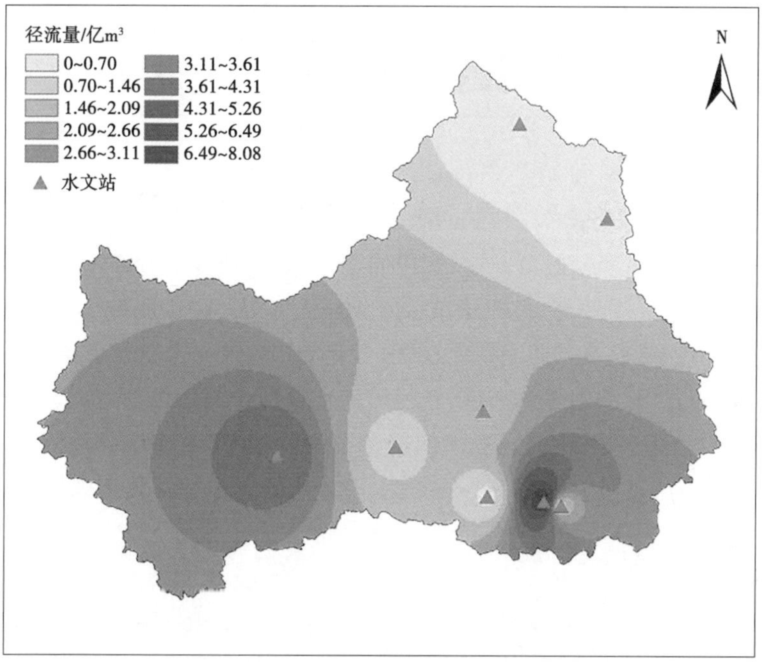

图 5-4　渭河上游流域年径流量空间分布

5.2　不同时间尺度径流变化特征

5.2.1　径流年内变化特征

渭河上游多年月平均径流量变化趋势见图 5-5。径流量集中分布于 6—10 月,占年径流量的 60%以上,符合径流季节变化规律。清流河和车路沟月径流量较小,变化差异相对不明显。

5.2.2　径流季节变化特征

5.2.2.1　天水站

由图 5-6 可知,天水站四季径流量均呈现减少的变化趋势,但各季节减少幅度呈现不

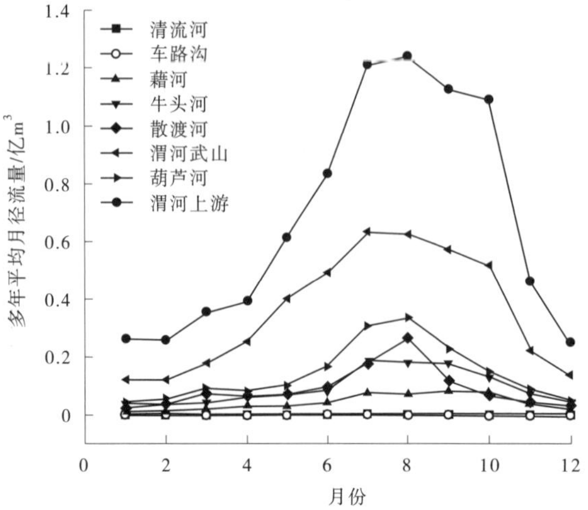

图 5-5　渭河上游多年平均月径流量变化趋势

同的姿态。春季减少幅度较低，1981—2017 年年径流量减少 0.008 3 亿 m^3，线性减少幅度 0.000 6 亿 m^3/a；夏季最高，径流量减少 0.104 7 亿 m^3，减少幅度为 0.002 亿 m^3/a；秋季径流量减少 0.124 8 亿 m^3，减小幅度 0.001 4 亿 m^3/a；冬季的径流量减少 0.010 3 亿 m^3，减少幅度 0.000 2 亿 m^3/a。整体来说，年径流变化情况可分为两个时间段来分析，1981—1995 年四季的径流量变化情况呈减少的趋势，1996—2017 年年径流量变化呈增加的趋势，夏、秋两季的径流量明显高于春、冬两季，符合径流量的季节变化规律，且对该站年径流量影响较大。

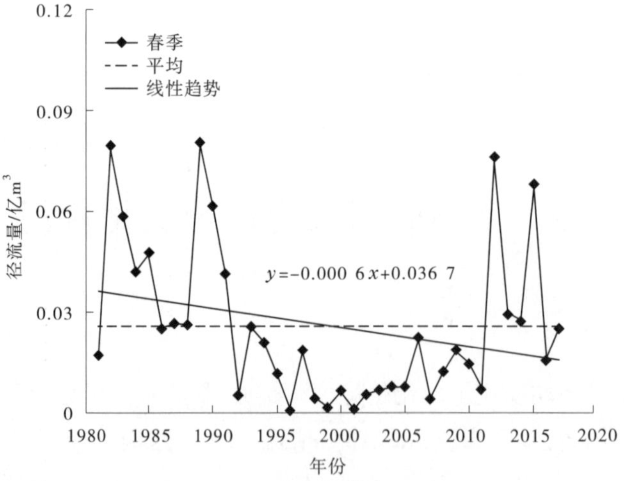

(a)春季

图 5-6　天水站径流量季节变化趋势

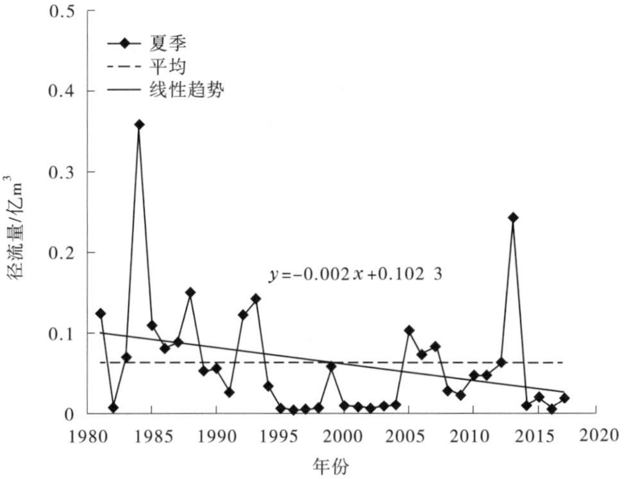

(b)夏季

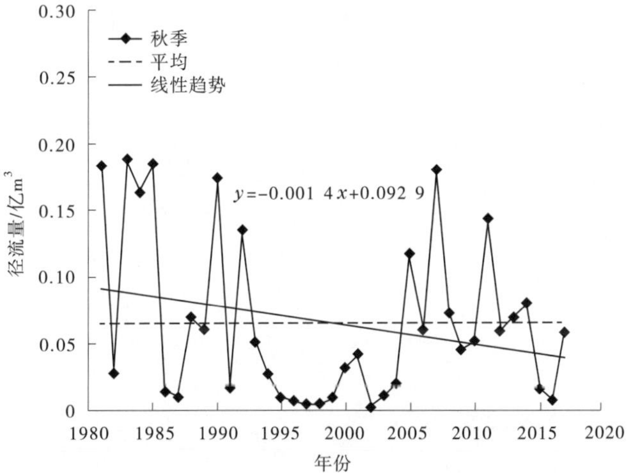

(c)秋季

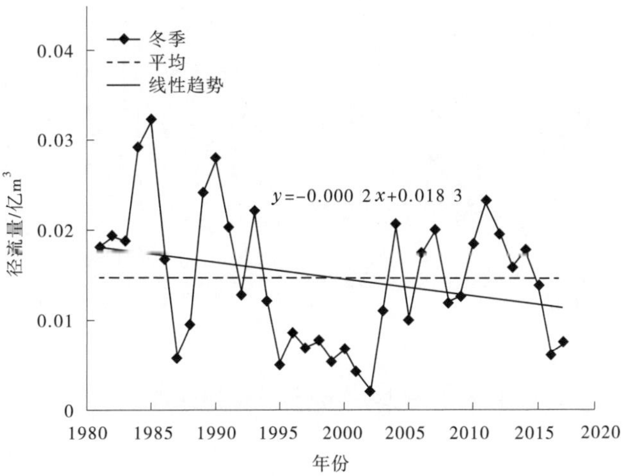

(d)冬季

续图 5-6

5.2.2.2　社棠站

社棠站径流量季节变化趋势如图 5-7 所示。社棠站春、夏、秋三季径流量呈减少的趋势,但各个季节减少速率略有差异。春季径流量减少 0.013 亿 m^3,减少幅度为 0.001 1 亿 m^3/a,呈波动变化的趋势,春季年平均径流量 0.057 7 亿 m^3;夏季年径流量 1981—2017 年减少 0.129 1 亿 m^3,减少幅度 0.001 6 亿 m^3/a,在 2013 年达到最大值 0.860 1 亿 m^3,其他年份径流量变化范围在 0~0.45 亿 m^3;秋季径流量变化速率最大,2017 年秋季相对于 1981 年来说径流量减少 0.313 1 亿 m^3,变化幅度为 0.002 5 亿 m^3/a;冬季径流量变化情况基本处于稳定的状态,无明显上升或下降的趋势,在冬季年径流量均值 0.037 9 亿 m^3 周围波动变化。

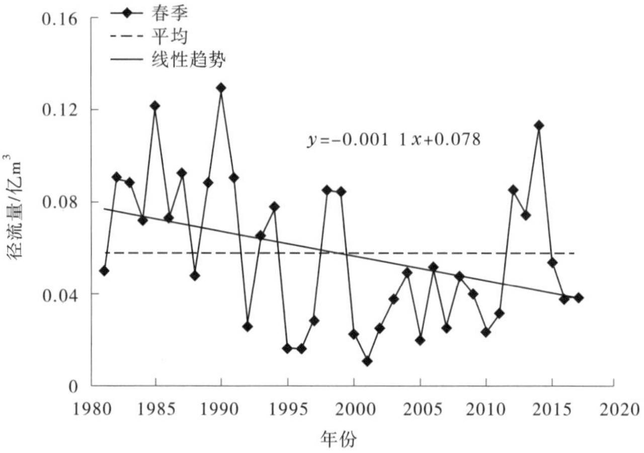

(a)春季

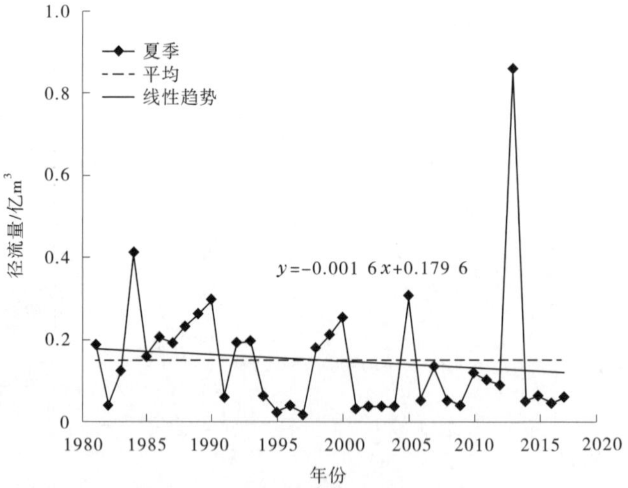

(b)夏季

图 5-7　社棠站径流量季节变化趋势

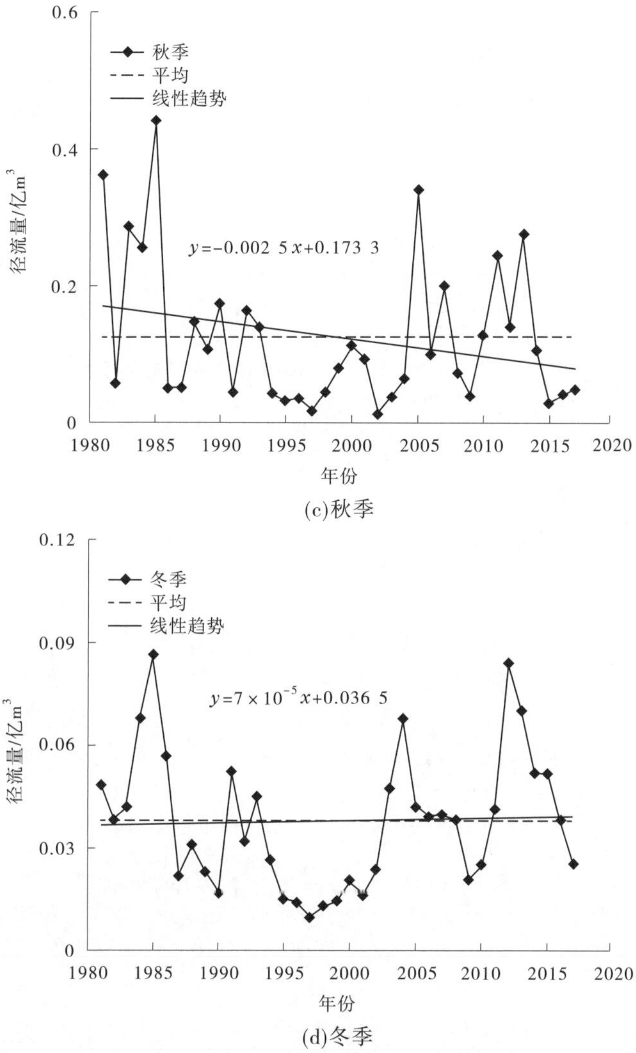

(c)秋季

(d)冬季

续图 5-7

5.2.2.3　甘谷站

从图 5-8 中可以看出,甘谷站四季径流量均呈显著减少的趋势,但各个季节减少的速率略有差异。春季径流量减少速率为 0.005 5 亿 m^3/a,1981—2017 年减少 0.082 4 亿 m^3;夏季径流量减少速率为 0.011 2 亿 m^3/a,2017 年夏季年径流量相对于 1981 年变化了 0.298 1 亿 m^3;秋季径流量减少速率为 0.006 6 亿 m^3/a,1981 年秋季径流量与 2017 年相比减少了 0.180 4 亿 m^3;冬季径流量减少速率为 0.002 亿 m^3/a,1981—2017 年减少了 0.041 1 亿 m^3。从整体来看,1981—1997 年甘谷站四季径流量相比 1998—2017 年处于较高水平,径流量呈减小的变化趋势。

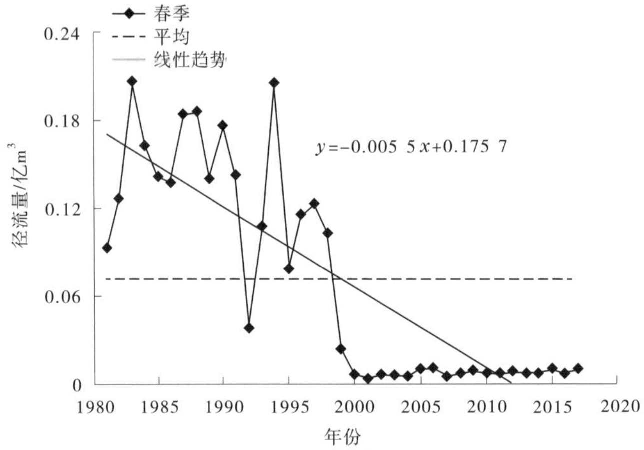

(a)春季

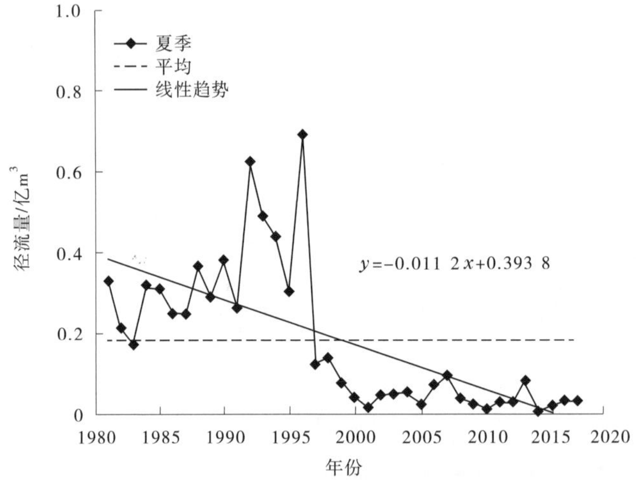

(b)夏季

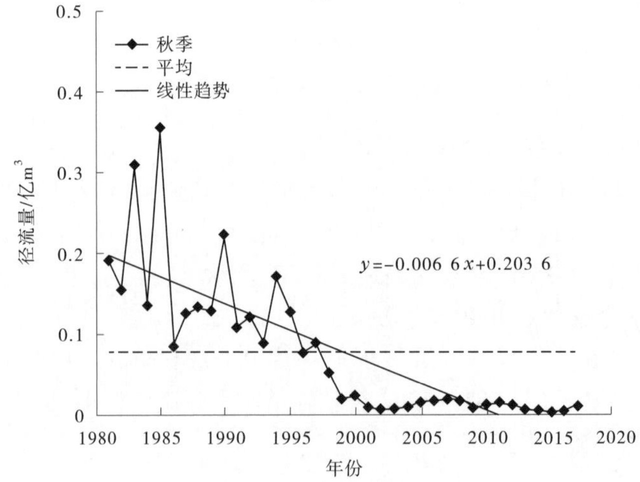

(c)秋季

图 5-8　甘谷站径流量季节变化

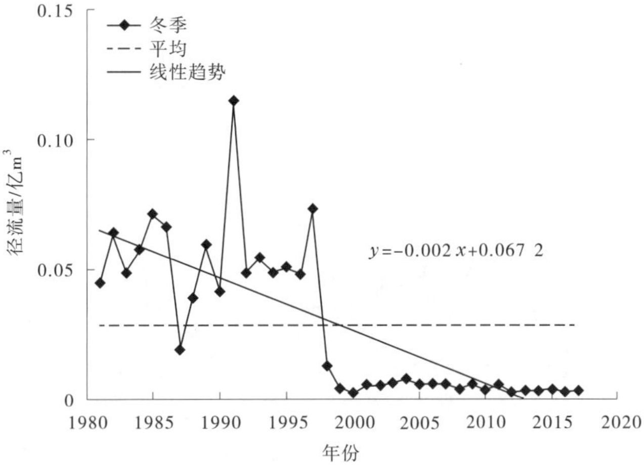

(d)冬季

续图 5-8

5.2.2.4　武山站

武山站 1981—2017 年四季径流量变化情况如图 5-9 所示。从图 5-9 中可以看出，春、夏、秋三季径流量变化均呈减少的趋势。春季径流量表现出减少—增加的状态，1981—1999 年径流量呈波动式减小，2000—2017 年径流量逐渐回升，最大值出现在 1982 年，为 0.775 7 亿 m^3，减少速率为 0.007 2 亿 m^3/a；夏季径流量减少速率最大，为 0.019 9 亿 m^3/a，夏季平均径流量为 0.584 3 亿 m^3，径流量最大值和最小值分别出现在 1984 年和 1997 年；秋季径流量变化范围在 0~1.5 亿 m^3，最小值出现在 1997 年，仅为 0.021 7 亿 m^3，呈逐渐下降的变化趋势；冬季径流量变化无明显上升或下降的趋势，最大值出现在 1985 年，最小值出现在 2000 年。

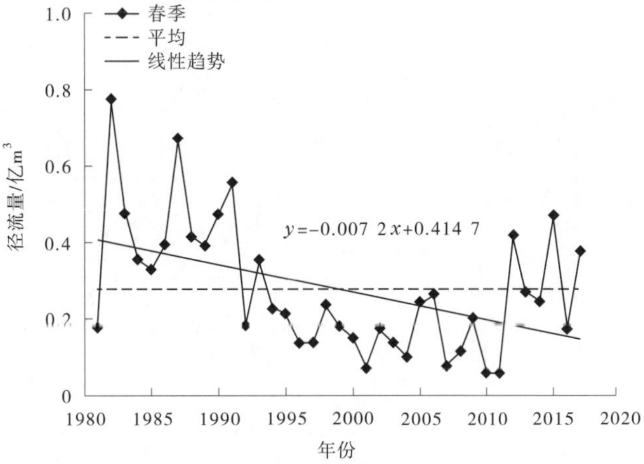

(a)春季

图 5-9　武山站径流量季节变化

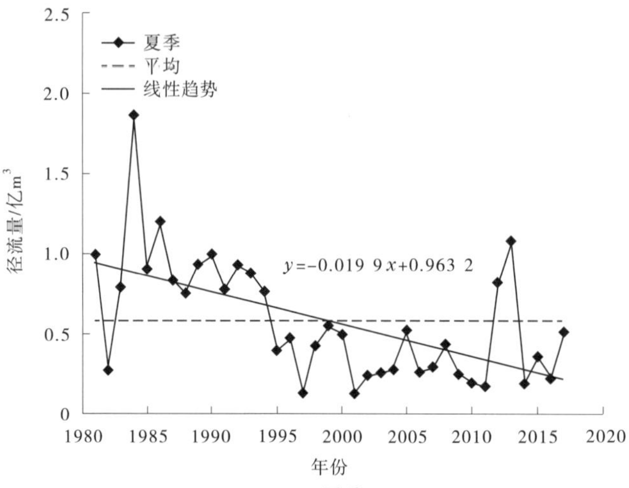

(b)夏季

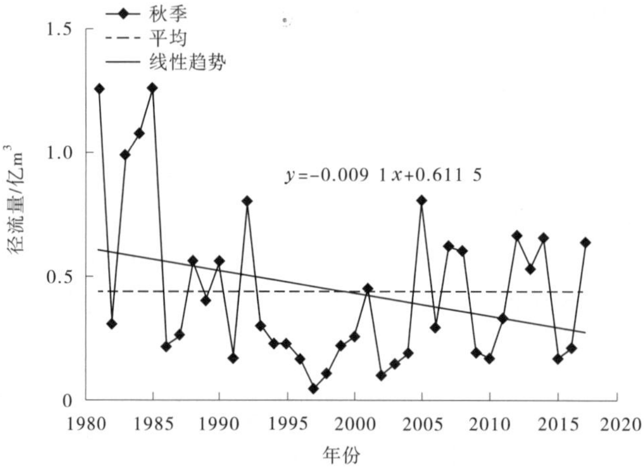

(c)秋季

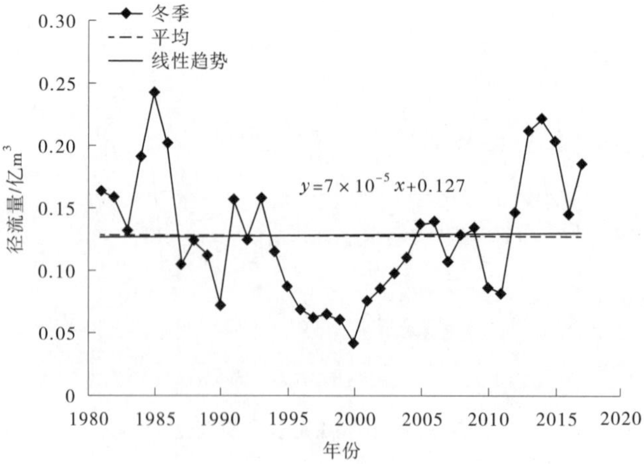

(d)冬季

续图 5-9

5.2.2.5　秦安站

秦安站径流量季节变化如图 5-10 所示。秦安站的各个季节的年径流量均以减少的趋势变化，夏季径流量变化较为剧烈。1981—2017 年春季年径流量的减少速率为 0.003 9 亿 m^3/a，减少量为 0.078 8 亿 m^3；夏季径流量在 1992 年达到最大值，为 1.049 5 亿 m^3，其他两个径流量较大的年份出现在 1984 年和 2013 年；秋季径流量呈波动式下降的状态，变化速率为 0.003 8 亿 m^3/a；冬季径流量下降速率为 0.000 8 亿 m^3/a，2017 年相对于 1981 年减少 0.044 1 亿 m^3。

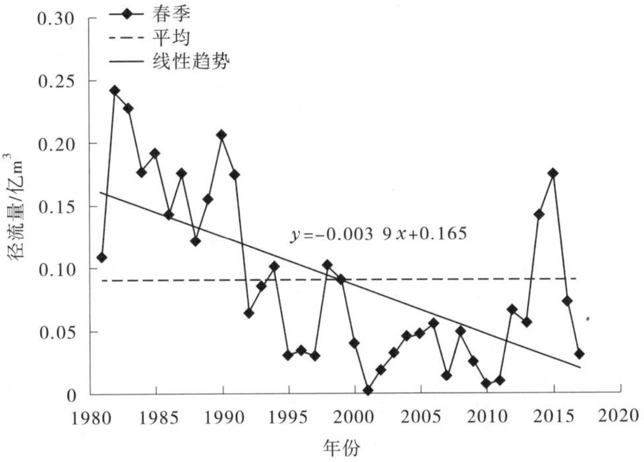

(a)春季

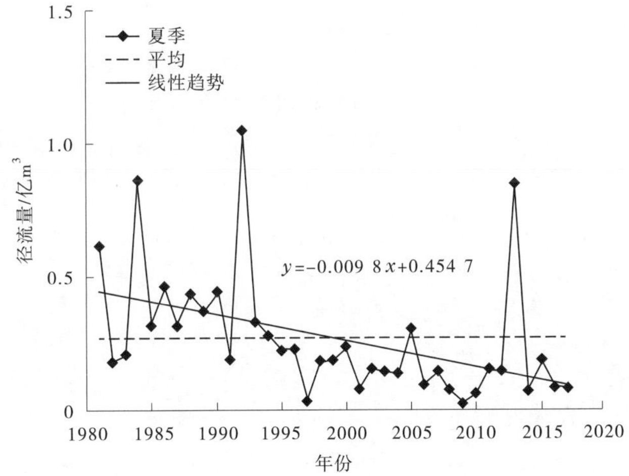

(b)夏季

图 5-10　秦安站径流量季节变化

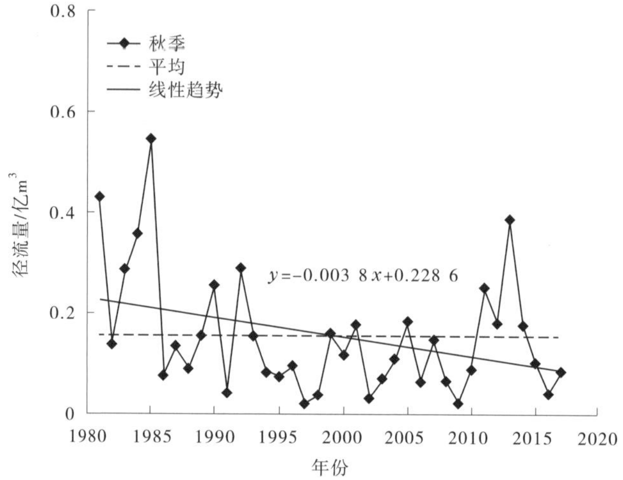

(c)秋季

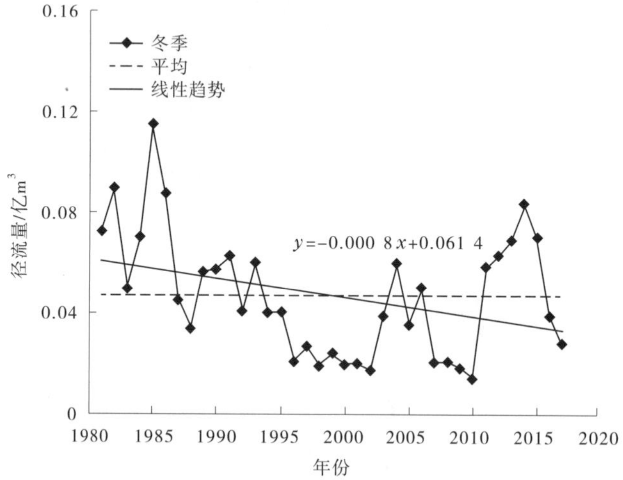

(d)冬季

续图 5-10

5.2.2.6 北道站

北道站径流量季节变化如图5-11 所示。由图5-11 可知,北道站四季年径流量均呈减少的变化趋势,各个季节减少的速率有所不同。春季径流量年平均为0.453 4 亿 m^3,线性减少幅度为0.012 6 亿 m^3/a,1981—1999 年春季径流量减少趋势明显,2000—2017 年春季径流量逐渐增加;夏季径流量变化速率最大,减少幅度为0.033 9 亿 m^3/a,径流量减少了1.167 2 亿 m^3;秋季径流量最大值出现在2003 年,为2.537 9 亿 m^3,减少速率为0.018 7 亿 m^3/a;冬季的减少幅度最小,减少了0.160 5 亿 m^3,减少速率为0.005 6 亿 m^3/a。

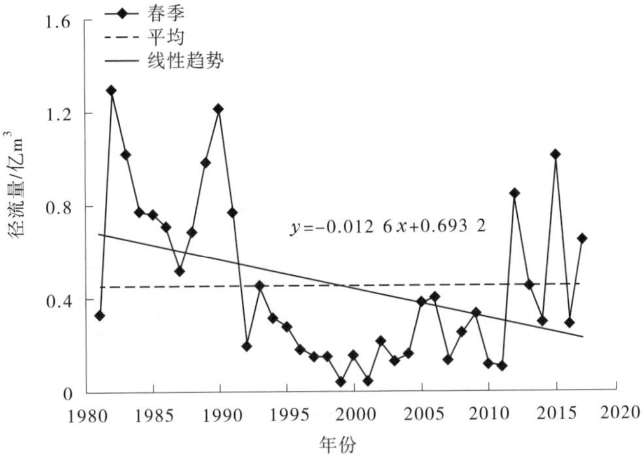

(a)春季

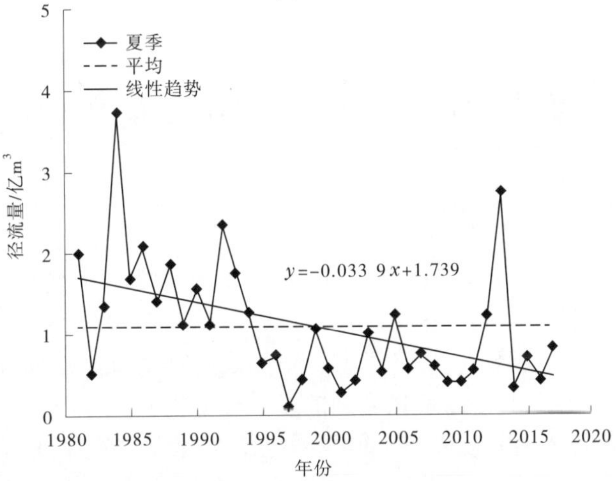

(b)夏季

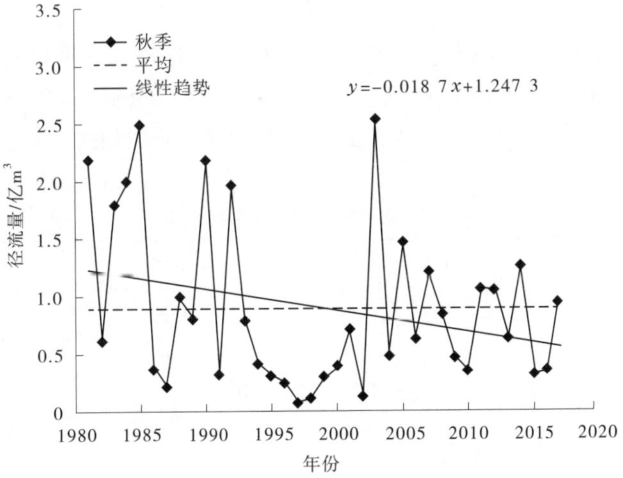

(c)秋季

图 5-11　北道站径流量季节变化

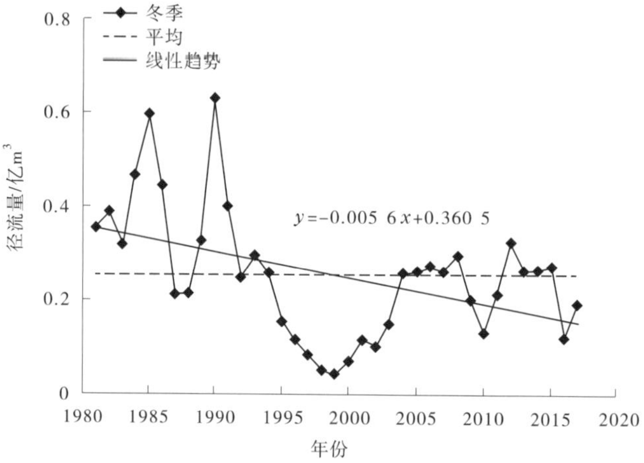

(d)冬季

续图 5-11

5.3　影响因子的主成分分析及变化趋势

5.3.1　影响因子主成分分析

利用 SPSS 软件对相关因素进行主成分分析,通过计算各个变量之间的共同度来研究提取主成分与原始变量之间的关系。用影响因素变量与原始变量之间的依赖度来判断提取的主成分是否具有代表性,结果表明,依赖度在 85%以上且部分因素的依赖度在 95%以上,可以表明主成分与原始变量之间的相关程度较强。

首先对径流、降水、NDVI、温度和蒸散发数据进行标准化处理,然后对相关系数矩阵特征值和各个因素的贡献率进行计算。为了使信息的利用率达到 85%以上,选取特征根大于 1 且累积贡献率大于 85%的 q 个主成分。从表 5-2 中可以看出,前两个主成分的特征根大于 1 且提取的主成分累积贡献率达到 80. 092%,对原始数据的信息具有较好的反映,因此前两个主成分可以代替原来的 4 个原始变量,降低原始数据的复杂性以便达到降维的目的。主成分分析如图 5-12 所示,第一主成分的特征值最大,表示该变量的原始数据的信息量也大。

表 5-2　相关系数矩阵的特征值

成分	特征值	贡献率/%	累积贡献率/%
1	2. 369	47. 372	47. 372
2	1. 636	32. 720	80. 092
3	0. 558	11. 156	91. 248
4	0. 324	6. 474	97. 722
5	0. 114	2. 278	100. 000

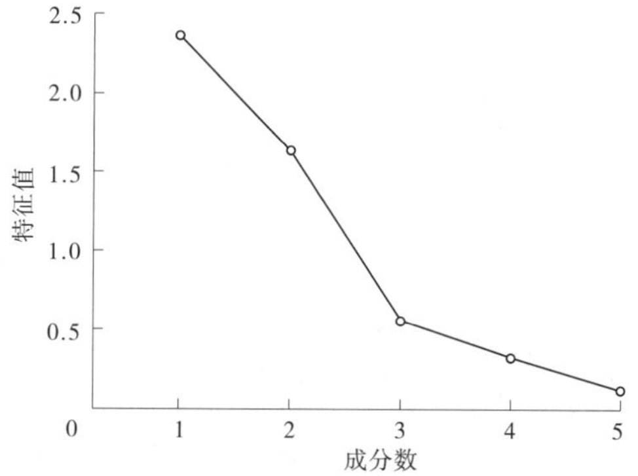

图 5-12　特征值折线图

从表 5-3 中可以看出，在第一主成分中，径流、降雨和温度 3 个因子的载荷都在 0.7 以上，因此第一主成分主要反映了这 3 个因子的信息；而第二主成分中，NDVI、蒸发的载荷要明显高于其他因子，第二主成分主要反映了这两个因素的变化情况。每个因子的相应系数由主成分特征值和因子荷载矩阵求出，F_1、F_2 的表达式如下：

$$F_1 = 0.403X_1 + 0.337X_2 - 0.192X_3 - 0.298X_4 - 0.143X_5 \tag{5-1}$$

$$F_2 = 0.025X_1 + 0.254X_2 + 0.449X_3 + 0.279X_4 - 0.516X_5 \tag{5-2}$$

表 5-3　主成分荷载矩阵

因素	主成分 F_1	主成分 F_2
径流	0.955	0.040
降雨	0.798	0.415
NDVI	-0.455	0.735
温度	-0.706	0.456
蒸发	-0.340	-0.844

研究区内影响径流各个因素之间的相关性矩阵如表 5-4 所示。从表 5-4 中可以看出，影响径流的主要因素是降雨和温度，其相关性系数分别为 0.747 和-0.641，降雨是径流的主要来源，温度的变化则会影响蒸发量的多少，蒸发可以减少陆地面含水量，从而与径流呈负相关性。径流与 NDVI 的相关系数为-0.340，NDVI 对径流的减弱作用体现在对降雨的拦截方面。

表 5-4　相关性矩阵

相关性	径流	降雨	NDVI	温度	蒸发
径流	1.000	0.747	-0.340	-0.641	-0.305
降雨	0.747	1.000	-0.127	-0.212	-0.503
NDVI	-0.340	-0.127	1.000	0.463	-0.383
温度	-0.641	-0.212	0.463	1.000	-0.076
蒸发	-0.305	-0.503	-0.383	-0.076	1.000

5.3.2 影响因子变化趋势

从表 5-5 中可以看出,在 5 个流域中,年径流量最小的是藉河流域,最大的是渭河武山站,径流量达 4.59 亿 m^3。藉河和牛头河流域植被生长较为茂盛,植被覆盖较低的流域为散渡河。藉河流域降水量较为丰富,其气温总体水平也较高。蒸发量最大的地区是散渡河流域,为 1 273 mm。年均 NDVI、降水量、蒸散发和气温在各个流域之间的差异较小。

表 5-5　径流量及其影响因子平均值及变化趋势

流域	站点	径流量/亿 m^3		NDVI		降水量/mm		蒸散发量/mm		气温/℃	
		平均 Mean	统计 Z_s	平均 Mean	统计 Z_s	平均 Mean	统计 Z_s	平均 Mean	统计 Z_s	平均 Mean	统计 Z_s
藉河	天水	0.54	−2.74	0.64	4.42	494.4	−0.33	1 226	−2.89	10.14	5.48
牛头河	社棠	1.09	−2.53	0.65	3.27	481.9	−0.31	1 254	−3.58	8.61	5.44
散渡河	甘谷	1.15	−4.90	0.44	4.37	456.2	−0.25	1 273	−0.38	5.23	5.44
渭河	武山	4.59	−4.14	0.61	3.66	464.9	−0.18	1 245	−1.78	6.40	5.50
葫芦河	秦安	1.86	−4.46	0.53	4.73	425.4	−0.10	1 263	−4.86	6.56	5.42

通过 Mann-Kendall 趋势分析发现,流域的 NDVI 和气温均表现为显著增加的趋势,径流量、降水和蒸散发均表现为下降的趋势,5 个流域的降水均未通过 0.05 信度检验。流域的蒸散发均表现为下降趋势,藉河、牛头河、葫芦河流域通过了 0.05 信度检验,呈显著减少的趋势。

径流量及其影响因子相关性矩阵如图 5-13 所示。在藉河流域中,径流量与降水、植被呈正相关性,而与蒸散发、气温呈负相关性,从显著性可以看出降水和气温对径流的影响较大。NDVI 和降水、气温呈正相关性,相关系数 R 分别为 0.203、0.401。NDVI 与蒸散发的相关系数高达-0.723,说明此地区蒸散发对植被的生长有重要的影响。在牛头河流域中,径流与降水的相关系数最高,降水是影响径流量的主要因素,径流与蒸散发无显著的相关性。NDVI 与蒸散发的相关系数较高,由此看出,植被对蒸散发的影响具有决定性。在散渡河流域中,径流与影响因子之间的斜率较低,相关性均不显著。在葫芦河流域中,径流量与 NDVI、降水、蒸散发、气温的相关系数分别为-0.016、0.262、0.262、-0.65。在渭河武山站,其特征与流域之间具有较好的一致性。整体来说,降水对径流量的影响意义重大,其次分别是 NDVI、气温、蒸散发。气温和降水是影响植被生长的主要因素,植被对蒸散发变化起决定作用。

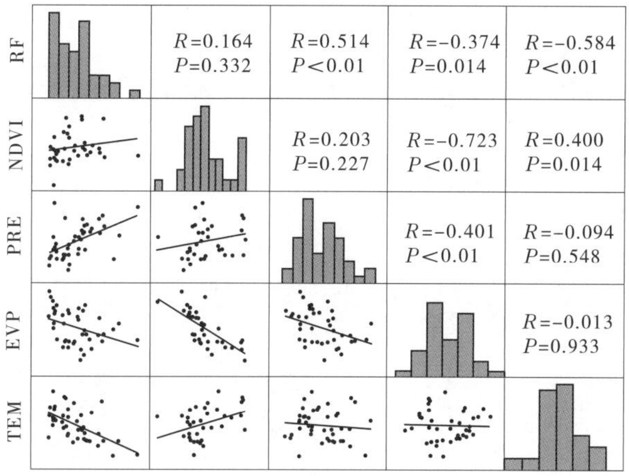

(a)藕河

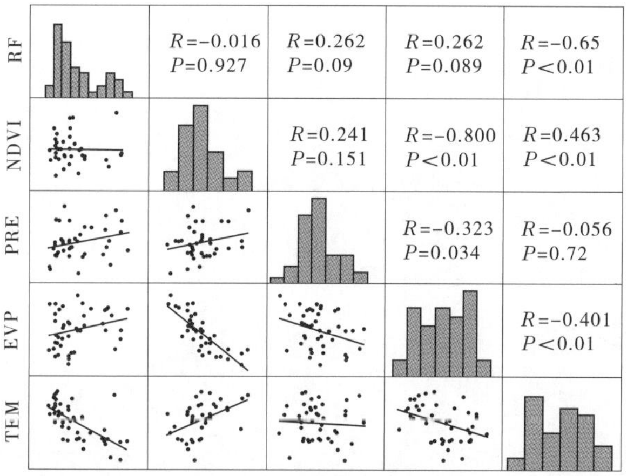

(b)葫芦河

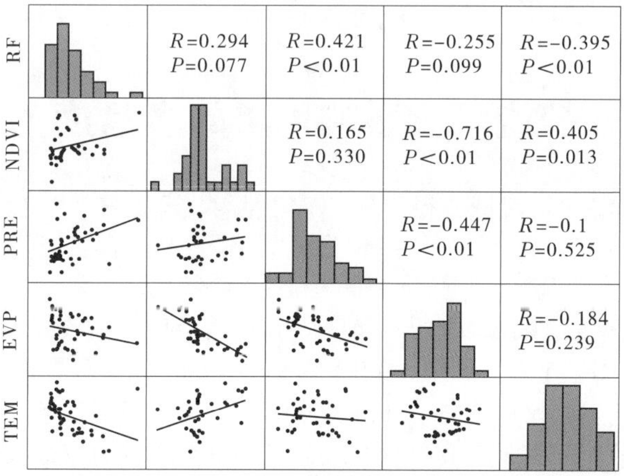

(c)牛头河

RF—径流量;NDVI—归一化植被指数;PRE—降水;EVP—蒸散发;TEM—气温;R—相关系数;P—显著性水平。

图5-13　径流量及其影响因子相关性矩阵

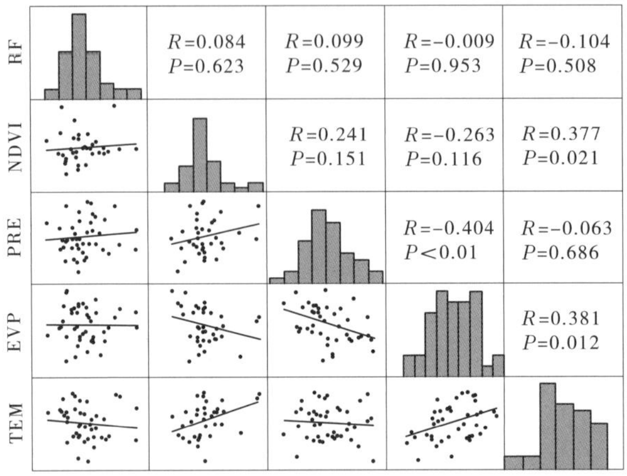

(d)散渡河

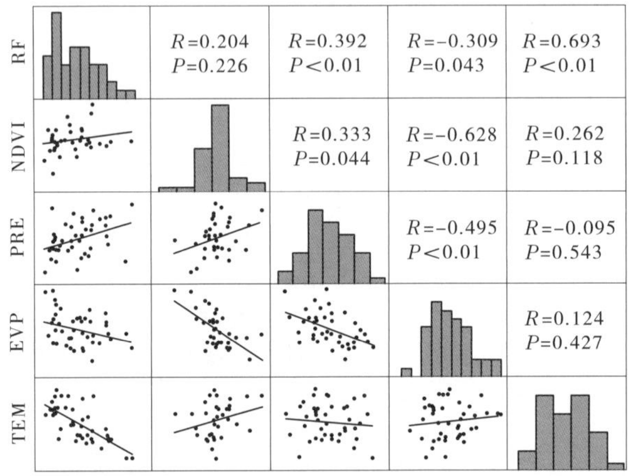

(e)渭河武山

续图 5-13

5.4　径流量及影响因子的多尺度关系

利用 EEMD 方法将 5 个流域的径流量、NDVI、降水、蒸发和气温数据分解成 4 个本征模函数 IMF 和 1 个残差(见图 5-14)。一组多元数据经过分解之后,不同的变量在相同的 IMF 中通常具有相同的振荡数量,所以它们的振荡频率相似。

每个流域不同因子的 IMF 对应的时间尺度的平均值代表该 IMF 对应的特征尺度(见表 5-6)。藉河流域 IMF1、IMF2、IMF3、IMF4 对应的特征尺度为 3. 18 年、6. 80 年、14. 45 年、29. 50 年;牛头河流域 IMF1、IMF2、IMF3、IMF4 对应的特征尺度为 3. 13 年、6. 65 年、16. 60 年、28. 90 年;散渡河流域 IMF1、IMF2、IMF3、IMF4 对应的特征尺度为 2. 92 年、6. 84 年、13. 21 年、38. 10 年;渭河武山站 IMF1、IMF2、IMF3、IMF4 对应的特征尺度为 3. 03 年、6. 13 年、16. 80 年、28. 9 年;葫芦河流域 IMF1、IMF2、IMF3、IMF4 对应的特征尺度为 3. 27 年、6. 53 年、14. 45 年、28. 90 年。不同范围的研究区,径流量的时间尺度较为接近,4 个本征模函数对应的平均时间尺度也较为相似,表明径流的发生过程尺度比较类似。

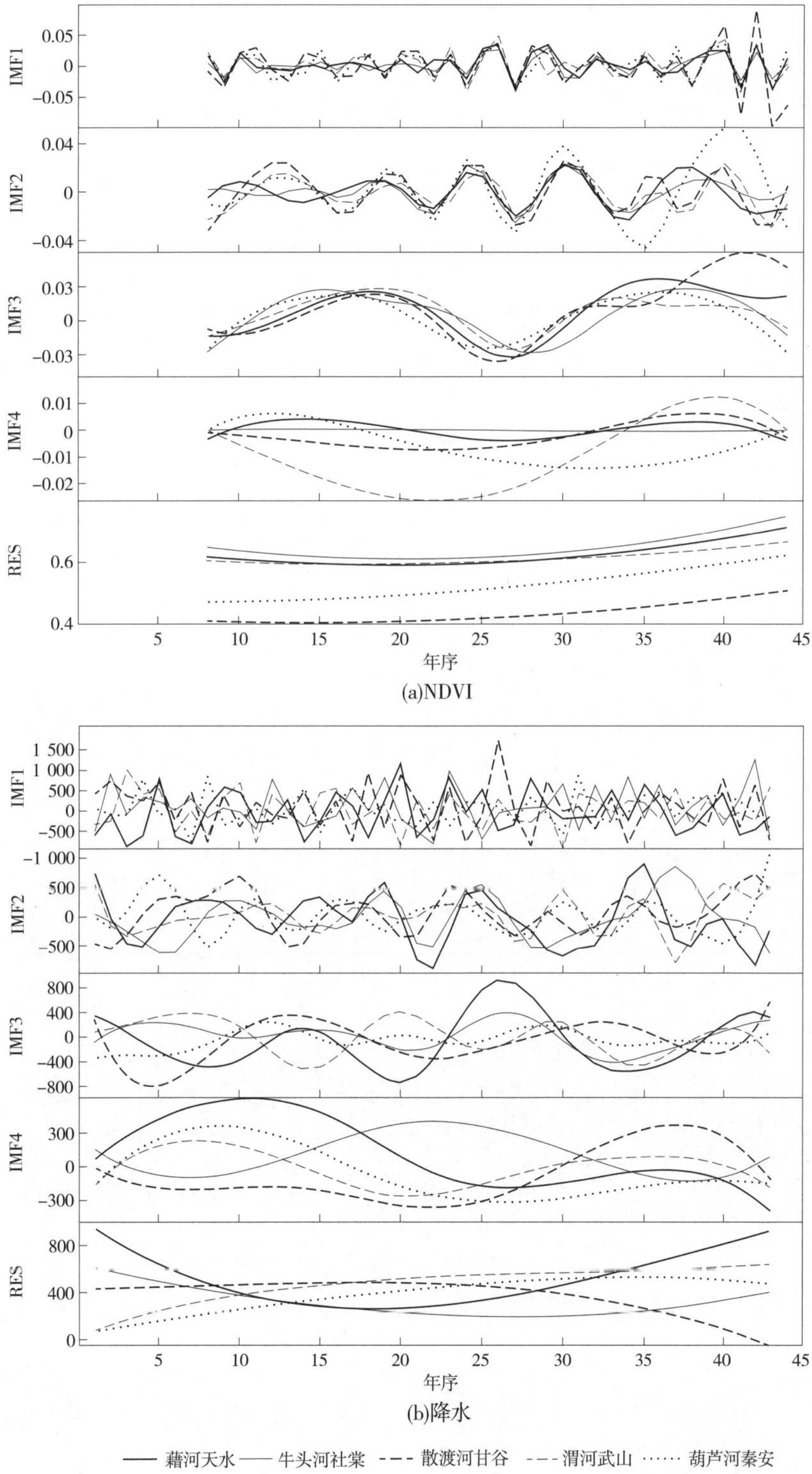

(a)NDVI

(b)降水

图 5-14　基于 EEMD 模型分解的径流量及其影响因子的本征模函数和残差

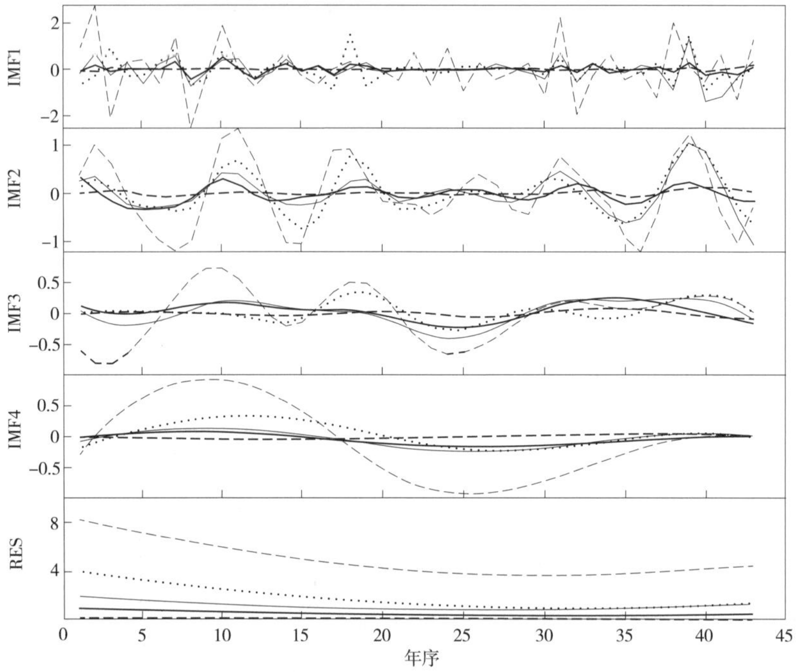

(c)径流量

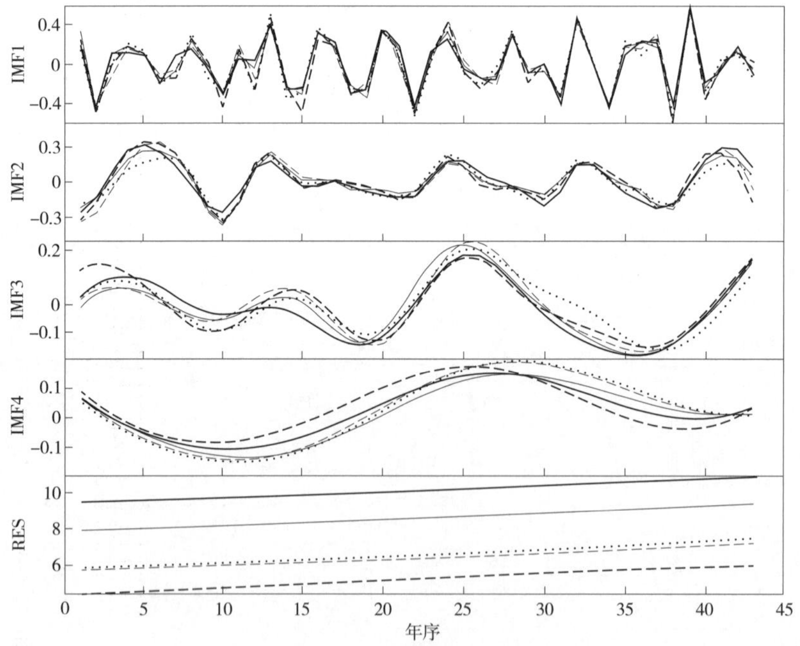

(d)气温

续图 5-14

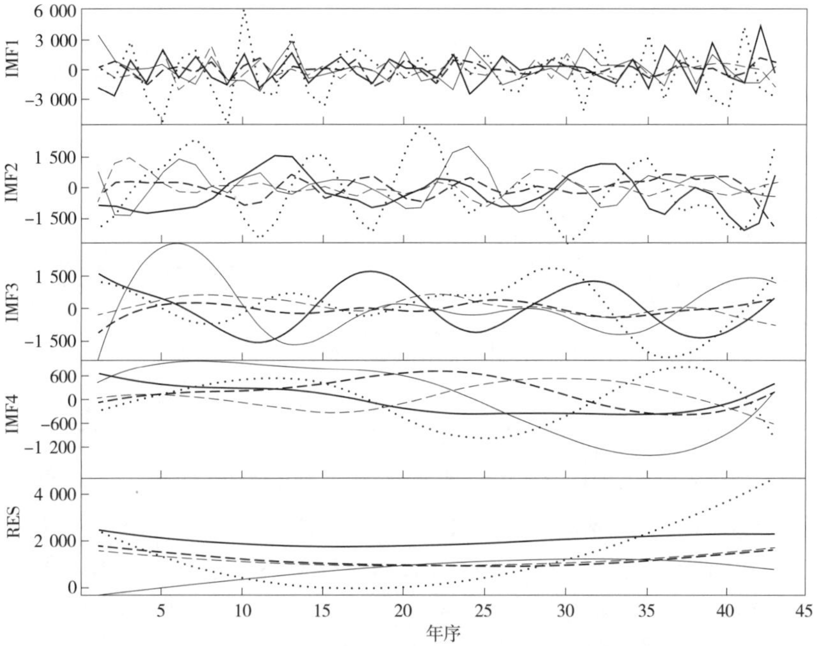

(e)蒸发

续图 5-14

表 5-6　径流量及其影响因子本征模函数(IMF)的尺度　单位:年

流域	IMF	径流量	NDVI	降水	蒸发	气温	均值
藉河	IMF1	3.07	3.36	3.30	2.87	3.31	3.18
	IMF2	7.17	7.40	6.14	7.17	6.14	6.80
	IMF3	14.33	18.5	10.75	14.33	14.33	14.45
	IMF4	21.50	18.5	43.00	21.5	43	29.50
牛头河	IMF1	2.87	3.08	3.07	3.58	3.07	3.13
	IMF2	7.17	7.4	5.38	6.14	7.17	6.65
	IMF3	14.33	18.5	21.50	14.33	14.33	16.60
	IMF4	21.50	37	21.50	21.5	43	28.90
散渡河	IMF1	2.68	3.08	3.07	2.69	3.07	2.92
	IMF2	6.14	6.17	7.16	6.14	8.60	6.84
	IMF3	14.33	12.33	10.75	14.33	14.33	13.21
	IMF4	43	18.5	43	43	43	38.10

续表 5-6

流域	IMF	径流量	NDVI	降水	蒸发	气温	均值
渭河武山	IMF1	3. 07	2. 84	2. 87	3. 31	3. 07	3. 03
	IMF2	7. 17	6. 17	5. 38	4. 78	7. 17	6. 13
	IMF3	14. 33	12. 33	14. 33	21. 5	21. 5	16. 80
	IMF4	21. 50	37	21. 5	21. 5	43. 00	28. 90
葫芦河	IMF1	3. 58	3. 08	3. 31	3. 31	3. 07	3. 27
	IMF2	7. 17	7. 4	7. 17	4. 78	6. 14	6. 53
	IMF3	10. 75	18. 5	10. 75	21. 50	10. 75	14. 45
	IMF4	21. 50	37	21. 50	21. 50	43. 00	28. 90

各流域径流量及其影响因子的 IMF 所表征的残差贡献率不同。由表 5-7 可知,5 个流域的径流量的方差贡献率均集中在 IMF1 和 IMF2 处。藉河、牛头河、渭河武山流域径流量的 IMF1 和 IMF2(19. 39%和 16. 70%、37. 77%和 23. 88%、22. 85%和 9. 89%)所对应尺度为 3 年和 7 年;散渡河流域径流量的 IMF1 和 IMF2(68. 39%和 49. 91%)所对应尺度同样为 3 年和 6 年;葫芦河流域径流量的 IMF1 和 IMF2(17. 11%和 11. 82%)所对应的时间尺度为 4 年和 7 年。其他影响因子的 IMF 方差贡献率表明,NDVI 除葫芦河流域主要分布在 IMF1 和 IMF2 及残差处,其余流域主要分布在 IMF1 和 IMF3 及残差部分。藉河、牛头河流域降水的主要表征尺度主要分布在 IMF1 和 IMF3(5. 58%和 3. 11%、34. 12%和 18. 91%)处,散渡河、渭河武山站降水主要分布在 IMF1 和 IMF2(37. 87%和 26. 08%、33. 85%和 24. 50%)处,葫芦河流域降水主要分布在 IMF1 和 IMF4(34. 61%和 17. 41%)处。

表 5-7 径流量及其影响因子的本征模函数(IMF)和残差占原始数据方差的百分比 %

流域	因子	IMF1	IMF2	IMF3	IMF4	残差
藉河	径流量	19. 39	16. 70	10. 43	3. 24	26. 24
	NDVI	13. 85	5. 40	13. 20	0. 39	55. 24
	降水	5. 58	2. 30	3. 11	0. 13	1. 76
	蒸发	14. 22	5. 54	5. 64	0. 93	0. 73
	气温	17. 36	6. 11	3. 99	1. 77	55. 89
牛头河	径流量	37. 77	23. 88	7. 17	3. 05	15. 50
	NDVI	9. 57	4. 95	14. 09	0. 01	26. 96
	降水	34. 12	10. 53	18. 91	1. 57	2. 29
	蒸发	19. 07	6. 87	4. 61	1. 93	0. 62
	气温	19. 72	5. 22	2. 69	2. 71	53. 11

续表 5-7

流域	因子	IMF1	IMF2	IMF3	IMF4	残差
散渡河	径流量	68. 39	49. 91	38. 12	13. 66	74. 32
	NDVI	31. 18	6. 78	17. 2	0. 42	23. 99
	降水	37. 87	26. 08	20. 76	4. 02	2. 80
	蒸发	8. 22	3. 89	0. 55	1. 01	0. 36
	气温	22. 66	8. 05	2. 43	2. 52	53. 62
渭河武山	径流量	22. 85	9. 89	3. 03	8. 74	22. 23
	NDVI	27. 68	9. 45	10. 88	9. 67	20. 40
	降水	33. 85	24. 50	3. 41	2. 25	9. 11
	蒸发	7. 18	4. 21	1. 95	1. 32	0. 75
	气温	19. 16	7. 06	2. 78	2. 42	52. 24
葫芦河	径流量	17. 11	11. 82	1. 41	2. 92	38. 93
	NDVI	14. 78	15. 29	7. 44	2. 32	59. 4
	降水	34. 61	8. 32	5. 03	17. 41	10. 34
	蒸发	23. 25	5. 12	10. 03	3. 62	6. 41
	气温	18. 78	6. 11	1. 79	3. 32	48. 86

第 6 章 不同尺度径流模拟及影响因素分析

利用 SWAT 模型对不同汇水面积尺度径流进行模拟研究,分析径流在不同面积下的尺度效应;采用一元线性回归方法分析研究时间段内的产水量年际变化,通过地理探测器对区域产水量空间分布进行归因分析。构建研究区水文模型,并利用实测数据进行率定和验证;运用已建立的模型,通过情景组合法,将不同的降水、气温数据和土地利用数据进行情景设计。设 14 种情景方式,控制单因素变量,分析不同情景下流域地表径流的尺度效应。

6.1 汇水面积尺度划分及径流特征

6.1.1 汇水面积尺度划分

本书通过将咸阳水文站单个站点作为出口站,对流域内进行最小汇水面积(HRU)的划分,形成不同大小的子流域。HRU 是在 SWAT 模型中进行径流模拟的最小计算单元,主要是根据索引表确定土地利用类型、土壤类型和坡度的阈值,通过 HRU 模块划分子流域,因此最小汇水面积的设置对于划分子流域具有重大意义。当最小汇水面积的阈值设置过小时,可能会引起子流域数量过多,从而增加小且狭长的虚假子流域数量,这也就对模型模拟的计算速度要求较高,并且增加了计算量,最终可能使模拟结果的精确性产生很大的误差。本书基于 30 m × 30 m 分辨率的数字高程数据,设定 9 种最小汇水面积阈值,在渭河干流上中游区域将子流域进行划分,如表 6-1 所示,计算 9 种汇水面积划分的子流域特征参数。在不同汇水面积阈值下,模拟流域 2001—2012 年年均径流量,继续采用纳什效率系数(NS)来定量表示不同 HRU 数量引起的年均径流量相对偏差。

表 6-1 不同汇水面积阈值划分的特征参数数量

最小汇水面积阈值/hm^2	HRU 数量/个	子流域数量/个
5 000	2 496	545
8 000	1 542	323
9 000	1 362	287
10 000	1 249	261
11 000	1 182	247
12 000	1 094	229
15 000	866	181
20 000	588	129
50 000	245	55

咸阳水文站不同汇水面积产流模拟的年均径流结果见表 6-2。随着最小汇水面积的减小,相对偏差差别不大,并且在汇水面积为 10 000 hm^2 时 NS 值达到最大值 0. 85,而在汇水面积 11 000 hm^2 时减小,到汇水面积 50 000 hm^2 时,NS 的值达到最小值 0. 79。产生这种现象的原因主要是随着汇水面积的减小,子流域数量增多,导致研究区域产生了比较多既狭长又很小的子流域,造成与河道的实际情况存在差异,当增加最小汇水面积达到阈值 10 000 hm^2 时,子流域的划分比较符合河道的实际情况。这也说明最小汇水面积的划分对于流域年均径流的模拟有较大影响,合理划分最小汇水面积对于减少径流模拟结果的不确定性有重要意义。对于渭河干流上中游区域,采用 12 个气象观测站数据,通过 9 种汇水面积的划分,根据模拟结果同时考虑输出结果的精度和提高效率两方面因素,研究区的合理划分汇水面积为 10 000 hm^2。

表 6-2　咸阳水文站不同汇水面积产流模拟的年均径流结果

最小汇水面积/hm^2	子流域数量	R^2	NS
5 000	545	0. 80	0. 80
8 000	323	0. 80	0. 80
9 000	287	0. 80	0. 80
10 000	261	0. 95	0. 85
11 000	247	0. 80	0. 80
12 000	229	0. 80	0. 80
15 000	181	0. 81	0. 80
20 000	129	0. 80	0. 80
50 000	55	0. 80	0. 79

6. 1. 2　不同汇水面积的空间尺度径流特征

在采用 SWAT 模型对渭河流域各尺度径流模拟的基础上,统一选择 2001—2012 年的实测径流数据,通过 SWAT-CUP 中的 SUFI-2 方法进行径流率定。从汇水面积尺度 5 000~50 000 hm^2 的径流模拟效果可知,图 6-1 是划分不同空间尺度的模拟对比。整体上划分的尺度模拟对比没有较大的差别,在进行率定后都能较好地模拟渭河流域的径流过程,每个空间尺度都可以模拟出径流过程的总趋势。2003 年和 2005 年的径流峰值模拟较差,模拟值要小于实测值,其余年份 SWAT 模型都能较好地模拟每年的峰值,与实测数据符合,实测径流量大的月份反而模拟值偏小,可能的原因是模型参数具有不确定性。2001—2012 年的模拟低值要比实测低值低,但差异不大。

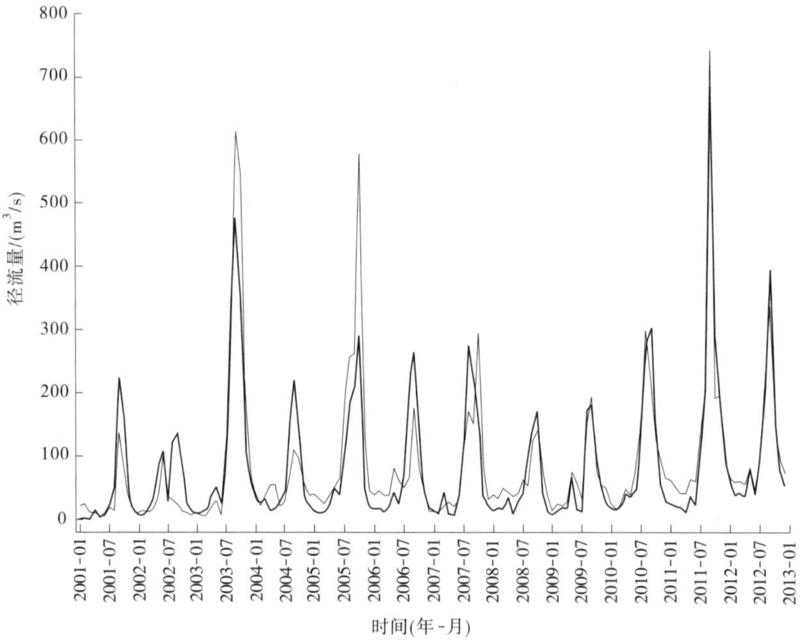

(a)5 000 hm^2

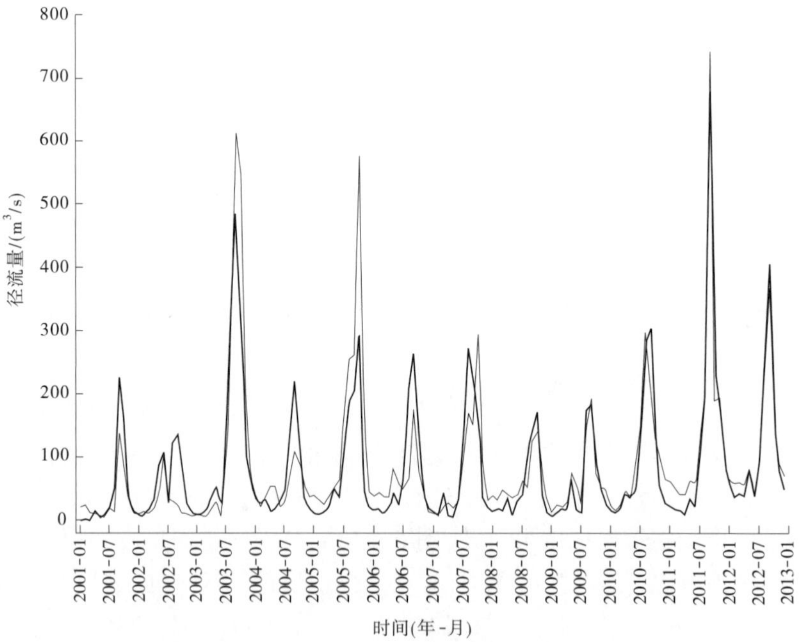

(b)8 000 hm^2

图 6-1　不同空间尺度模拟对比

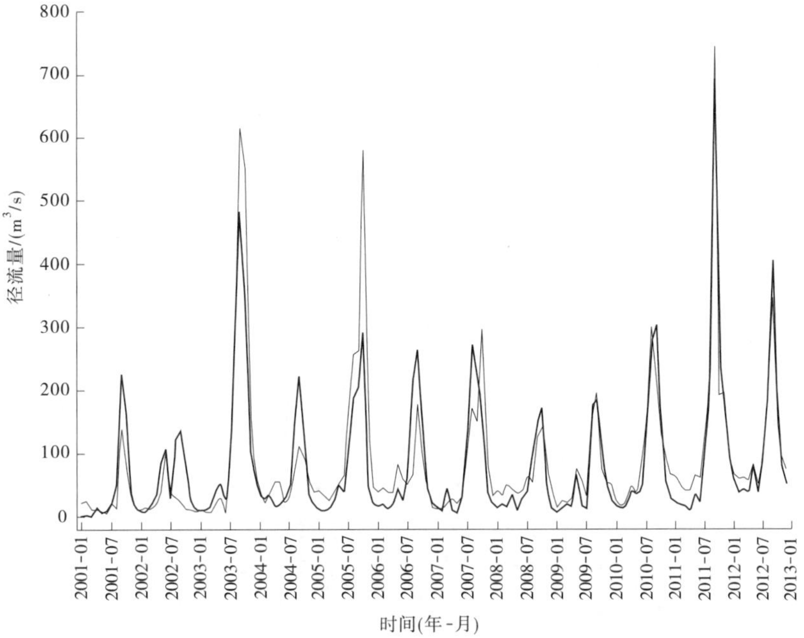

(c)9 000 hm^2

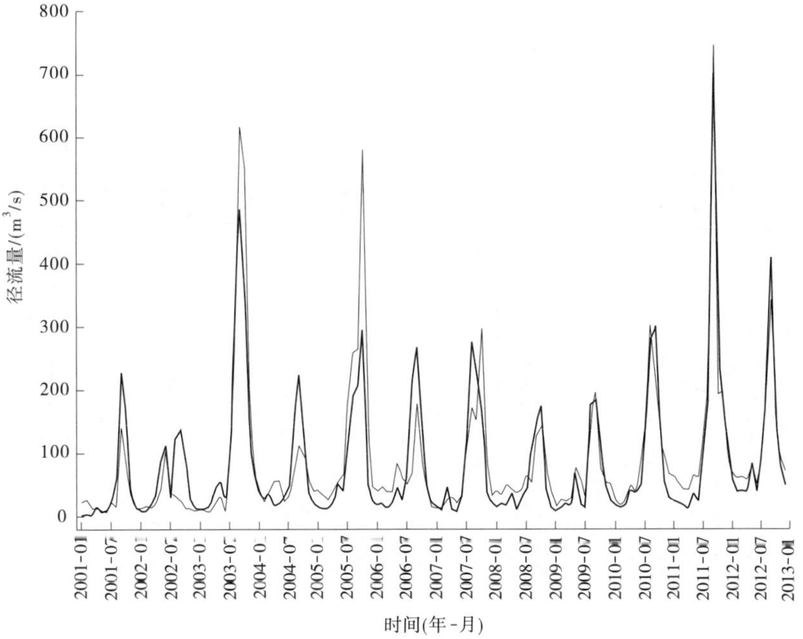

(d)11 000 hm^2

续图 6-1

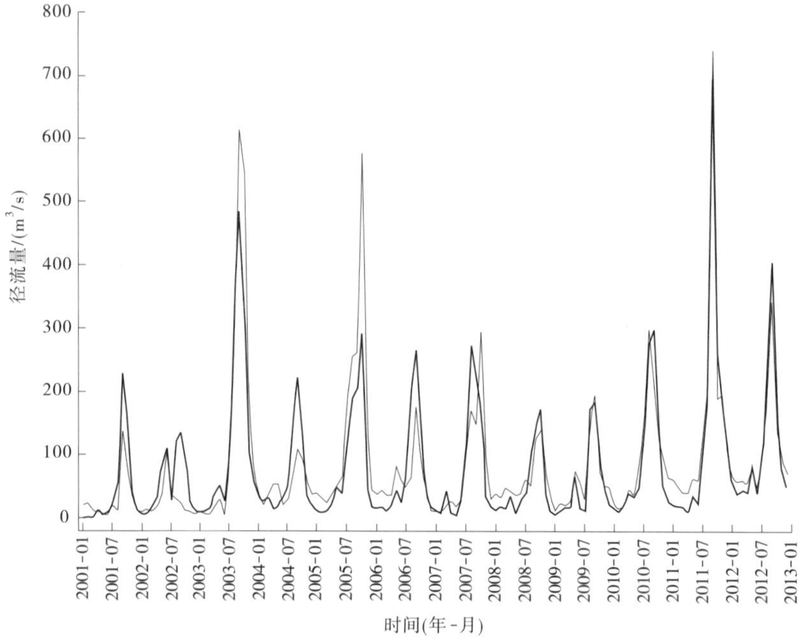

(e)12 000 hm²

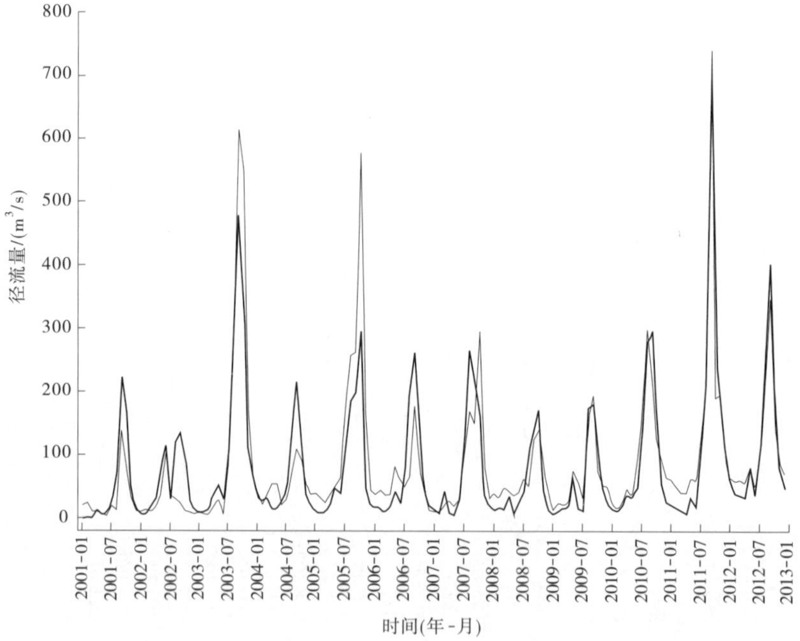

(f)15 000 hm²

续图 6-1

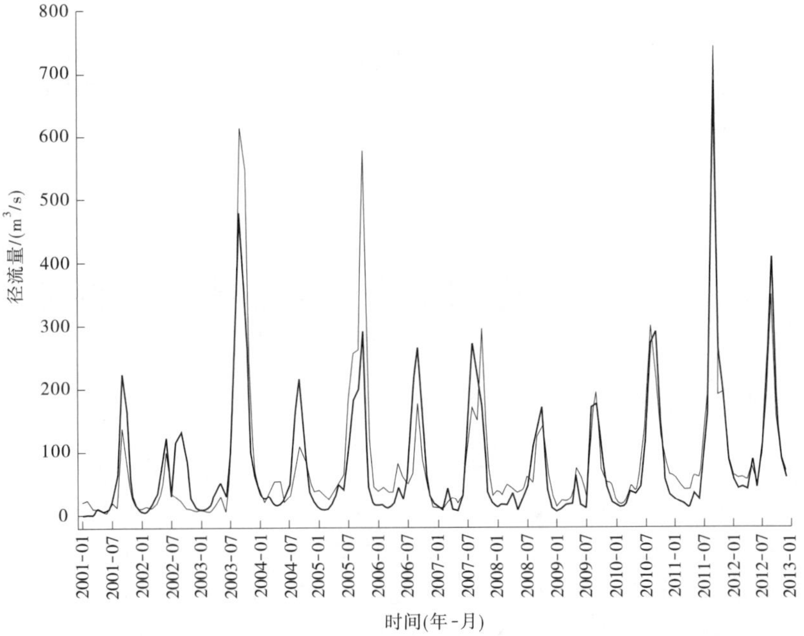

(g)20 000 hm^2

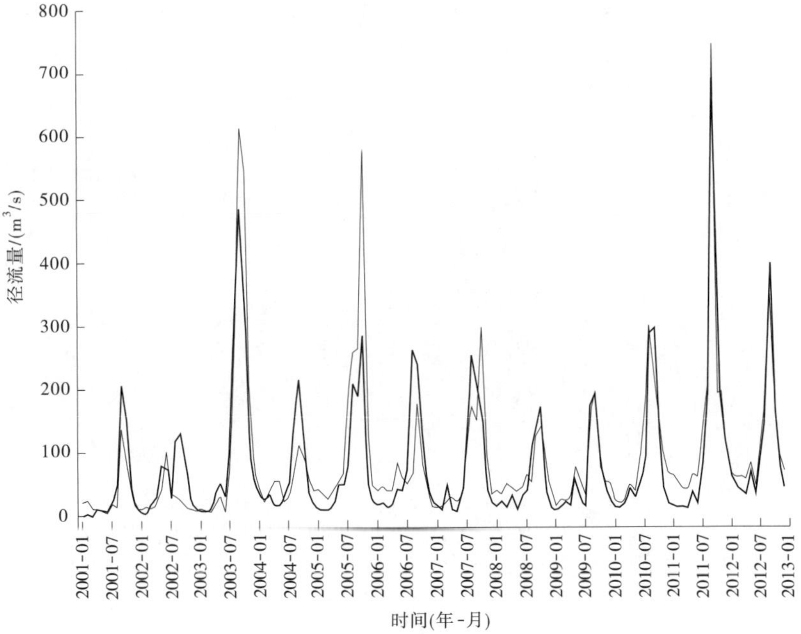

(h)50 000 hm^2

—— 实测值　—— 模拟值

续图 6-1

当最小汇水面积阈值是 5 000 hm² 时,2003 年和 2005 年模拟峰值要比实测径流量小,2001 年、2004 年和 2006 年模拟峰值要比实测径流量大,其他年份模拟值与实测值基本一致,这说明 SWAT 模型对研究区模拟径流峰值还有一定的偏差,这可能是由于集中降水的时间径流变化较大,模型不能及时反映集中降水带来的径流变化。最小汇水面积阈值设置为 8 000 hm²、9 000 hm²、11 000 hm²、12 000 hm²、15 000 hm²、20 000 hm²、50 000 hm² 时,模拟峰值比实测径流量小(集中在 2003 年和 2005 年),模拟峰值比实测径流量大(集中在 2001 年、2004 年和 2006 年),其他年份模拟值与实测值基本一致。

6.2　最佳汇水面积下产水量影响因素分析

6.2.1　产水量空间变化特征

本书选择模拟效果最佳的汇水面积尺度 10 000 hm²,通过克里金插值法,将验证期(2009—2012 年)模拟输出结果 261 个子流域平均产水量进行插值,得到 SWAT 模型模拟产水量空间分布情况(见图 6-2)。渭河干流上中游区域产水量空间差异显著,如图 6-2 所示,产水量空间格局表现趋势是从东南向西北递减,年产水量最大值出现在研究区最南部,单位面积产水量为 243. 13~336. 85 mm。其中多年平均产水量最大值位于东南部山区 259 号子流域,单位面积产水量值达 325. 6 mm。渭河产水量东南向西北逐渐递减的趋势与降水一致,东南部降水丰富区域对应产水量较大区域,降水偏少区域对应产水量较低区域。也就是说,研究区产水量空间分布格局与降水息息相关,同时受地形地貌的影响。

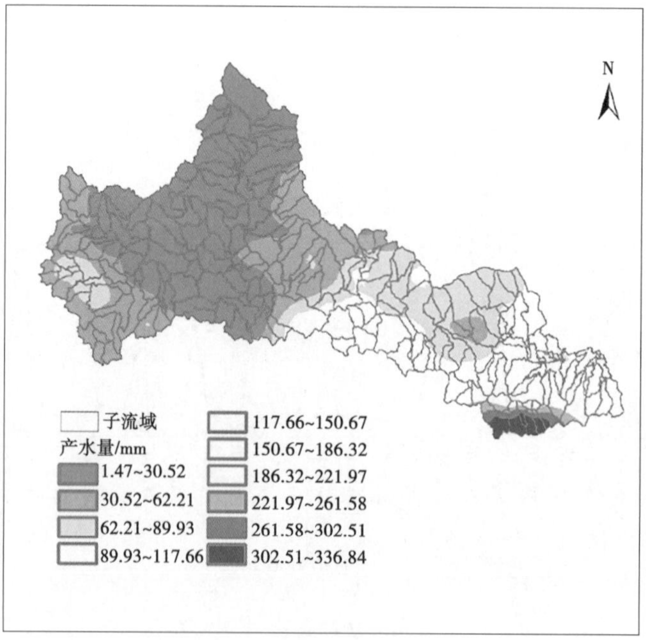

图 6-2　SWAT 模型模拟多年平均产水量空间分布

图 6-3 是 2001—2012 年产水量根据一元线性回归法计算的年际变化趋势的空间分布。由图 6-3 可知，在研究时段产水量增长趋势明显，产水量减小区域处于图中的西南、西北和中部，其余地区都以增加趋势为主。东部增加趋势显著，与多年产水量空间分布格局较为一致。

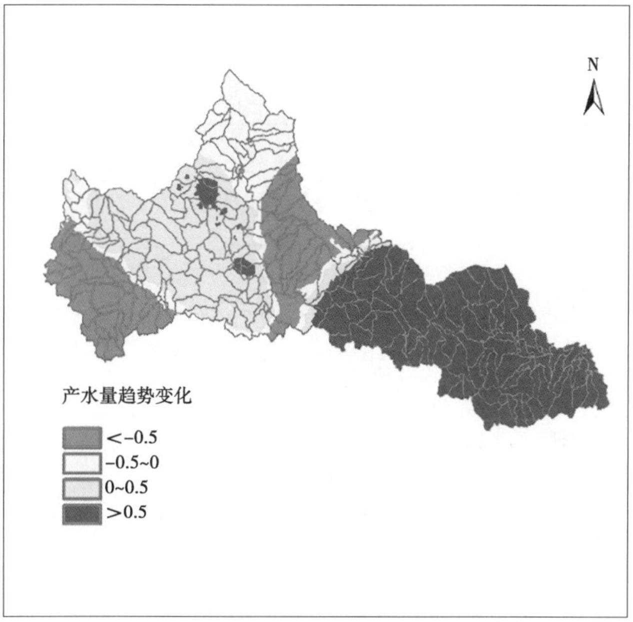

图 6-3　产水量年际空间分布变化

6.2.2　产水量变化影响因素分析

在地理探测器中，某一自变量的改变会引起对应因变量产生相应的变化，这可以看作两个变量在空间布局中的分布是相似的。探索空间异质性是地理探测器的本质，主要依靠因子探测器、生态探测器、交互作用探测器和风险因子探测器 4 部分来实现。相较于其他统计学方法，该方法不仅可以用于数值型变量，同时对定性数据也较为适用。

本书采用 SWAT 模型验证期 2009—2012 年的计算成果，选用其中 261 个子流域的多年平均产水量进行地理探测器分析，自变量影响因素有坡度、高程、降水、蒸散发、蒸发、耕地占比、林地占比、草地占比、水域占比、城市用地占比、未利用土地占比，将各个因子通过 K 均值分类后输入地理探测器中进行运算。因变量产水量是每个子流域 2009—2012 年的平均值，自变量气象数据中选择降水、蒸散发和蒸发影响要素的多年平均值，土地利用数据选择每个类型的面积占比，最终选择 2010 年土地利用数据。本书自变量是 SWAT 模型输出的数值量，需要进行离散化处理，离散数据分级如表 6-3 所示。

6.2.2.1　因子探测

根据因子探测器可以计算得到自然、人文因子对产水量空间分布的解释力，也就是 q 值，q 值越大，表明某因子对产水量空间分布影响力越大。

表 6-3 影响因子指标分类

地表因子	分级数	气象因子	分级数	土地利用类型面积占比	分级数
坡度	5	降水	6	耕地	5
高程	6	蒸散发	8	林地	5
		蒸发	7	草地	5
				水域	5
				城市用地	5
				未利用土地	4

$$q = 1 - \frac{\sum_{h=1}^{L} N_h \sigma_h^2}{N\sigma^2} \tag{6-1}$$

式中：h 为变量 NDVI 属性 Y 或自然、人文因子 X 的分层，$h=1,\cdots,L$；N_h 和 N 分别为 h 层和全区的单元数；σ_h^2 和 σ^2 分别为 h 层和全区的 Y 值的方差。

因子探测器可以揭示各因子对产水量空间分布的影响大小，可以根据因子影响大小为模型模拟确定关键参数，进行模型的调参和率定。将产水量分为 2009—2012 年时间段，表 6-4 是验证期各自然、人文因子对产水量空间分布格局的影响力。验证期各自然、人文因子对流域内产水量空间分布格局的影响大小排序为：降水（0.857）>蒸散发（0.661）>蒸发（0.655）>坡度（0.554）>林地占比（0.473）>耕地占比（0.351）>草地占比（0.175）>高程（0.123）>城市用地占比（0.038）>未利用土地占比（0.016）>水域占比（0.012）。

表 6-4 2009—2012 年产水量影响因素 q 值

因子	坡度	高程	降水	蒸散发	蒸发	耕地占比	林地占比	草地占比	水域占比	城市用地占比	未利用土地占比
q 值	0.554	0.123	0.857	0.661	0.655	0.351	0.473	0.175	0.012	0.038	0.016
p 值	0	0	0	0	0	0	0	0	0.942	0.689	0.258

从各因子 q 值来看，降水、蒸散发和蒸发因子都达到 60%以上，这说明气象要素相较于其他因素对流域产水量的影响力更大，其中降水是影响流域产水量的直接因素。坡度对产水量影响力达到 55.4%，属于次要影响因子。土地利用各类型占比对产水量空间分布的影响要小于自然要素，其中林地占比和耕地占比相对于其他土地利用类型占比解释力更强，q 值在 35%以上，草地占比次之。其他土地利用类型占比不超过 5%，表明这 3 类土地利用类型占比因子对流域产水量空间分布没有直接影响，影响力相对较小。研究时段内自然因子要比人文因子影响力更大。

由因子探测结果可知，研究区流域产水量的空间格局很大程度上受自然因素降水和蒸散发的影响，同时受地形地貌的影响。降雨在渭河流域可以认为是地表径流的最有效来源，也就是影响径流的不可或缺因素，研究区产水量的大小与降水的丰枯程度有很大关系,从而影响产水量的空间分布格局。另外,土地利用类型发生变化时减少了进入河流的水量,加强了土壤蓄水能力,同时可以涵养水源,能够在一定程度上控制水土流失。

6.2.2.2　生态探测

生态探测器主要通过对比自然、人文因子两者之间对产水量空间分布格局是否存在显著差异,用统计量 f 表示。举例来说,比较因子 X_1 比 X_2 是否对产水量空间分布更具有影响力。

$$f=\frac{N_{X_1}(N_{X_2}-1)\alpha_{X_1}}{N_{X_2}(N_{X_1}-1)\alpha_{X_2}} \tag{6-2}$$

$$\alpha_{X_1}=\sum_{h=1}^{L_1}N_h\sigma_h^2$$

$$\alpha_{X_2}=\sum_{h=1}^{L_2}N_h\sigma_h^2$$

式中:N_{X_1} 及 N_{X_2} 分别为两个自然因子的样本数量;α_{X_1} 和 α_{X_2} 分别为由两个自然因子形成分层的层内方差之和;L_1 和 L_2 分别为变量 X_1 和 X_2 分层数目。

生态探测主要用来表示各自然、人文因子对研究区产水量空间格局的影响是否存在显著性差异。在置信度 95%情况下,Y 表示两种因子对流域产水量空间分布的影响存在显著性差异,N 表示无显著性差异(置信度 95%),统计检验结果如表 6-5 所示。降水与其

表 6-5　生态探测结果

因子	坡度	高程	降水	蒸散发	蒸发	耕地占比	林地占比	草地占比	水域占比	城市用地占比	未利用土地占比
坡度											
高程	Y										
降水	Y	Y									
潜在蒸散发	Y	Y	Y								
蒸发	Y	Y	Y	N							
耕地占比	Y	Y	Y	Y	Y						
林地占比	Y	Y	Y	Y	Y	Y					
草地占比	Y	N	Y	Y	Y	Y	Y				
水域占比	Y	N	Y	Y	Y	Y	Y	Y			
城市用地占比	Y	N	Y	Y	Y	Y	Y	N	N		
未利用土地占比	Y	N	Y	Y	Y	Y	Y	Y	N	N	

他因子对流域产水量空间格局影响存在显著性差异，进一步表明，降水因子对流域产水量的影响最大。高程与草地占比、水域占比、城市用地占比和未利用土地占比因子对流域产水量空间分布的影响没有显著性差异，与其他因子存在显著性差异。潜在蒸散发与蒸发因子对流域产水量空间分布影响无显著性差异，水域占比与城市用地占比、未利用土地占比因子对产水量影响无显著性差异，水域占比、城市用地占比和未利用土地占比因子对流域产水量空间分布存在间接影响。综合各因子发现，自然因子对流域产水量空间分布影响要比人文因子影响更大。

6.2.2.3　**交互作用探测**

此部分主要用于判断各影响要素之间的交互作用。可以根据单一因子、双因子之和、双因子交互作用后的 q 值对比大小，以此来确定交互作用下的两因子对产水量空间格局影响出现增大或减小作用，还是以独立作用为主，也就是主要通过比较 $q(X)$、$q(X_1)+q(X_2)$ 和 $q(X_1 \cap X_2)$ 之间的联系来进行判断，$q(X_1 \cap X_2) > q(X_1)+q(X_2)$ 时是非线性增强关系，$q(X_1 \cap X_2) < q(X_1)+q(X_2)$ 时是双因子增强关系。

交互作用探测器原理是所有因子中任两个因子之间的交互作用对产水量空间分布的影响力大于两因子之和时，因子交互作用呈非线性增强关系，交互作用小于两因子之和时，表示双因子协同增强作用，即没有独立关系（见图 6-4）。其中，降水与其他因子叠加增强了降水对流域产水量空间格局的影响，表现为双因子增强关系，再次证明了降水因子的主导作用。如蒸发∩降水（0.919）>降水∩坡度（0.912）>潜在蒸散发∩降水（0.905）>耕地占比∩降水（0.894）>降水∩高程（0.891）>林地占比∩降水（0.886）>城市用地占比∩降水（0.874）>草地占比∩降水（0.866）>水域占比∩降水（0.859）>未利用土地占比∩降水（0.858）。土地利用类型占比因子与其他因子的交互作用以非线性增强关系为主，如耕地占比与降水、潜在蒸散发、蒸发和坡度因子呈现双因子增强作用，与其他土地利用类型占比呈现非线性增强作用，表示耕地占比因子显著增强了其他土地利用占比因子对产水量的影响。总之，自然环境与人类活动双重影响下对流域产水量空间分布影响更大，双因子之间交互作用不是简单的叠加关系，而是相互增强或非线性增强关系。

6.2.2.4　**风险区探测**

风险因子探测主要依据某一影响因子在各子区域产水量的均值，再通过显著性检验，因子影响下产水量均值越大，子区域的风险性越强。

通过 K–means 分类法将因子分类后，判断各因子类型分区的产水量之间是否存在统计差异。选用显著性水平为 0.05 的 t 检验，统计各因子分区产水量之间的显著性和非显著性个数，如图 6-5 所示。其中，降水、坡度和蒸发通过 K–means 分类法所划分的分类范围内产水量在空间格局变化上最为显著，其显著性个数占到了统计总数的 90%以上，表明这 3 类影响因子不同类别多存在显著性差异，不存在显著性差异的较少，这表明研究区产水量空间格局存在高度风险性。高程和潜在蒸散发因子在相应的分类中产水量在空间分布变化上比较显著，有显著性差异的个数共占 70%以上，也就是说高程和潜在蒸散发因子对于产水量的空间格局的影响以中等风险为主。水域占比和城市用地占比因子，显著性个数总量较低，其中的显著性占比不超过 30%，其余影响要素对产水量空间格局的影响风险性较高。

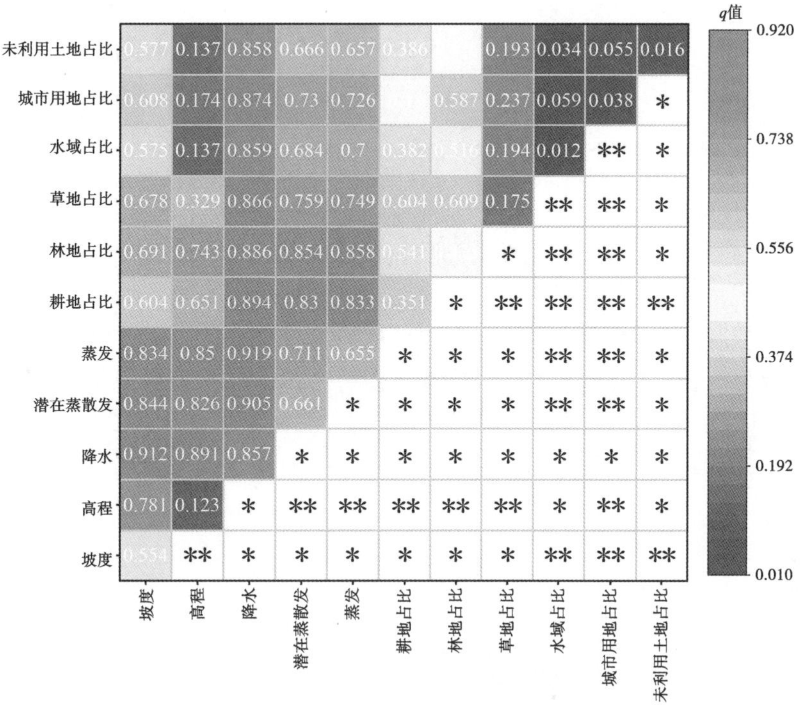

注：∗表示两因子交互作用为双因子增强，∗∗表示两因子交互作用为非线性增强。

图 6-4　因子交互作用探测

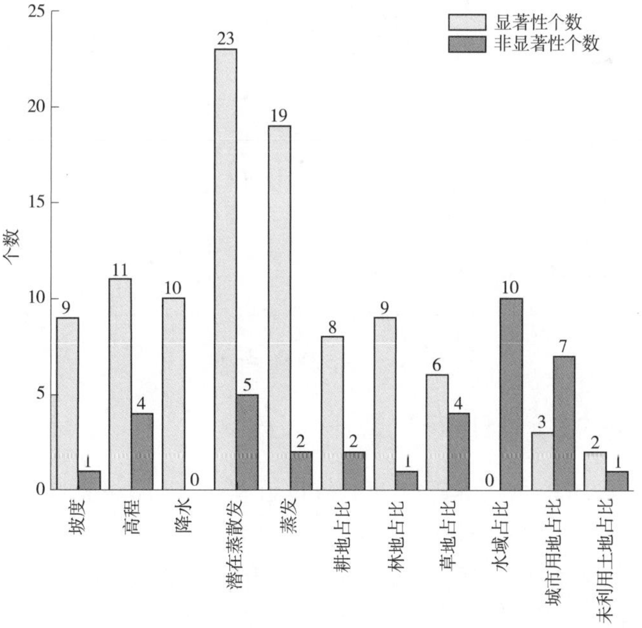

图 6-5　风险因子显著性差异统计

6.3　流域面积尺度划分及径流特征

6.3.1　流域面积尺度划分

流域面积尺度的划分通过不同水文站控制的流域面积大小为依据,多个水文站站点尺度选用的控制测站分别为武山、秦安、北道、咸阳 4 个水文站。表 6-6 是各水文站控制的流域面积大小,其中武山水文站和秦安水文站作为小尺度流域控制站点,北道水文站作为中尺度流域控制站点,咸阳水文站作为大尺度流域控制站点。为了能够展示研究区空间水文过程效果更佳,本书将整个渭河流域根据每个水文站控制流域面积划分成 4 个子流域(见图 6-6),分别为渭河流域武山水文站以上、渭河流域秦安水文站以上、渭河流域北道水文站以上、渭河流域咸阳水文站以上。图 6-6 为 4 个流域子区间内分布的气象站和水文站。

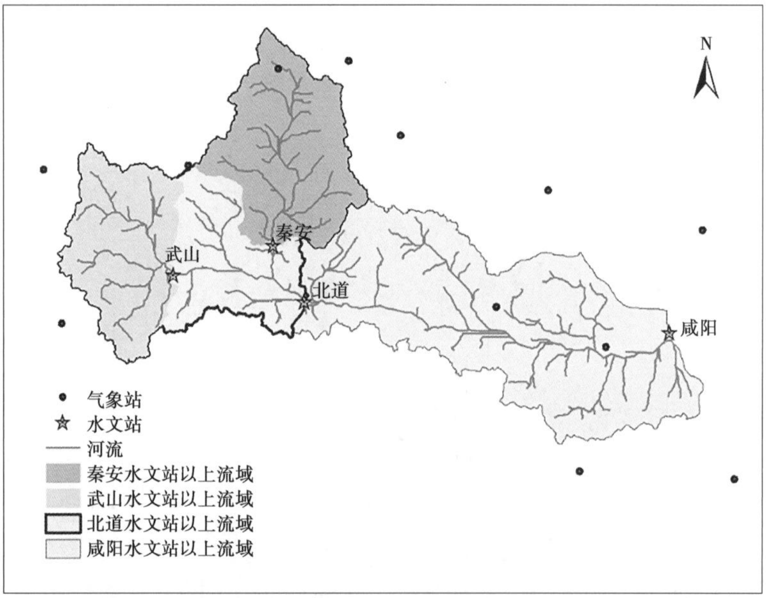

图 6-6　渭河流域子区间

6.3.2　不同流域的空间尺度径流特征

流域多空间尺度模拟采用建模好的参数进行率定,对渭河流域武山、秦安、北道、咸阳 4 个水文站的月径流进行了验证,图 6-7 是 2001—2012 年不同空间尺度模拟结果对比,表 6-6 是 SWAT 模型模拟月径流后的计算结果。由表 6-6 可知,研究区各水文站模拟径流过程的评价指标 R^2 均大于 0.6,NS 值均大于 0.5,模型的适用性评价指标均满足要求。

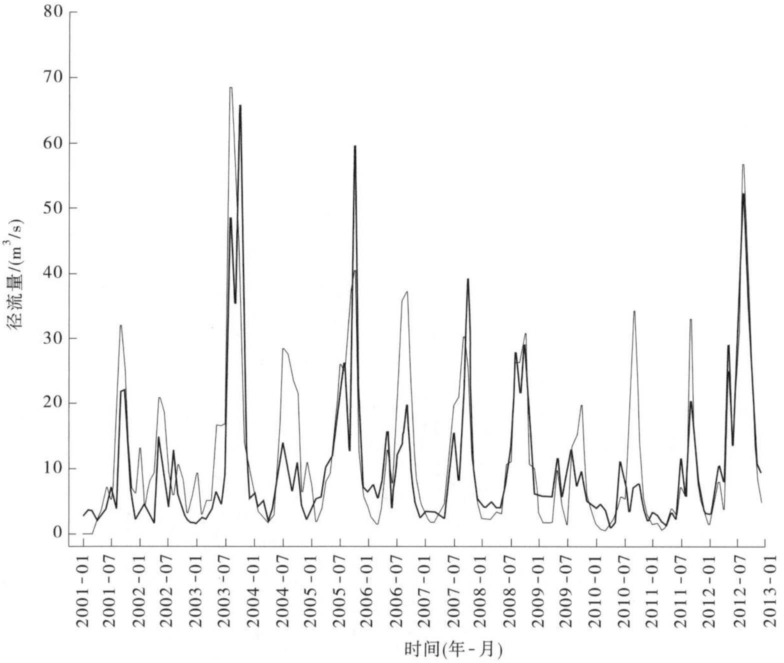

(a)武山水文站

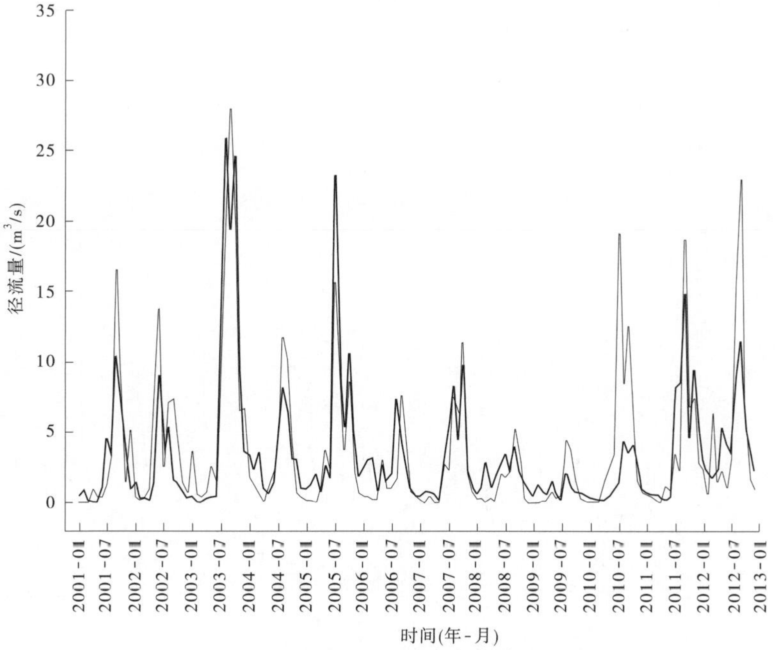

(b)秦安水文站

——实测值 ——模拟值

图6-7 流域尺度径流模拟

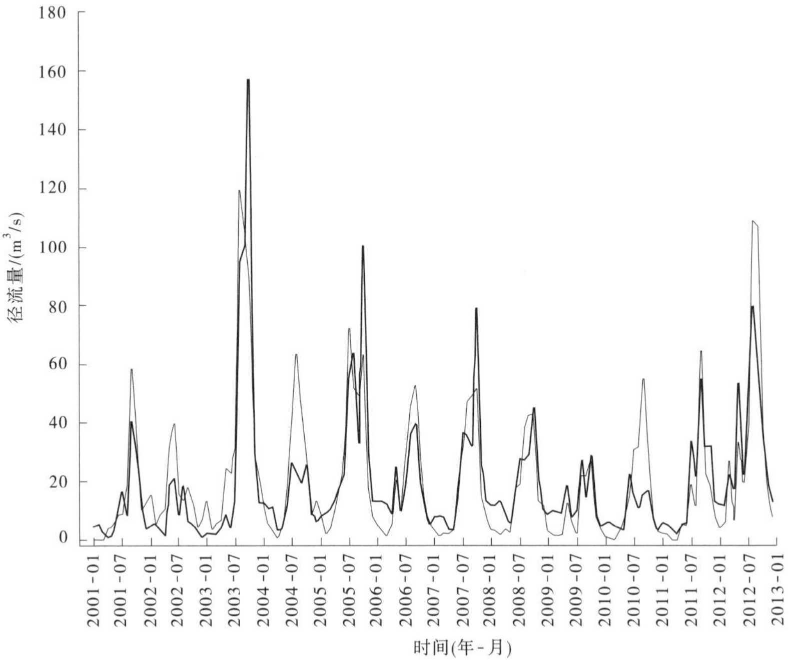

(c)北道水文站

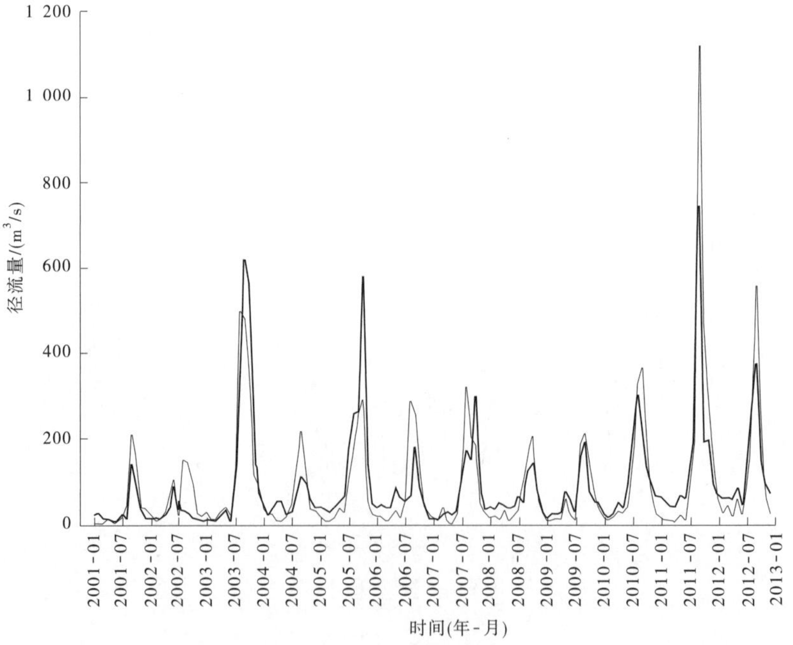

(d)咸阳水文站

续图 6-7

表 6-6　SWAT 模型模拟月径流后的计算结果

水文站	控制流域面积/km^2	R^2	NS
武山	8 080	0.68	0.57
秦安	9 795	0.66	0.53
北道	24 871	0.72	0.67
咸阳	46 827	0.75	0.62

从 NS 值来看，模型不同空间尺度模拟效果中尺度要比流域小尺度和大尺度更好，原因可能是在渭河流域存在一定程度的尺度效应。在不同的子流域中，影响径流要素之间的差异较大。流域面积增加时，降水、气温等气候要素随地形的起伏分布更不均匀，植被、坡度、土壤类型等差异对降雨截留、入渗影响各不相同，出现一定的尺度效应，而且随着流域面积的增加，径流量不断增加。当流域面积达到一定阈值时，模拟效果最好；超过这个阈值时，模拟精度开始降低。秦安水文站模拟效果最差，可能的原因是秦安水文站位于渭河上游的支流上，其他站点都处于渭河干流位置。自实施退耕还林还草政策以来，渭河流域响应国家号召，积极实施水土保持措施，这使得水土保持向积极的方向发展，面积呈逐年增加趋势，这大大减少了近些年渭河流域的径流量。再者，模型也有其自身限制性，其中包含基础数据预处理问题，像 DEM 数据的分辨率，降水、气温等属性数据的精度等；加之模型本身结构也含有不确定性，目前的水文模型一般通过大量的物理经验公式简单描述流域内的水文过程，而流域下垫面的复杂性又导致模型对研究区有一定适用性；SWAT 模型参数较多，其中某些参数包含一定的联系性，导致 SWAT 模型出现同参异效甚至异参同效的现象。

在采用 SWAT 模型对渭河流域各站点径流模拟的基础上，统一选择 2001—2012 年的实测径流数据，并选择使用建模时率定的同一套参数对 4 个水文站进行模拟。由图 6-7 可知，4 个水文站经过率定可以模拟出各个站点径流过程的总趋势。从整体来看，模型对峰值模拟的偏差较大，对谷值的模拟结果比实测径流要低，可能的原因是参数的限制，对不同水文站控制流域适用度不同，需要选择合适的参数进行调整。4 个水文站在 2004—2005 年模拟的径流量峰值与实测数据相差较大，且比实测数据要小，其中武山水文站与北道水文站的年峰值相似，模拟值要比实测峰值低。秦安水文站峰值的模拟效果较差，可能的原因是距离气象站较远，气象数据精度较低。由图 6-7 可见，咸阳水文站的模拟趋势比较符合实测数据，2003—2005 年模拟峰值比实测数据低，2010—2011 年的模拟峰值比实测数据高，可能的原因是参数的差异，采用 SWAT 模型进行模拟时可以选择对地表径流影响较大的参数进行调整。

6.3.3　多站点实测径流与模拟径流分析

采用SWAT模型分析研究区时间尺度上各水文站径流，首先选择各水文站2001—2012年的月、年模拟和实测径流数据，对月均径流量、年径流量数据进行统计并统一绘图（见图6-8）。各站模拟径流量在1—2月出现下降现象，2—9月出现增加现象，与实测径流趋势基本一致，而武山水文站和北道水文站控制流域的实测径流值一直增加到10月。实测径流量在6—9月呈现增加趋势并且速度较快，以咸阳水文站最为明显，这与流域内不同空间尺度的地形、土壤条件等有关。各个水文站模拟值峰值出现在9月，并且出现年内最高径流值，其次是8月和10月，9月后的模拟径流量各站均出现下降情况。实测月

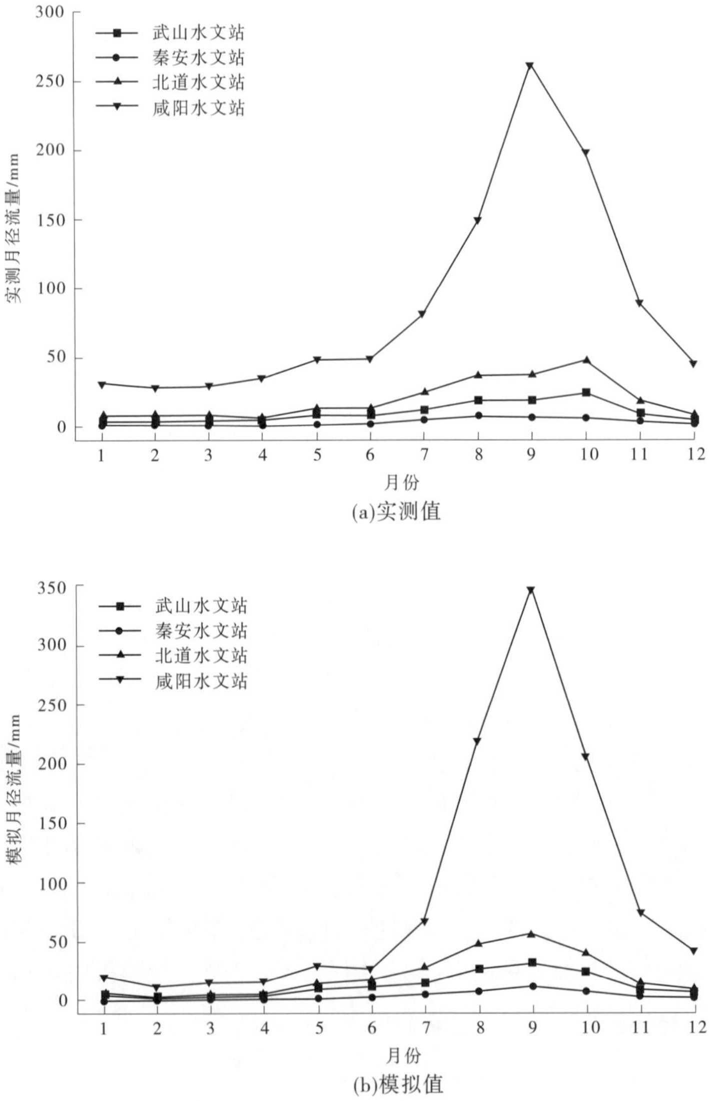

(a)实测值

(b)模拟值

图6-8　不同尺度月实测径流量和模拟径流量对比

径流的径流峰值和下降趋势与模拟径流量存在差异，武山北道水文站的实测径流峰值出现在10月，在10月后实测径流量出现下降趋势，秦安水文站和咸阳水文站的径流峰值出现在9月，在9月后出现径流量下降趋势。

如图6-8所示，径流量下降趋势同时存在差异，各站月模拟径流量的下降速度由快到慢依次为10—11月、9—10月、11—12月，武山水文站和北道水文站的月实测径流下降速度由快到慢依次为10—11月、11—12月，秦安水文站和咸阳水文站的月实测径流与其他两站相比，9—10月也出现下降，仍然是10—11月下降速度最快。可以发现，9月后模拟值与实测值的下降趋势基本一致，可以说明模型输入的气象数据精度较高，降雨空间分布与实测数据比较符合。此外，除径流峰值模拟月份有区别外，咸阳水文站的模拟径流峰值大于实测峰值，这可能与模型本身结构及输出结果的不确定性有关。

对2001—2012年各水文站的年实测和模拟径流量进行统计，如图6-9所示。由图6-9可知，除咸阳水文站以外，其他水文站的年径流量变化趋势规律性不明显。从整体来看，随尺度面积的变化，每个水文站的实测和模拟年径流量都出现增加趋势，秦安水文站由于在渭河支流，模拟效果不如其他尺度。咸阳水文站各年的实测和模拟径流量与其他3个水文站相比变化更明显，可能的原因是水文站控制流域面积越大，流域内的气象、地形、土地利用等情况越复杂。各水文控制站点的实测和模拟径流曲线的取值范围都是独立的，并无重合部分。除咸阳水文站外，其他站点2001—2012年模拟径流与实测径流趋势基本一致。咸阳水文站径流量增加趋势明显，且实测径流较模拟径流更加有波动上升趋势。咸阳水文站除2005年年径流模拟值比实测径流小外，增加趋势基本相同。咸阳水文站模拟值总体明显比实测值大，可能的原因是咸阳水文站控制的流域面积相较其他水文站更大，流域下垫面更加复杂，使模型模拟精度不如其他尺度。

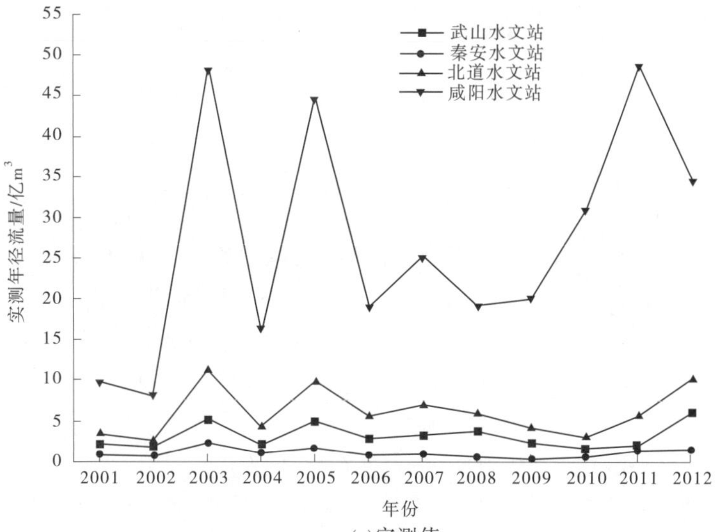

(a)实测值

图6-9　不同尺度年实测径流量和模拟径流量对比

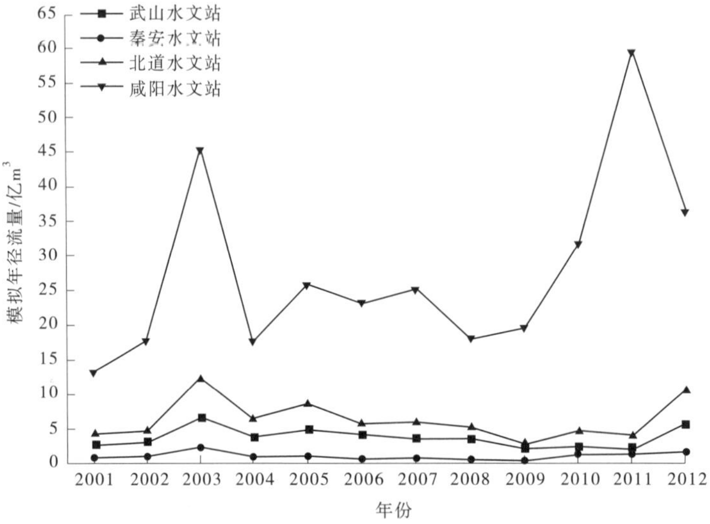

(b)模拟值

续图 6-9

各水文站从 2002—2006 年的实测和模拟径流量波动变化,但秦安水文站的年径流量变化相较其他水文站平缓,除 2003 年外并无明显年际间的波动变化趋势,这表明水文站控制流域面积较小时流域内的径流量变化幅度相对较小,流域面积越大,径流量变化幅度越大。另外,不同尺度流域控制站点在 2001—2008 年的实测径流量变化趋势基本一致,并且径流峰值基本处于 2003 年和 2005 年,径流低值基本处在 2002 年和 2004 年,模拟径流值和实测径流值变化趋势较为相同,这说明 SWAT 模型能较好地模拟出研究区 4 个水文站径流变化趋势。

6.4　流域面积尺度下产水量影响因素分析

6.4.1　流域面积尺度下的因子探测分析

由表 6-7 可知,在武山水文站控制流域,潜在蒸散发因子解释力最大,达到了 0.728,其次是降水和蒸发因子。这可能因为武山水文站控制流域面积较小,降水空间分布差异不明显,西南部山区植被引起的潜在蒸散发量大,从而影响该地区产水量的空间格局。秦安水文站控制流域潜在蒸散发作为主要的驱动因子,其因子影响力达到 0.752,降水影响力次之,且没有较大差别。在北道水文站控制流域,潜在蒸散发对流域产水量的空间格局具有显著影响,降水与潜在蒸散发的影响力都在 0.7 以上。咸阳水文站控制流域,降水因子的影响力明显高于潜在蒸散发和蒸发因子,是影响产水量空间分布格局的主导因子。由表 6-7 发现,在不同的流域面积尺度下,各因子对产水量空间分布格局的影响存在一定的尺度效应。随着流域面积的增加,降水对产水量空间分布格局的影响愈发显著,影响力不断增强,直到在咸阳水文站控制流域降水因子成为影响产水量空间分布格局的主要因素。

表 6-7　流域面积尺度因子解释力(q 值)

水文站	坡度	高程	降水	潜在蒸散发	蒸发	耕地占比	林地占比	草地占比	水域占比	城市用地占比	未利用土地占比
武山	0. 518	0. 362	0. 667	0. 728	0. 655	0. 189	0. 629	0. 124	0. 033	0. 033	0. 146
秦安	0. 01	0. 001	0. 705	0. 752	0. 065	0. 141	0. 042	0. 111	0. 025	0. 056	0. 001
北道	0. 287	0. 333	0. 721	0. 777	0. 450	0. 293	0. 382	0. 104	0. 024	0. 007	0. 028
咸阳	0. 554	0. 123	0. 857	0. 661	0. 655	0. 351	0. 473	0. 175	0. 012	0. 038	0. 016

6. 4. 2　流域面积尺度下的因子交互探测分析

不同流域面积尺度双因子交互作用存在着明显的差异(见图 6-10)。整体上,各个流域面积尺度自然与土地利用因素交互显著,代表着自然环境要素与人类活动要素叠加后

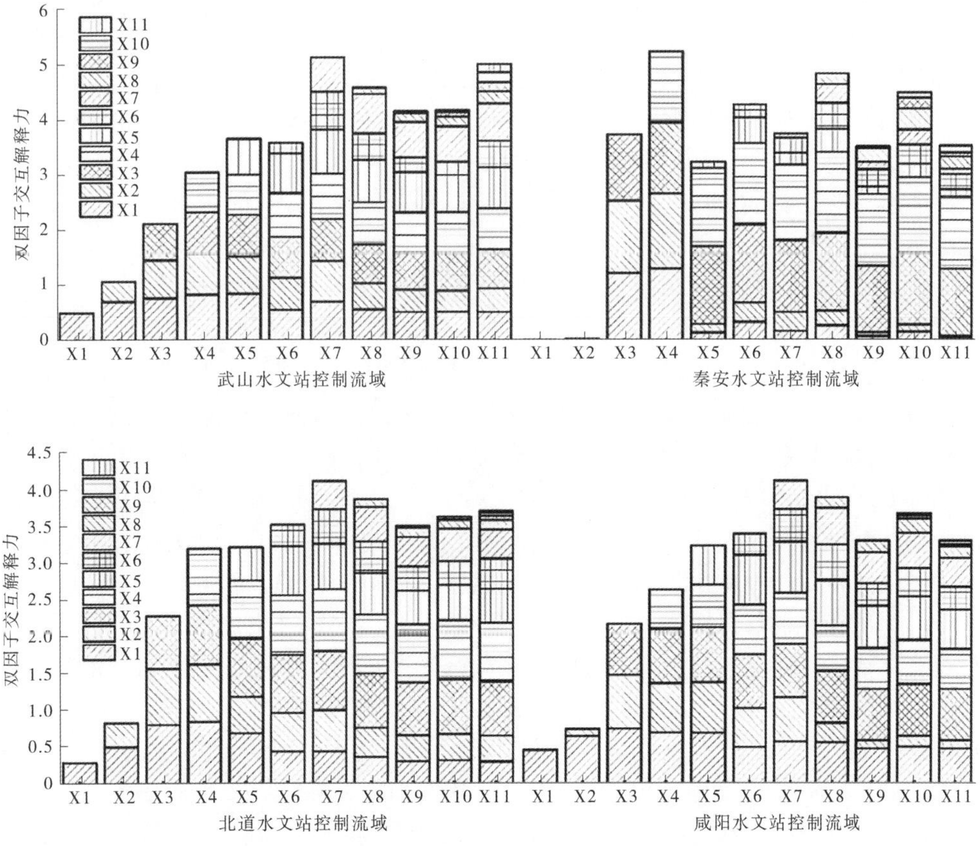

图 6-10　流域面积尺度双因子交互作用解释力

对产水量空间分布格局的综合影响，交互作用结果显示产水量空间分布格局受多种因素影响，任意两个因子的交互作用类型是以非线性增强和双因子增强关系为主，皆不存在独立关系。武山水文站控制流域潜在蒸散发与其他因子的交互作用解释力都在 0.73 以上，降水与其他因子的交互作用解释力在 0.67 以上。秦安水文站控制流域与北道水文站控制流域潜在蒸散发因子与其他因子的交互作用解释力都较高，进一步证明潜在蒸散发、降水因子的主导地位。咸阳水文站控制流域，降水∩潜在蒸散发、降水∩蒸发的解释力达到 0.9 以上，表明降水是影响大尺度产水量空间分布格局的直接因素。因此，流域面积越大，降水与其他因子的交互作用对产水量空间分布格局影响力越明显。

6.5　未来气候和土地利用变化情景下的尺度效应分析

为了响应黄河流域生态保护和高质量发展战略，模拟不同情景下不同空间尺度的径流变化为流域水资源管理提供了方向。研究渭河流域未来水资源的变化，对提高当地生态环境质量、发展可持续健康旅游产业、流域水电安全使用具有实际意义。在气候模式和土地利用变化背景下进行模拟，对开展复杂变化背景下的流域生态系统的适应性和加强水资源利用管理更有利。

本书采用假设情景方法建立渭河干流上中游区域不同空间尺度未来气候变化情景，以气温和降水因子为主，同时构建未来退耕还林、还草下土地利用变化情景。首先通过已有的 DEM 数据、土地利用数据、土壤数据、气象数据等基本数据构建适用于研究区的水文模型。建模后再进行参数率定和验证，最终根据不同气温、降水要素和土地利用数据情景，采用控制单一因素变量法，分析气候变化和退耕还林还草政策的实施对径流的影响。

6.5.1　气温变化情景下不同尺度径流变化

基本设计过程是，在运用 SWAT 模型进行气候变化对渭河流域不同尺度径流的影响分析时，设定的情景需要满足气温实际情况，在未来气候全球变暖大背景下，设置渭河干流上中游 6 种尺度区域气温和降水的范围，控制单一变量，设置多种情景输入模型进行模拟分析，因此本书气温设置为 6 种变化情景：0.5 ℃、-0.5 ℃、1 ℃、-1 ℃、2 ℃、-2 ℃。

图 6-11 是 2001—2012 年平均气温年际变化，由于时间尺度较短，气温在研究时段呈现减少趋势。已有研究表明，未来气温会呈现增加趋势，因此气温情景设置有增有减。情景设置其他要素保持不变，将气温划分成 6 种模式，模拟结果见表 6-8。武山水文站控制流域空间尺度在 6 种气温模式下，与基准径流相比，皆出现径流增加的现象，气温降低时的径流变化要大于气温升高引起的径流变化。秦安水文站控制流域空间尺度在气温增加时出现径流减少趋势，温度增长越高，与基流相比径流减少越明显，气温降低时出现径流增加现象。北道水文站控制流域随气温增加而径流减少，气温降低时径流增加。大尺度咸阳水文站控制流域径流对气温的响应与其他尺度相同。模拟结果在降水与土地利用条件不变的设定下，随流域面积的增加，气温增加，径流呈现逐渐减小趋势；气温减小，径流呈现增加趋势，在大尺度咸阳水文站控制流域尤为明显。这表明在较大尺度中，径流对气温的响应比小流域尺度更加敏感，气温升高时蒸发量对径流的影响要大于融雪。

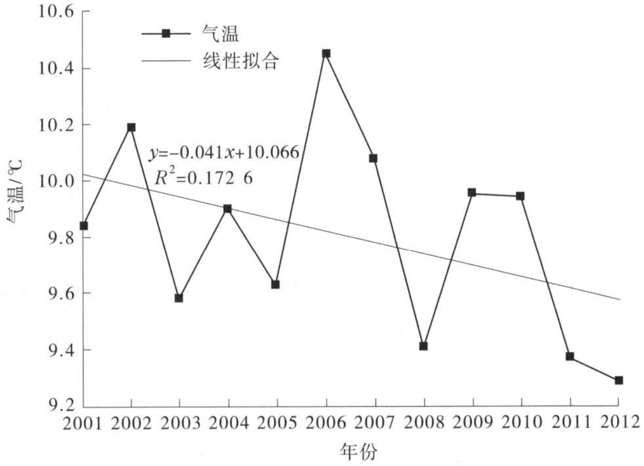

图 6-11　平均气温年际变化

气候变化对径流的影响是复杂的,气温升高时,易引起蒸发量的增加,进而引起地表径流的减少,气温降低时,蒸发量减少,同时气温升高也会导致山地融雪增加,从而增加地表径流。然而,蒸发和融雪径流在气温升高时,出现的冲突效应使地表径流的变化出现不确定性,因此不能直接确定气温升高时,径流增加或者减少。

表 6-8　不同尺度气温情景下径流量变化特征　单位:mm

气温情景		小尺度(武山以上)		小尺度(秦安以上)		中尺度(北道以上)		大尺度(咸阳以上)	
		径流量	变化	径流量	变化	径流量	变化	径流量	变化
基准		10.13		3.33		19.49		87.09	
气温	增加 0.5 ℃	11.67	1.54	3.28	−0.05	19.23	−0.26	87.14	0.05
	降低 0.5 ℃	12.38	2.25	3.74	0.41	21.38	1.89	92.06	4.97
	增加 1 ℃	11.4	1.27	3.09	−0.24	18.32	−1.17	84.92	−2.17
	降低 1 ℃	12.68	2.55	4.04	0.71	22.46	2.97	94.16	7.07
	增加 2 ℃	10.95	0.82	2.79	−0.54	16.83	−2.66	80.77	−6.32
	降低 2 ℃	13.89	3.76	4.62	1.29	25.31	5.82	100.05	12.96

6.5.2　降水量变化情景下不同尺度径流变化

降水量采用百分比变化进行设置,降水量变化设置为以下 6 种模式:3%、5%、10%、−3%、−5%、−10%。在将这 12 种情景原始气象数据重新处理后,作为输入数据输入 SWAT 模型中进行模拟分析,得到研究区径流对气候变化的响应分析。

图 6-12 是 2001—2012 年降水量年际变化,可以看出,降水量与径流量趋势保持一

致，呈现波动增长趋势，降水既有增加又有减少。因此，在未来情景其他要素保持不变，将降水划分成 6 种模式，结果见表 6-9。小尺度武山水文站控制流域在降水量 6 种模式下，与基准径流相比，当降水量减少 10%时，径流量减少，其他模式下，降水量都出现增加现象。在其他尺度情况下，随着尺度的增大，径流量变化越来越明显。秦安水文站控制流域随降水量增加径流量呈现递增趋势，随降水量减少呈递减趋势。北道水文站控制流域与咸阳水文站控制流域在降水不同情景下径流趋势一致。不同尺度下径流量对降雨的响应呈现尺度效应。随尺度的增大，下垫面变化越来越复杂，单一因素的变化导致大尺度径流变化更为明显。降水量与气温相比，对径流的影响较为直接，除小尺度武山水文站控制流域外，地表径流随着降水量的增加而增加，反之减少。

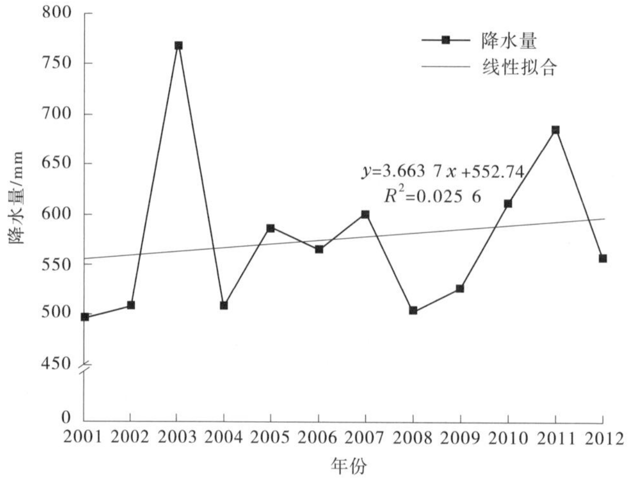

图 6-12　2001—2012 年降水量年际变化

表 6-9　不同尺度降水情景下径流变化特征　　　　单位：mm

降水情景		小尺度（武山以上）		小尺度（秦安以上）		中尺度（北道以上）		大尺度（咸阳以上）	
		径流量	变化	径流量	变化	径流量	变化	径流量	变化
基准		10. 13		3. 33		19. 49		87. 09	
降水	增加 3%	12. 97	2. 84	3. 92	0. 59	22. 20	2. 71	97. 47	10. 38
	减少 3%	11. 16	1. 03	3. 19	−0. 14	18. 6	−0. 89	82. 1	−4. 99
	增加 5%	13. 86	3. 73	4. 2	0. 87	23. 77	4. 28	103. 69	16. 6
	减少 5%	10. 65	0. 52	2. 96	−0. 37	17. 54	−1. 95	77. 27	−9. 82
	增加 10%	16. 81	6. 68	4. 95	1. 62	28. 74	9. 25	120. 13	33. 04
	减少 10%	9. 36	−0. 77	2. 43	−0. 9	15	−4. 49	65. 83	−21. 26

6.5.3　退耕还林还草不同尺度径流变化

对于径流对土地利用变化的响应研究，本书选择的依据是退耕还林政策，对研究区内土地利用变化进行相应设置。政策是引起土地利用变化的重要驱动力之一，退耕还林还草可以达到改善生态环境的目的，能最大程度地获取经济效益和生态效益，实现社会与环境的可持续发展。在本书中，以 2010 年数据为基础，其他要素保持不变，选取坡度大于 25°的耕地进行还林、还草设定，分为两种情景：①大于 25°坡度上还林[见图 6-13(a)]；②大

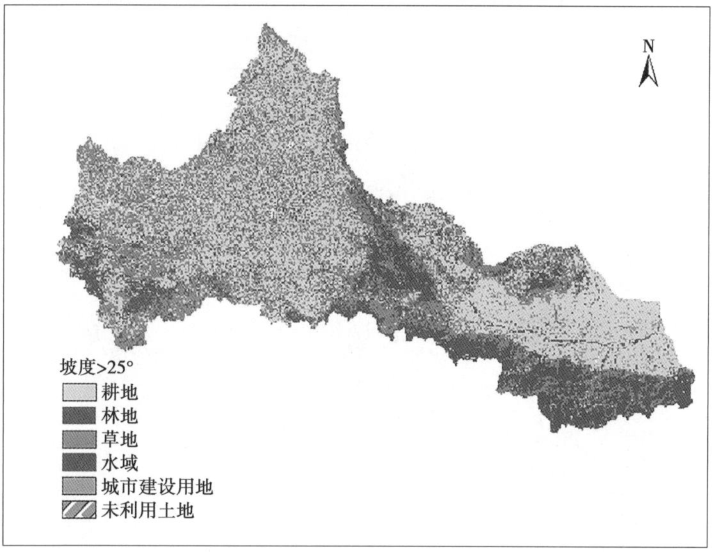

(a)退耕还林

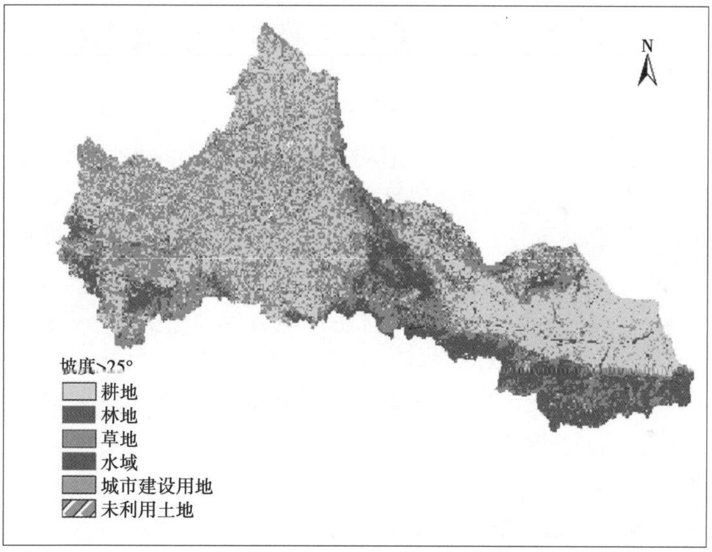

(b)退耕还草

图 6-13　坡度大于 25°退耕还林、还草

25°坡度于上还草[见图 6-13(b)]。在两种设定情景下,土地利用耕地、林地、草地类型发生变化,分析研究区未来土地利用方式对径流的影响,同时能对渭河流域未来的径流发展和水资源管理有一定的理论依据。

表 6-10 是不同尺度下退耕还林、还草情景下径流变化特征。退耕还林会引起径流的增加,随尺度的增大,径流也相继增加。退耕还草的径流变化在不同尺度下要大于退耕还林,随流域尺度的增大,退耕还草引起的径流变化更加明显。在土地利用变化情景下,相比径流对气温降水响应程度来说,中尺度和大尺度流域内径流对土地利用变化的响应比较敏感。在坡度大于 25°将耕地转换为林草,使径流出现增加趋势。

表 6-10 不同尺度下退耕还林、还草情景下径流变化特征 单位:mm

退耕还林情景		小尺度(武山以上)		小尺度(秦安以上)		中尺度(北道以上)		大尺度(咸阳以上)	
		径流量	变化	径流量	变化	径流量	变化	径流量	变化
基准		10.13		3.33		19.49		87.09	
退耕还林、还草	坡度 25°以上还林	11.87	1.74	3.37	0.04	19.75	0.26	88.29	1.2
	坡度 25°以上还草	15.08	4.95	19.7	16.37	78.23	58.74	220.09	133

退耕还林、还草政策使生态建设用地增加,可以改善土壤内部环境,使地表温度有效降低,同时地表直接蒸发量可以减小。林地相比草地会产生更多的植被截留量和蒸散发量,减少降水对土壤水和地下水的补给,使基流减少,从而使径流减少,同等面积下的林地对草地的产水有削减作用。

由 14 种划分尺度的结果可以看出,从整体上来说,径流对气候变化中降水的响应要大于气温,径流对退耕还草的响应要大于退耕还林。除小尺度武山水文站控制流域在 14 种模拟情景下径流都是增加状态,其他尺度在不同情景出现增加或者减少情况,这说明大尺度区域比小尺度区域径流的响应更加敏感。小尺度武山水文站控制流域模拟年均径流量在基准期为 10.13 mm,情景设定期都出现径流增加的现象,在这些情景中,除气温增加 2 ℃和降水降低 5%、10%外,模拟年均径流都出现明显的增加,在降水增加 10%和退耕还草情景下,径流增加最为明显。小尺度秦安水文站控制流域在气温升高 3 种情景模拟径流都出现减少现象,相比与基准期降水增加 10%情景下变化最大,坡度大于 25°还草比还林影响径流更大。在中尺度北道水文站控制流域,气温增加和降水减少情景下径流出现减少情况,降水增加 10%和坡度大于 25°还草情景下,径流出现增加状态。在大尺度咸阳水文站控制流域,降水的增减对径流的影响比其他情景更为直接,其次就是坡度大于 25°退耕还草对径流的影响较为明显。

在 14 种变化情景输入 SWAT 模型后,径流对气候变化和土地利用响应的幅度很大,如渭河咸阳水文站以上流域年径流量变幅为-21~133 mm。如果未来-21 mm 情况发生,则研究区的缺水状态将更加严重，如果出现133 mm情况，则缺水状态缓和，但洪涝次数可能增加。了解且揭示不同区域水循环过程对水资源短缺、洪涝和水环境破坏的敏感性是响应气候变化的根本。未来经济与科技的发展是影响下垫面变化的极其重要的因素。水资源约束下，人口经济发展受到严重制约，科学技术发展对人类活动和生态用地和谐发展有较大影响。有效且合理控制人口数量，引导经济积极稳定发展，依靠技术进步提高水资源利用率，实现各区域可持续协调性发展。

第 7 章　植被变化对流域蒸散发及其组分的影响

本章主要分析黄河中游流域植被覆盖度、蒸散发、蒸腾和蒸发的时空变化特征，解析蒸散发变化对水分利用效率的影响，揭示蒸散发变化的影响机制。

7.1　黄河中游流域植被覆盖度时空变化特征

2000—2020 年 NDVI 呈上升趋势，年 NDVI 均值由 2000 年的 0.537 上升到 2020 年的 0.706，上升速率为 0.007/a，远大于过去 20 年我国 0.002 1/a 的 NDVI 上升速率（Wei et al., 2022），说明黄河中游流域植被的改善为全国植被覆盖度增加作出了巨大贡献。NDVI 最大值和最小值分别出现在 2020 年和 2001 年，分别为 0.706 和 0.536（见图 7-1）；经过显著性检验，年 NDVI 变化趋势显著（$\alpha<0.05$），表明 2000—2020 年黄河中游流域植被覆盖状况发生显著改善。

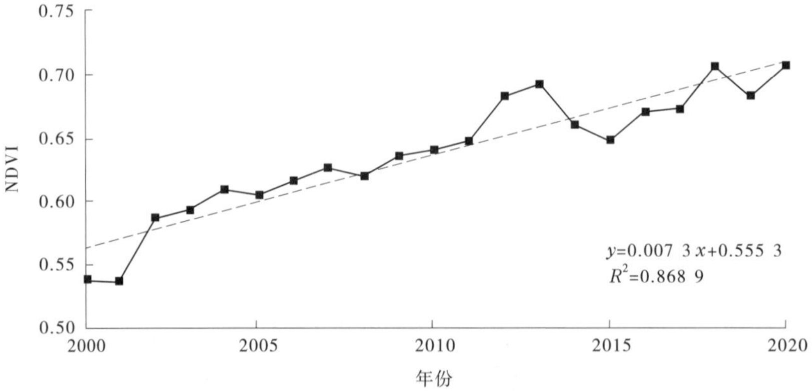

图 7-1　NDVI 年际变化趋势

空间上，黄河中游流域年平均植被覆盖度整体较高，2000—2020 年平均 NDVI 值为 0.636，NDVI 值的空间分布由东南向西北降低，高值区主要集中在关中渭河流域，东部吕梁山地，这些地区水热条件好，森林广泛分布，植被覆盖度好，NDVI 值高；低值区主要分布在西北部的内蒙古境内以及陕北地区[见图 7-2(a)]，西北地区深处内陆，水热条件不及东南部，植被稀疏，NDVI 值较低。

2020 年与 2000 年相比高、中高植被覆盖区（NDVI>0.6）总面积占黄河中游流域面积由 38%上升至 78%，高、中高植被覆盖区面积大幅度增大，低、中低植被覆盖区（NDVI<0.4）面积占比由 29%下降至 3%，流域内低植被覆盖区明显减少[见图 7-2(b)]。

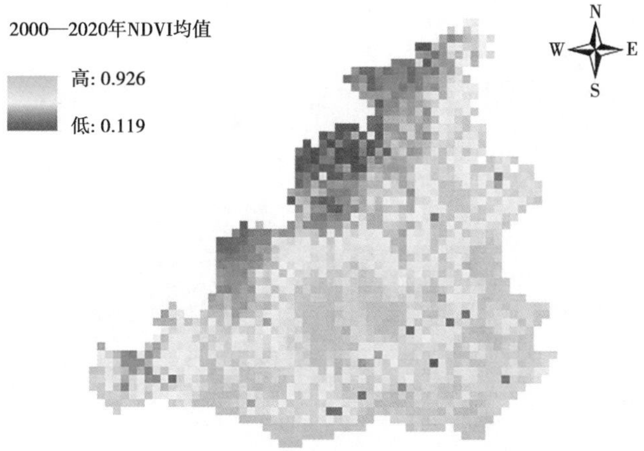

(a)NDVI空间分布

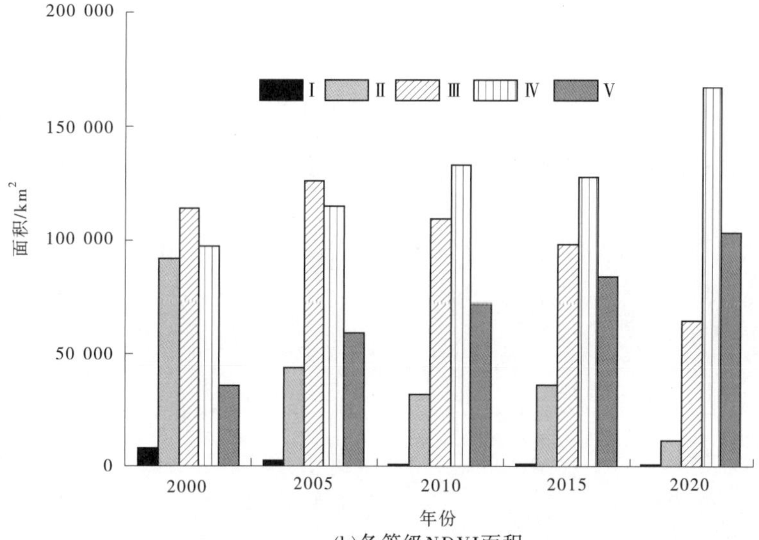

(b)各等级NDVI面积

Ⅰ—低植被覆盖度(<0.2)；Ⅱ—中低植被覆盖度(0.2~0.4)；Ⅲ—中植被覆盖度(0.4~0.6)；Ⅳ—中高植被覆盖度(0.6~0.8)；Ⅴ—高植被覆盖度(>0.8)。

图7-2　NDVI空间分布和各等级NDVI面积

2000—2020年黄河中游流域植被覆盖度增加和减少的区域均比较明显，经Mann-Kendall检验84%的区域变化显著，流域绝大部分区域呈增加趋势，增加的面积占93%，经检验增加趋势显著，增加趋势较大的区域主要位于流域西北部的甘肃省东南部、宁夏南部以及陕北地区，这与植树造林等生态保护工程的实施息息相关；植被减少的面积仅占7%，植被退化最明显的主要位于流域东南部的宝鸡、西安、渭南、运城等经济发展程度较高的地区，绝大部分退化趋势经检验不显著(见图7-3)。

图 7-3　NDVI 变化趋势空间分布

7.2　蒸散发及其组分时空变化特征

7.2.1　时间变化特征

2000—2020 年蒸散发整体呈上升趋势,这与整个黄河流域的蒸散发变化一致(Jiang et al., 2020),年蒸散发均值由 2000 年的 423.072 mm 上升到 2020 年的 527.733 mm,上升速率为 2.110 3 mm/a,最大值和最小值分别出现在 2012 年和 2000 年,分别为 539.643 mm 和 423.072 mm(见图 7-4)。

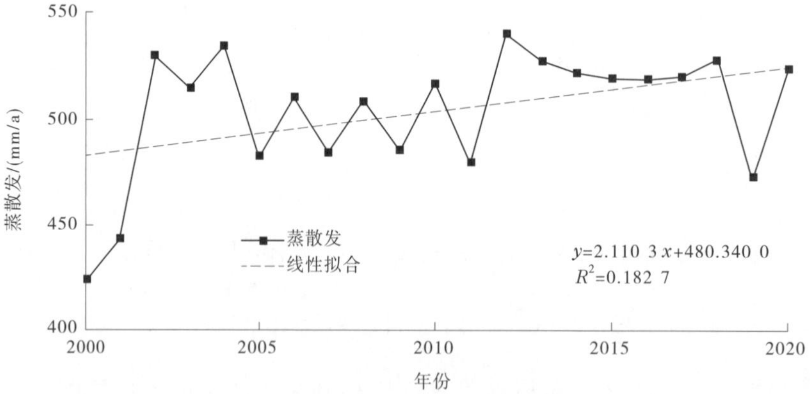

图 7-4　蒸散发年际变化趋势

2000—2020 年蒸腾量变化整体呈上升趋势,年蒸腾量均值由 2000 年的 301.937 mm 上升到 2020 年的 427.051 mm,上升速率为 3.880 1 mm/a,最大值和最小值分别出现在 2012 年和 2000 年,分别为 448.337 mm 和 301.937 mm(见图 7-5);经过显著性检验,年蒸腾量变化趋势显著($p<0.05$),表明自 2000 年实行退耕还林、还草政策以来,黄河中游流

域植被恢复良好,植被蒸腾量显著增加。

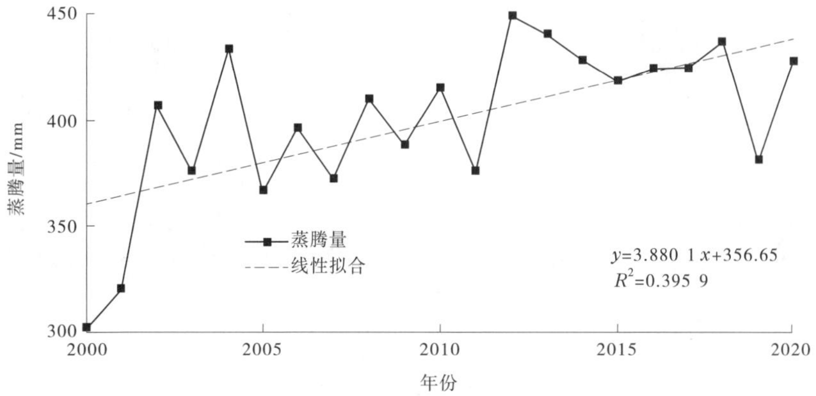

图 7-5　蒸腾量年际变化趋势

2000—2020 年蒸发量变化整体呈下降趋势,年蒸发均值由 2000 年的 121. 135 mm 下降到 2020 年的 96. 683 mm,下降速率为 −1. 769 8 mm/a,最大值和最小值分别出现在 2003 年和 2013 年,分别为 138. 553 mm 和 86. 313 mm(见图 7-6),经过显著性检验,年蒸发量变化趋势显著($p<0.05$)。蒸发减少量远小于蒸腾增大量,蒸发下降速率也明显小于蒸腾上升速率,所以黄河中游流域蒸腾增加是蒸散发增加的主要原因。

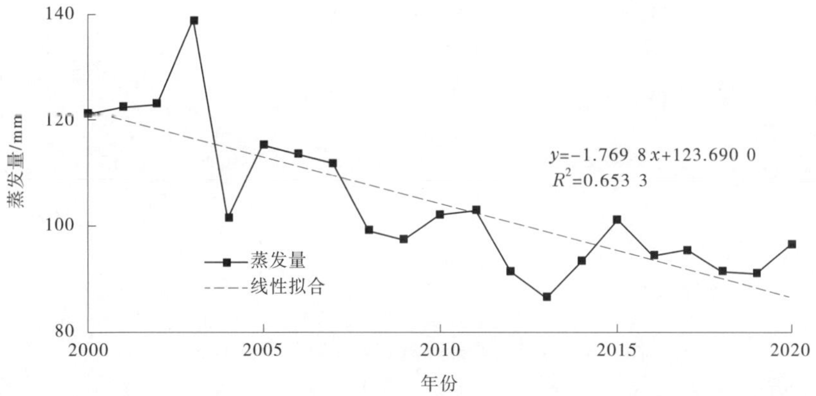

图 7-6　蒸发量年际变化趋势

7. 2. 2　空间变化特征

2000—2020 年平均蒸散发量为 503. 551 mm,蒸散发空间分布东南高、西北低(见图 7-7),蒸散发整体呈增加趋势,增加的面积占 85%,减少的面积占 15%,经 Mann-Kendall 检验全区 25%的蒸散发变化显著,其中延安市北部的延河流域以及汾河上游流域蒸散发量变化最大。伊洛河上中游、渭河下游、北洛河下游等地区蒸散发量减少,但并不显著,其他地区蒸散发量都呈增加趋势,其中汾河上游、窟野河下游、清涧河、湫水河、三川河、秃尾河、蔚汾河、延河、朱家川等流域蒸散发量增加显著。

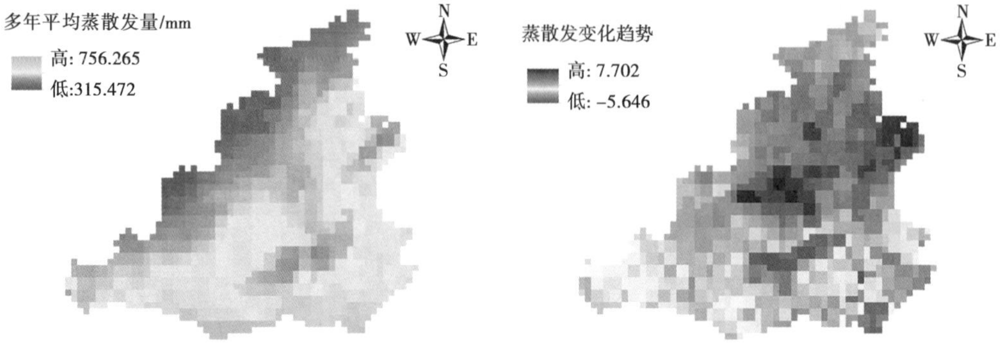

(a)空间分布　　(b)变化趋势

图 7-7　多年平均蒸散发量与变化趋势空间分布

2000—2020 年平均蒸腾量为 399. 328 mm,蒸腾量空间分布呈现由东南向西北递减的趋势(见图 7-8),与 NDVI 空间分布大致相似。经 Mann-Kendall 检验全区 55% 的蒸腾量变化显著,黄河中游流域蒸腾量整体呈增加趋势,增加的面积占 83%,减少的面积占 17%,除南部边缘地区不显著减小外,其他大部分地区蒸腾量增加,其中延安市、临汾市北部及以北地区增加显著。

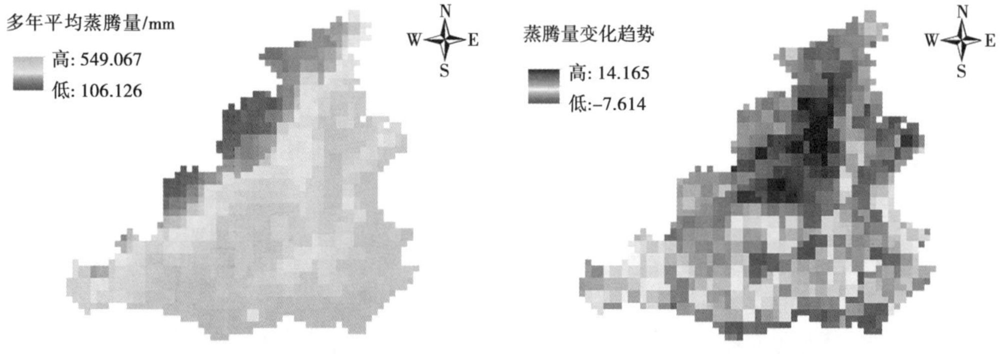

(a)空间分布　　(b)变化趋势

图 7-8　多年平均蒸腾量与变化趋势空间分布

2000—2020 年平均蒸发量为 104. 223 mm,蒸发量空间分布西北高、东南低(见图 7-9),与蒸腾量空间分布大致相反,这与黄河中游流域植被分布密切相关,由前文可知,黄河中游流域植被中东部地区分布较多,NDVI 呈东南多、西北少的特点,蒸腾量与植被覆盖度空间分布大致相似,蒸发量空间分布格局与植被分布格局相反,即与蒸腾量的空间分布相反,变化趋势也与蒸腾量相反。经 Mann-Kendall 检验,全区 80%的蒸发量变化显著,蒸发量整体呈减少趋势,增加的面积占 25%,流域南部呈现显著增加趋势,减少的面积占 75%,除西南部分地区减少趋势不显著外,其他区域蒸发量均显著减小。蒸散发及其组分的时空变化规律与 Zheng 等(2022)对于黄土高原的研究中得出的结论是一致的。

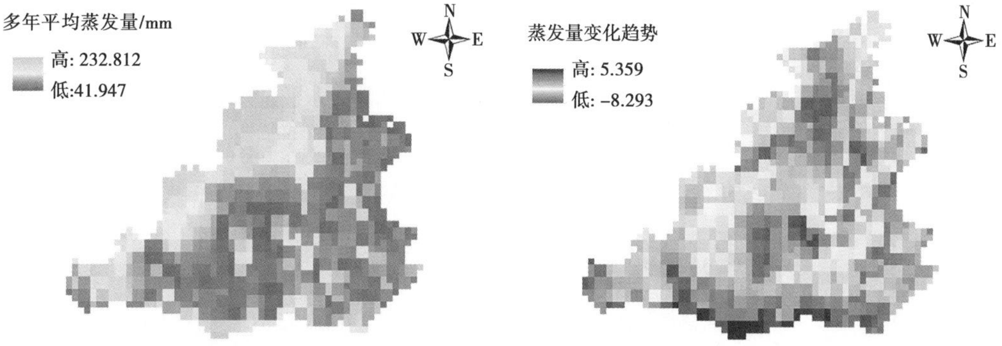

(a)空间分布　　(b)变化趋势

图 7-9　多年平均蒸发量与变化趋势空间分布

7.2.3　空间自相关分析

运用 ArcGIS 软件进行空间自相关分析，研究时段内黄河中游流域蒸散发及其组分均表现为聚集，蒸散发 Z 得分为 48.56，Moran′s I 值为 0.88；蒸腾量 Z 得分为 50.00，Moran′s I 值为 0.90；蒸发量 Z 得分为 46.16，Moran′s I 值为 0.84，所以随机产生此聚类模式的可能性小于 1%，蒸散发、蒸腾量、蒸发量 Moran′s I 值均较大，表明黄河中游流域蒸散发、蒸腾量、蒸发量具有显著正的自相关关系，即存在空间集聚现象，并且空间集聚性蒸腾量>蒸散发>蒸发量。

基于全局空间自相关分析，进一步探究局部的空间聚集特征（已通过 Z 值检验，$\alpha<0.01$），以此来揭示蒸散过程中出现聚类/异常的区域。从图 7-10 中可以看出，黄河中游流域的蒸散发及其组分局部空间自相关模式除不显著区外，以高高集聚 HH 和低低集聚 LL 为主，蒸散发 HH 区占比 11%，主要位于流域南部，LL 区占比 15%，主要位于西北部边缘，蒸腾 HH 区占比 11%，LL 区占比 17%，空间分布与蒸散发相似，西北部植被分布较少，蒸腾少，蒸腾低值在此聚集；蒸发 HH 区占比 18%，空间分布与蒸散发相反，主要分布于流域西北部，南部有较少聚集，LL 区占比 10%，主要位于流域中部和东部；蒸散发和蒸腾量均为 LL 区类型面积大于 HH 区类型，蒸发 HH 区类型面积大于 LL 区。以上说明黄河流域蒸散发及蒸腾量在西北部和南部发生显著集聚，低值的蒸散发和蒸腾量范围要大于高值的范围，蒸发在西北部、中部和东部的部分区域发生集聚，高值的蒸散发和蒸腾量范围要大于低值的范围。

为了进一步考虑蒸散发及其组分可能存在的局部特质，并对蒸散发及其组分的空间聚集和进行定量制图表达，计算了 Getis-Ord Gi^* 统计量并分析了冷热点空间分布情况。从图 7-11 中看，蒸散发及其组分具有显著的空间分异现象，冷热点分布明显，呈现高值区聚集和低值区聚集的分布特点。蒸散发冷点区集中在流域西北部的呼和浩特、鄂尔多斯、榆林市西部、庆阳市西北部，次冷点分布在冷点边缘，热点分布在流域南部边缘，次热点分布在热点边缘以及东部的长治、济源等市；蒸腾量冷热点分布大致与蒸散发相似，分布面积较蒸散发大一些；蒸发量热点聚集在西北部，冷点聚集在中部咸阳市、平凉市、渭南市西部、延安市中南部和东部的晋城、晋中等市。

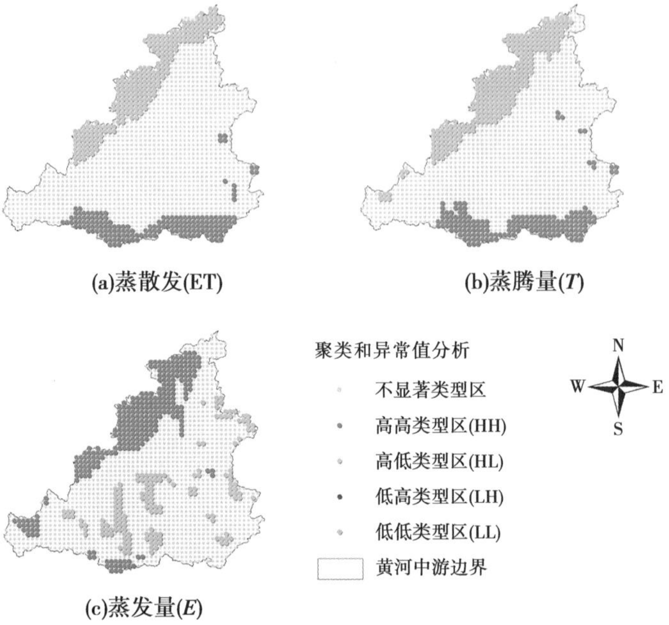

图 7-10　蒸散发及其组分聚类和异常值空间分布

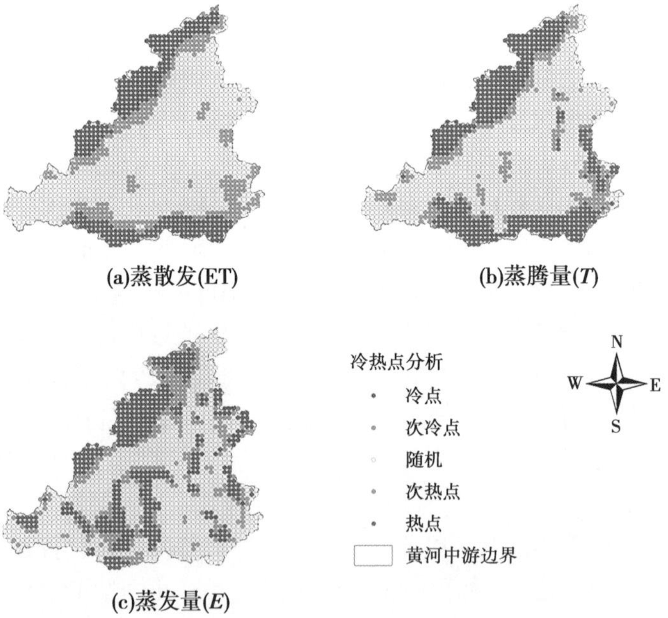

图 7-11　蒸散发及其组分冷热点空间分布

7.2.4　蒸散发分割的时空变化特征

2000—2020 年 T/ET 整体呈上升趋势，年 T/ET 均值由 2000 年的 0.689 上升到 2020

年的 0.806，上升速率为 0.005 4/a，最大值和最小值分别出现在 2013 年和 2000 年，分别为 0.830 和 0.689（见图 7-12）；变化趋势通过了 95%显著性检验。*T*/ET 的变化趋势说明植被绿化改变了蒸散发成分的比例，用于植被生长的水分越来越多，蒸腾量在蒸散发量中的占比越来越大，蒸腾量占据了黄河中游流域蒸散发量的绝大部分。

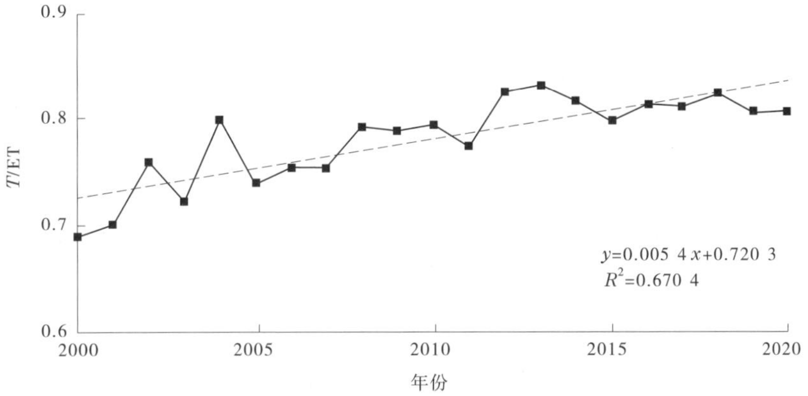

图 7-12　*T*/ET 年际变化趋势

2000—2020 年平均 *T*/ET 为 0.780，即多年平均蒸腾量占蒸散发量的比例为 78%，蒸腾量在空间上占据蒸散发量绝大部分比例，蒸腾作用是黄河中游流域蒸散发的主要来源，蒸发量占比较少，*T*/ET 空间分布东南高、西北低，*T*/ET 整体呈增加趋势（见图 7-13），增加的面积占 78%，减少的面积占 22%，经 Mann-Kendall 检验全区 80%的 *T*/ET 变化显著，南部区域 *T*/ET 减小，空间分布与蒸腾量相似。

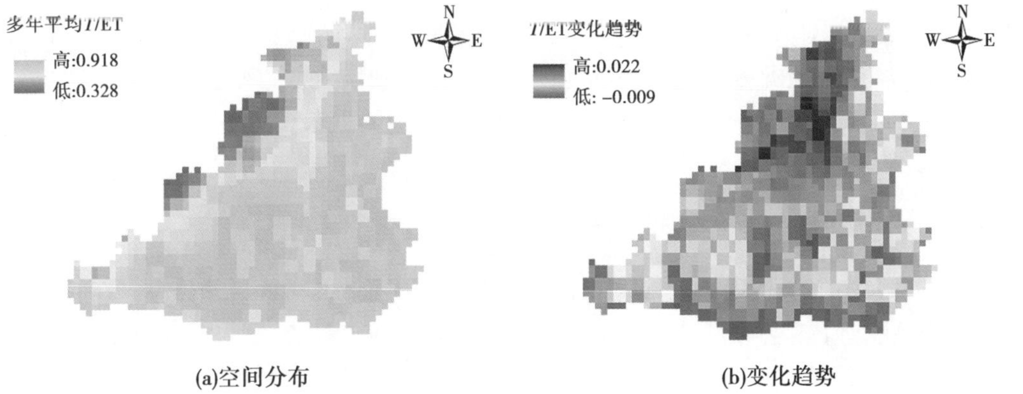

图 7-13　多年平均 *T*/ET 以及变化趋势空间分布

运用 ArcGIS 软件进行空间自相关分析，黄河中游流域 *T*/ET 表现为聚集，Moran's I 值较大，为 0.88，表明黄河中游流域 *T*/ET 存在空间集聚现象（见图 7-14）。黄河中游流域的 *T*/ET 局部空间自相关模式除不显著区外，以高高集聚 HH 和低低集聚 LL 为主，*T*/ET 高高集聚占 2%，高值集聚占比较小，LL 区占 16%，流域西北部边缘发生低值集聚现象，空间分布与蒸散发相似，西北部植被少、蒸腾量少，蒸腾量占比较小。冷点主要分布于西北沿线,次热点分布于东部和南部。

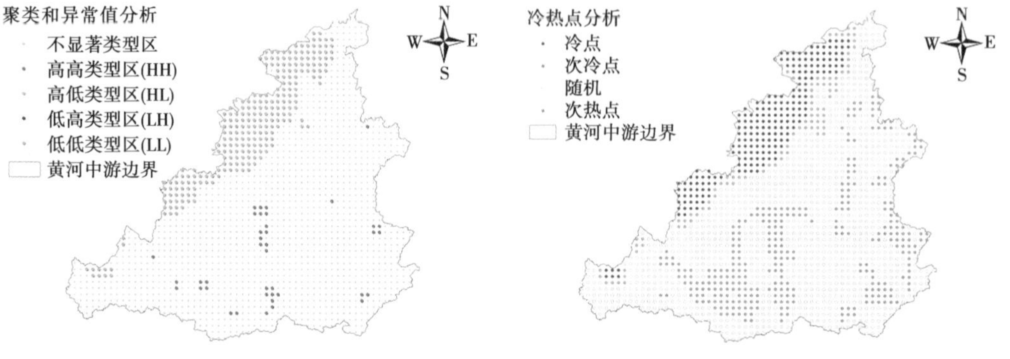

(a)T/ET聚类和异常值分布　　(b)冷热点空间分布

图 7-14　T/ET 聚类和异常值分布以及冷热点空间分布

7.3　蒸散发变化对水分利用效率的影响

黄河中游流域长期的生态保护显著增加植被覆盖度,改变土壤水分含量,使蒸腾量增加,最终导致蒸散发量增加,径流量减少(Li et al., 2016),这反过来又在调节流域的水文循环中发挥了重要作用,导致对整个地区的水平衡和用水产生影响。整个区域上蒸散发的大规模增加会对碳水耦合产生一定影响,生态系统水分利用效率(WUEe)被定义为给定生态系统的净初级生产总额(NPP)与蒸散量(ET)的比率,是生态系统碳水耦合的关键参数。生态系统水分利用效率(WUEe)可以分为两部分的乘积,一部分为植被水分利用效率(WUEc),定义为净初级生产总额(NPP)与蒸腾量(T)的比率;另一部分为 T/ET。黄河中游流域的植被在增加,蒸散消耗量也在增加,水分利用效率的变化情况难以判定,分析黄河中游流域的水分利用效率时空变化规律,对区域的生态修复评价、水资源的合理利用等方面具有重要意义。

7.3.1　水分利用效率的时间变化特征

2000—2020 年黄河中游流域内生态系统水分利用效率 WUEe 和植被水分利用效率 WUEc 均呈波动上升趋势,并且上升趋势显著(R^2=0.929 6 和 R^2=0.816 1),说明在实施了生态保护工程以后,黄河中游流域生态系统水分得到了高效利用。WUEe 在 0.511~0.847 gC/(m^2 · mm)的范围内波动,上升速率为 0.014 7 gC/(m^2 · mm · a);WUEc 在 0.725~1.065 gC/(m^2 · mm)的范围内波动,上升速率为 0.012 8 gC/(m^2 · mm · a)。可以看出,虽然 WUEc 在数值上要大于 WUEe,但 WUEe 的上升速率要高于 WUEc 的上升速率(见图 7-15)。

水分利用效率 WUEc 和 WUEe 的空间分布与变化趋势如图 7-16、图 7-17 所示,黄河中游流域 WUEe 年均值为 0.695 gC/(m^2 · mm),分布具有明显的空间异质性,WUEe 值东南部高于西北部,流域高值主要位于渭河中游流域以及中部的子午岭,这些区域多为林地分布,

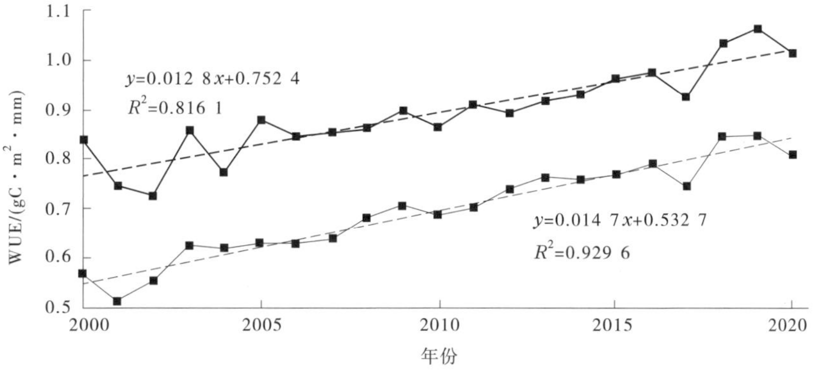

图 7-15　水分利用效率 WUEc 和 WUEe 的年际变化趋势

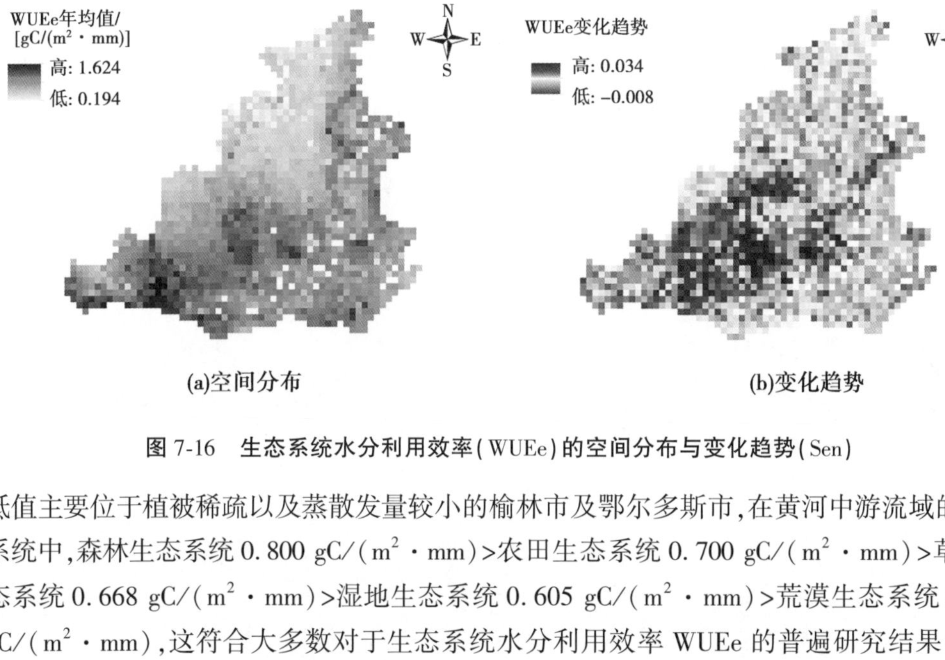

图 7-16　生态系统水分利用效率(WUEe)的空间分布与变化趋势(Sen)

低值主要位于植被稀疏以及蒸散发量较小的榆林市及鄂尔多斯市,在黄河中游流域的生态系统中,森林生态系统 0.800 gC/(m^2 · mm)>农田生态系统 0.700 gC/(m^2 · mm)>草地生态系统 0.668 gC/(m^2 · mm)>湿地生态系统 0.605 gC/(m^2 · mm)>荒漠生态系统 0.397 gC/(m^2 · mm),这符合大多数对于生态系统水分利用效率 WUEe 的普遍研究结果(宫菲等, 2019),显示出不同生态系统的水分利用效率的差异。黄河中游流域 WUEe 变化趋势空间上整体表现出上升趋势,增加较大的区域主要集中在流域西南部,表现出下降趋势的面积很小,仅零星分布于汾河中游流域。WUEc 年均值为 0.893 gC/(m^2 · mm),与 WUEe 空间分布相似,不同之处在于鄂尔多斯市南部值较高,空间变化整体呈上升趋势,值较高的鄂尔多斯市南部有明显的下降趋势。

7.3.2　环境因素及蒸散发变化与水分利用效率的关系

从图 7-18、图 7-19 中可以看出,气温、降水与 WUEe 呈正相关,但相关性非常小,说明气候不是影响水分利用效率的主要因素,影响 WUEe 的主要因素或过程依次为 NDVI

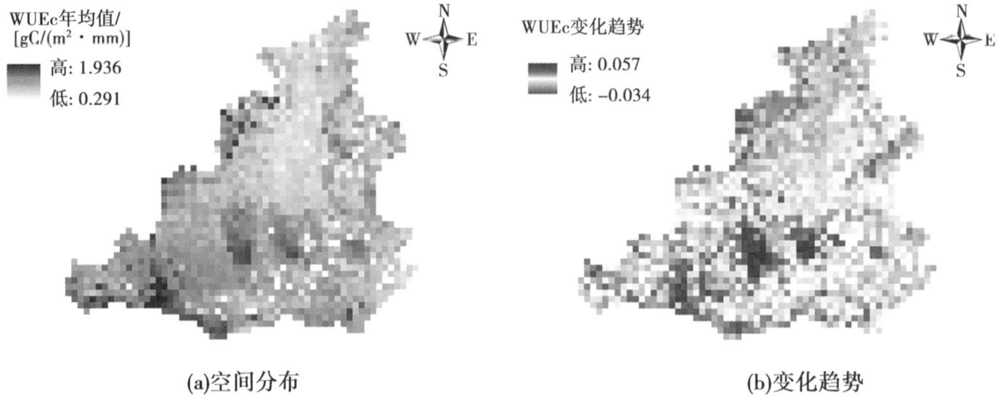

图 7-17　植被水分利用效率(WUEc)的空间分布与变化趋势(Sen)

(R^2=0.872 6)、蒸发(R^2=0.667 0)、蒸腾量(R^2=0.403 5),其中 NDVI 和蒸腾量与 WUEe 呈正相关,蒸发与 WUEe 呈负相关,随着蒸发量的变大,WUEe 减小,蒸发量大的地区多为植被稀疏地区,生产力小,WUEe 也较小,WUEc 与环境因子的相关性和 WUEe 相同,但相关性普遍减小。因此,植被和蒸散发过程对于区域水分利用效率至关重要。

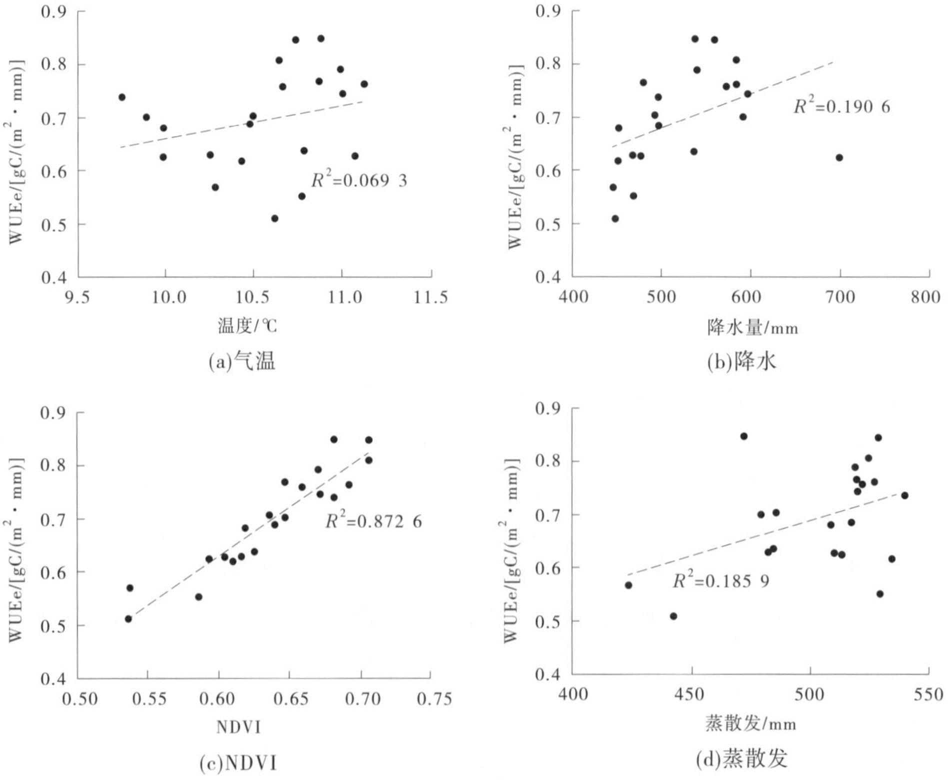

图 7-18　WUEe 变化与环境因子变化的相关性

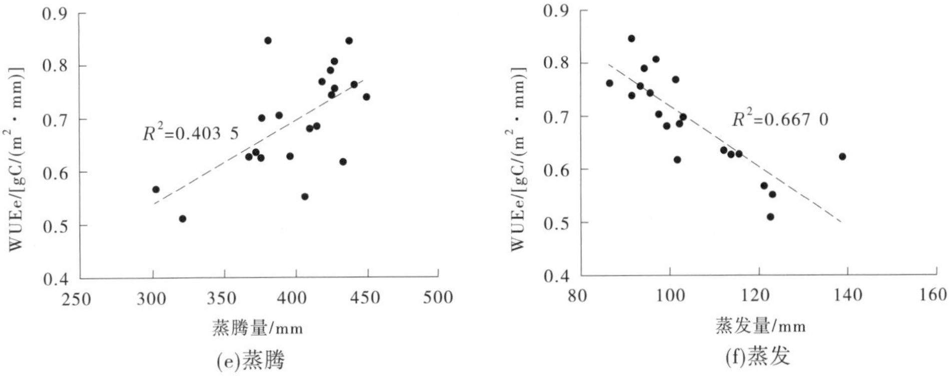

续图 7-18

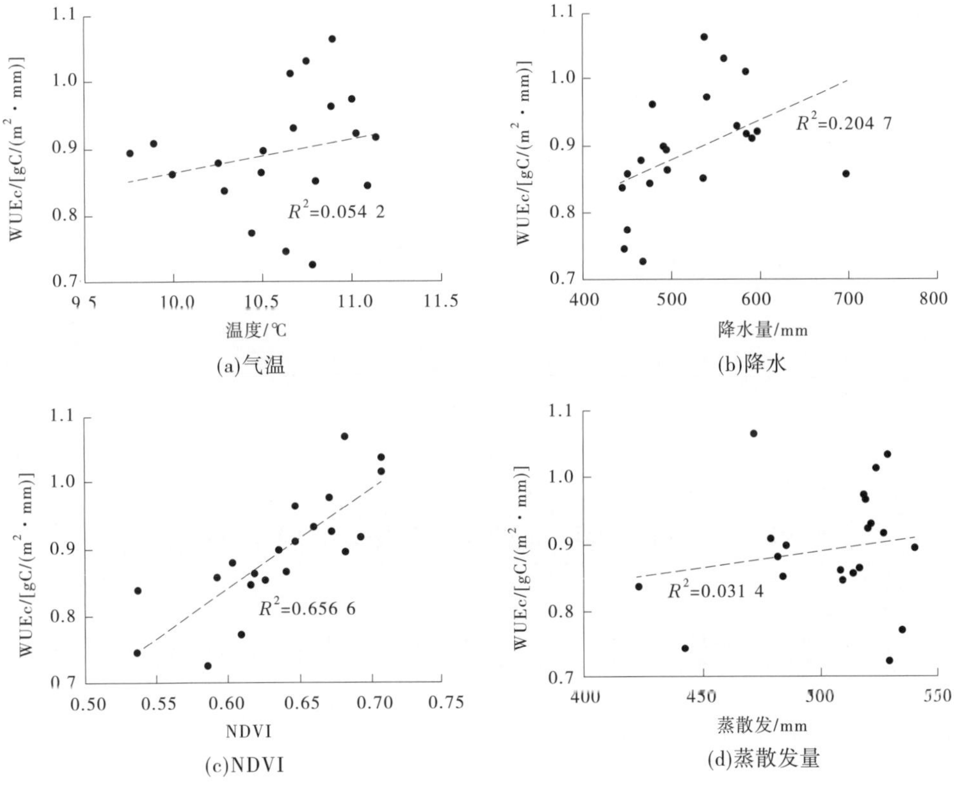

图 7-19　WUEc 变化与环境因子变化的相关性

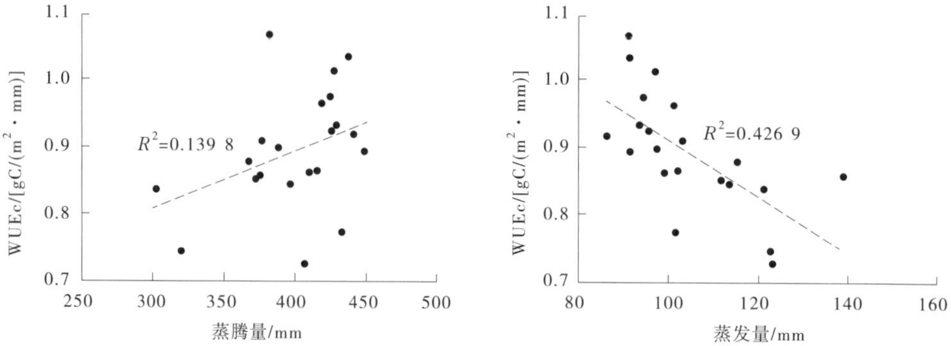

(e)蒸腾　　(f)蒸发

续图 7-19

WUEe 与 WUEc 在变化速率和相关性上的差异可以由 *T*/ET 来解释，*T*/ET 比值表示生态系统水通量在物理过程和生物过程之间的分配，反映了植被的调节。从图 7-20 中得出，随着 *T*/ET 比值的增加，WUEc 与 WUEe 之间的差异呈减小趋势，不同的环境因素对 WUEc 和 WUEe 的影响力大小差异也与 *T*/ET 比值密切相关。

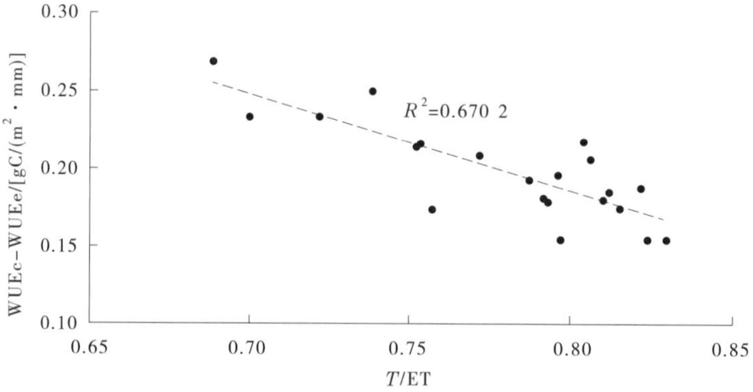

图 7-20　*T*/ET 与生态系统和植被水分利用效率差值的相关性

7.4　蒸散发组分(蒸腾 *T*)变化的影响因素分析

7.4.1　结构方程模型的构建

7.4.1.1　理论基础与研究假设

结构方程模型是一种比较全面的统计方法，是对多元回归分析、方差分析、验证性因素分析及路径分析等统计方法的综合改进。现有的结构方程模型主要分为两种：一种是基于协方差的结构方程模型，基于线性结构关系(LISREL)的路径建模；另一种是基于主成分分析和多元回归的迭代估计来进行因果关系建模的偏最小二乘结构方程模型

(PLS-SEM),二者在原理、假设、样本容量等方面都不相同。偏最小二乘结构方程模型是建立在多次迭代以获取全部参数估计的残差最小的原则上,它可以通过内部和外部的关系来实现预测,并且它对观测变量不存在严格的分布限制,对样本容量不做要求,样本很少也可以进行预测。此外,偏最小二乘结构方程模型主要是检测因果关系是否具有显著关系,适合探索性研究,进行理论模型的构建,也可以进行验证性研究,验证所探讨的假设的因果关系。闵庆飞等(2013)的研究认为,偏最小二乘结构方程模型更适合进行预测和理论建立,因此本书选取偏最小二乘结构方程模型(PLS-SEM)来进行研究。

气候变化、植被恢复、人类活动、土壤水分和地形条件的改变都是导致蒸散发变化的影响因素,其中地形没有发生较大变化,所以气候、植被、土壤及人类活动对黄河中游流域蒸散发有较大的影响。本书假设蒸散发变化受降水、气温、日照、土壤水分、人类活动等非生物因素和植被覆盖等生物因素的影响。前人已广泛证实了降水、气温、日照等气象因素对蒸散发的时空变化的作用(Wang et al., 2017),土壤水分在水循环中起着关键作用,黄河中游地区实施的大型植被恢复项目,对该区域的土壤水分环境有明显的影响(Li et al., 2021)。

为进一步探究环境变量对蒸散发的直接和间接影响,本书构建各环境变量与蒸散发值的结构方程模型,得到各因子间的路径系数。本书的目标变量是2000—2020年间蒸散发值的变化趋势,假设该阶段蒸散发变化特征受到人为因素和自然因素的共同影响,且人为因素和自然因素之间的交互影响作用,使各影响因素对蒸散发的变化特征不仅有直接影响,且存在间接影响,基于气候、植被、土壤水分和人类活动对黄河中游流域蒸散发的影响作用,以及它们之间的互相作用关系,选定人类活动强度变化特征为人为因素,气候变化特征(气温、降水、日照时数变化)、植被变化特征(NDVI)和土壤水分变化特征为自然因素,提出以下假设:

(1)蒸散发变化受气候、植被覆盖度和土壤水分变化的直接影响;

(2)气候因素、土壤水分、人类活动强度通过影响植被生长,进而间接影响蒸散发量变化;

(3)气候变化通过影响土壤水分变化,进而影响植被覆盖度,从而间接影响蒸散发的变化。

基于以上假设,建立黄河中游流域蒸散发量变化的环境因素交互影响机制的概念模型,如图7-21所示。气候因素和人类活动因素作为外源潜在变量,即仅作为自变量影响其他内生潜在变量;蒸散发量变化为本书的目标内生潜在变量,不对其他内生潜在变量产生影响;而植被覆盖度变化和土壤水分变化两个因子可能对目标内生潜在变量产生影响,且相互之间也可能存在因果关系,本书将这类变量称为中介内生潜在变量。

7.4.1.2　变量处理及模型构建

本书基于黄河中游流域区域,首先将每个栅格转为点要素,以每个栅格单元中心点的位置为样点,获取0.25°×0.25°栅格单元共1 596个样点。然后,基于2000—2020年NDVI、年均气温(Temp)、年总降水量(P)、年总日照时数(SSD)、土壤水分(SM)、人类活动强度(HAILS)、蒸腾(T)等因素共21个时间点的栅格数据,计算各变量逐像元的变化趋势斜率Sen值。最后,使用ArcGIS 10.4,基于这些样点的空间位置,提取了经预处理之

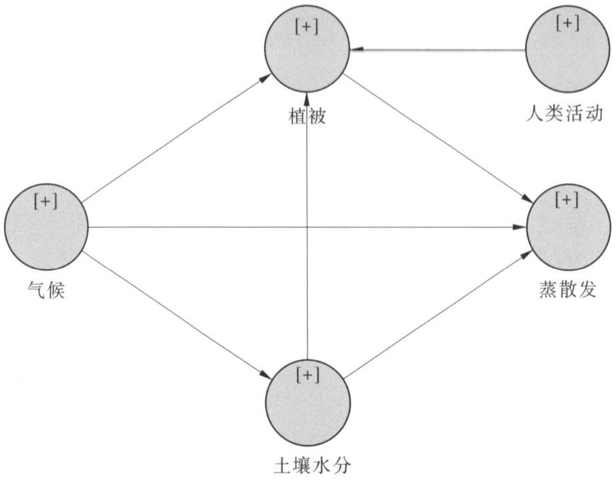

图 7-21　黄河中游流域蒸散发变化影响因素概念模型

后的 0.25°×0.25°栅格的各因素变化的趋势斜率 Sen 值，去除存在空值的样点，作为输入 SEM 模型的变量。利用软件 SmartPLS 3 建立结构方程模型，最终样本大小为 1 593 个，再用 PLS 算法和自助法分别对模型进行路径系数、信度、效度、适配度等检验，以及对系数和效应值的显著性进行检验。

7.4.1.3　模型的检验与修正

1. 构面信度与效度、模型适配度检验

在评估反应性测量模型时，一般运用克隆巴赫系数（Cronbach's Alpha>0.35）、组合信度（CR>0.7）和平均抽取变异量（AVE>0.5）来评估模型的信度和效度，本书所构建的模型中潜变量均只含有一个观测变量，因此以上系数均为 1，符合信度和效度要求，数据信度和效度良好。标准化均方根残差（SRMR）用来表示偏最小二乘结构方程模型的适配度，本模型的 SRMR 值为 0.076，小于 0.08，NFI（normed fit index）是规范拟合指数，其值大于 0.9 时，认为模型拟合程度较高，本书模型 NFI 值为 0.909，综合以上指标认为本书模型的适配度良好。

2. 判定系数检验

判定系数（coefficient of determination，R^2）反映建立模型的预测能力。R^2 的值在 0~1，R^2 越大，表示预测准确性越好。T、NDVI、SM 的 R^2 值分别为 0.597、0.232、0.115，说明 P、Temp、SSD、NDVI、SM 作为 T 的影响因素共解释了 59.7%的 T 变化，说明模型中 T 的预测准确性较好。

3. 效用值检验

效用值（effect size，f^2）反映外生潜变量对内源性潜变量的贡献值。当 f^2 大于 0.15 时，表示外生潜变量对该内源性潜变量影响较大；当 f^2 小于 0.02 时，表示外生潜变量对该内源性潜变量几乎没有影响。因此，从表 7-1 中可以看出，SM 对 T 有重要影响，NDVI 对 T 有中等程度影响，Temp 和 P 对 T 影响较小。

表 7-1　效用值

影响因素	T	NDVI	SM
Temp	0. 004	0. 040	—
P	0. 016	0. 028	0. 130
SSD	0. 087	—	—
NDVI	0. 168	—	—
SM	0. 547	0. 088	—
HAILS	—	0. 026	—

4. 路径系数检验

用 Bootstrapping 的方法对模型的路径系数进行检验(见表 7-2),潜变量之间的路径系数表示一个潜变量对其所指向的潜变量的影响力度大小。在本书建立的模型中,除气温对蒸腾的影响路径 T 统计量值小于 2. 58,大于 1. 96,P 统计量值小于 0. 05 外,其他所有潜变量间路径系数的 T 统计量值均大于 2. 58,P 统计量值均小于 0. 01,因此本模型所有路径系数具有显著性。

表 7-2　路径系数检验

影响路径	初始样本	标准差	T 统计量值	P 统计量值
HAILS→NDVI	−0. 143	0. 034	4. 230	0
NDVI→T	0. 293	0. 018	16. 735	0
P→NDVI	0. 165	0. 022	7. 517	0
P→SM	0. 340	0. 020	17. 214	0
P→T	−0. 090	0. 017	5. 237	0
SM→NDVI	0. 277	0. 021	13. 256	0
SM→T	0. 551	0. 018	30. 009	0
SSD→T	0. 204	0. 017	11. 863	0
Temp→NDVI	−0. 190	0. 023	8. 406	0
Temp→T	−0. 044	0. 018	2. 512	0. 012

5. 间接效应检验

用 Bootstrapping 的方法对模型的间接效应进行检验,间接效应是指潜变量之间的间接影响作用。在本书建立的模型中,所有潜变量间接效应的 T 统计量值均大于 2. 58,P 统计量值均小于 0. 01,因此本书间接效应均具有显著性(见表 7-3)。

表 7-3　间接效应检验

影响路径	初始样本	标准差	T 统计量值	P 统计量值
HAILS→T	-0. 042	0. 010	4. 075	0
P→NDVI	0. 094	0. 009	10. 674	0
P→T	0. 263	0. 016	16. 592	0
SM→T	0. 081	0. 008	10. 420	0
Temp→T	-0. 056	0. 008	7. 236	0

6. 总效应检验

用 Bootstrapping 的方法对模型的总效应进行检验,潜变量间的总效应是直接效应与间接效应的总和。在本书建立的模型中,所有潜变量间总效应的 T 统计量值均大于 2. 58,P 统计量值均小于 0. 01,因此本模型总效应均具有显著性(见表 7-4)。

表 7-4　总效应检验

影响路径	初始样本	标准差	T 统计量值	P 统计量值
HAILS→NDVI	-0. 143	0. 034	4. 230	0
HAILS→T	-0. 042	0. 010	4. 075	0
NDVI→T	0. 293	0. 018	16. 735	0
P→NDVI	0. 259	0. 021	12. 200	0
P→SM	0. 340	0. 020	17. 214	0
P→T	0. 173	0. 022	7. 944	0
SM→NDVI	0. 277	0. 021	13. 256	0
SM→T	0. 633	0. 017	36. 727	0
SSD→T	0. 204	0. 017	11. 863	0
Temp→NDVI	-0. 190	0. 023	8. 406	0
Temp→T	-0. 100	0. 019	5. 286	0

7. 4. 2　蒸腾影响因素分析

由于 7. 2 节分析得出蒸腾是黄河中游流域蒸散发量增加的主要原因,因此本节通过分析蒸腾量增加的影响因素来揭示蒸散发量增加的影响因素。基于理论基础构建黄河中游流域蒸腾量变化影响因素的结构方程模型,分析黄河中游流域蒸腾量变化的影响因素,从而得出蒸散发量变化的影响因素。最终的黄河中游流域蒸腾量变化影响因素的结构方程模型,如图 7-22 所示,直接效应、间接效应、总效应统计见表 7-5。结构方程模型与相关性分析得出的数值不同是因为结构方程模型考虑了多种因子间的相互作用，而相关性分析没有这种功能，所以得出的数值不同，这也是结构方程模型的优点之一。

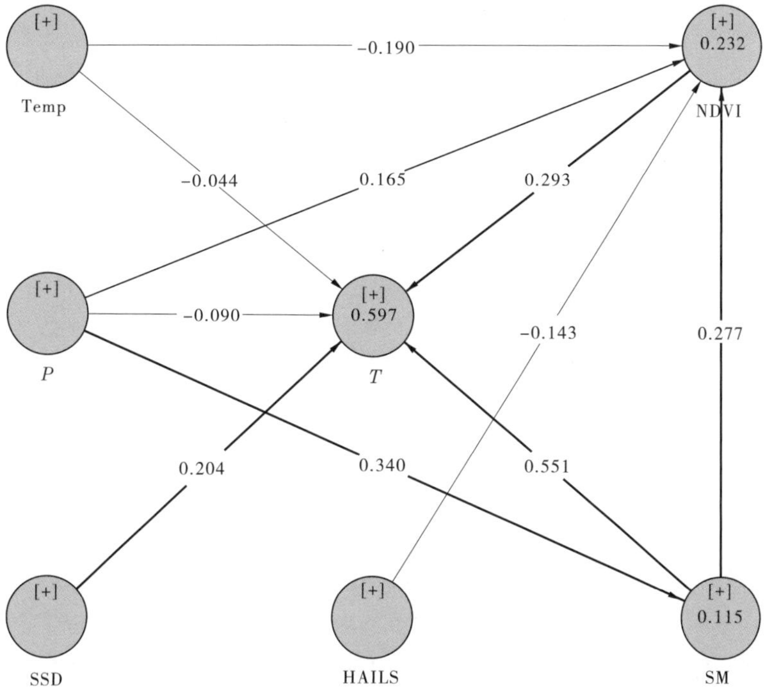

图 7-22　最终的黄河中游流域蒸腾变化影响因素结构方程模型示意(直接效应)

表 7-5　结构方程模型中驱动因素影响效应结果统计

影响因子	*T* 变化		
	直接效应	间接效应	总效应
Temp 变化	-0. 044	-0. 056	-0. 100
P 变化	-0. 090	0. 263	0. 173
SSD 变化	0. 204	—	0. 204
NDVI 变化	0. 293	—	0. 293
SM 变化	0. 551	0. 081	0. 632
HAILS 变化	—	-0. 042	-0. 042

对于 *T* 直接影响，土壤水分是最主要的影响因素，路径系数为 0. 551；其次为 NDVI，路径系数为 0. 293；最后是日照时间，路径系数为 0. 204，这 3 种因素都对蒸腾有正向影响，温度和降水对蒸腾有较小的负向影响，路径系数分别为 -0. 044 和 -0. 090；而结合间接效应来看，土壤水分通过促进植被生长，从而增加蒸腾量，对蒸腾变化总影响力达到了

0.632,降水总效应呈正影响,路径系数为0.173,温度总效应依然为负影响,路径系数为-0.100,人类活动强度间接对蒸腾具有负影响,路径系数为 -0.042。

影响蒸腾的主要因子是土壤水分,土壤水分与NDVI有明显的正相关关系(薛少博等, 2021),土壤水分增加促进植被生长,增强气孔导度对蒸腾作用产生正效应,大多研究表明土壤水分含量高时,蒸腾多(罗迪文等, 2020);其次为NDVI,NDVI增加说明区域植被生长良好,植被覆盖度增加,蒸腾量自然会增加;光照有利于促进植物气孔开启,促进光合作用,增加植被蒸腾量,影响力也较大;降水间接效应为0.263,远大于其对蒸腾的直接影响,总效应表现出对蒸腾的正影响,主要通过直接控制植被生长,或者增加土壤水分来促进植被生长增加蒸腾量;气温对蒸腾表现出负效应,温度升高,土壤水分下降,植被可吸收的水分减少,蒸腾作用就会减弱,以减少植物体内水分的散失,而蒸腾量增加又会使气温降低,气温和降水对蒸腾影响很小,不是主要的气候影响因子,与气温和降水相比,日照是影响蒸腾量的主要气候因子;人类活动强度通过对植被的破坏,进而使蒸腾量减少。从蒸腾量影响因素来看,主要都是通过影响植被生长来影响蒸腾量发生变化,所以植被在黄河中游流域蒸腾量变化过程中具有极其重要的作用。

尽管植被覆盖度增加会降低土壤对太阳辐射的吸收,降低土壤蒸发量,但其减小的幅度远小于植被蒸腾量增加的幅度,从而最终使蒸散发量增加。黄河中游流域一些蒸腾大量增加的区域显示蒸发量明显降低,二者呈相反的变化趋势,所有影响因素都与植被生长密切相关,因此黄河中游流域植被覆盖度和土壤水分的变化是蒸腾变化的主导因素,日照是主要的气候因素,温度和降水量影响较小,符合王雅舒等(2019)对整个黄土高原蒸散发量变化的研究结论,即土壤水分及植被变化导致蒸腾量增加,进而使蒸散发量增加。

7.5 蒸散发分割(蒸腾蒸散比 *T*/ET)变化的影响因素分析

揭示蒸散发变化的驱动机制,不仅要明晰不同影响因素对蒸散发组分变化的驱动机制,还需要关注不同蒸散发组分相对重要程度(蒸散发分割)的变化,蒸散发分割一般用蒸腾对蒸散发的贡献(*T*/ET)表示,反映植被在陆地生态系统水分利用中的作用,*T*/ET值越高,生态系统中用于植被生长耗水的比例越大,也是影响蒸散发变化进而影响水分利用效率的重要因素,目前的研究对黄河中游流域蒸腾蒸散比时空变化规律及其驱动机制的认识不足。因此,本节根据7.2.4对蒸腾蒸散比的时空变化特征的分析,基于自然因素和人为因素对蒸散发分割空间异质性和年际变化的驱动作用进行分析,揭示黄河中游流域蒸散发分割时空变化的主要影响因素。

7.5.1 蒸散发分割空间异质性驱动因素

由7.2.4可知,由于环境因子之间存在相互作用,蒸腾蒸散比具有较高的空间异质性,地理探测器是探测地理现象空间分异性的工具,能够利用空间分异性找出驱动空间分异的主要因子,探测出两因子交互作用于因变量的影响力,并且这些过程都是定量的(Wang et al., 2010),因此本书用该方法进行蒸散发分割空间异质性的分析。根据地理探测器中的因子探测器和交互作用探测器分析黄河中游流域不同年份 *T*/ET 产生空间异质性的影响因素(见图 7-23)。因子探测器显示,2000 年影响因素影响力大小排序为降水(0.76)>NDVI(0.71)>日照(0.58)>气温(0.44)>土壤水分(0.27)>人类活动强度(0.13),与 2005 年相同,降水和 NDVI 是影响 *T*/ET 空间分布的主要因素,刚刚开始实施的生态保护工程,植被覆盖度得到了有效提高,蒸腾占比受到植被覆盖影响大。而到了 2010 年和 2015 年,降水的影响力下降,主要影响因素变为 NDVI 和日照,2020 年影响因素影响力大小排序为降水(0.41)>土壤水分(0.35)>NDVI(0.34)>气温(0.33)>日照(0.14)>人类活动强度(0.05)。2000—2020 年,除土壤水分影响力增大外,其他因素的影响力均减小,植被影响力快速减小,由于在生态工程中大量种植树木,虽然生态系统得到了恢复,却也消耗了大量的土壤水分,土壤水分对 *T*/ET 的影响慢慢增加,未来甚至会超过 NDVI 的影响,王雅舒等(2019)在黄土高原的研究也证明了这一点。交互因子探测器显示,2000 年、2005 年和 2010 年降水与 NDVI 交互作用影响力最大,分别为 0.84、0.82 和 0.77,2015 年 NDVI 与土壤水分交互作用最大,影响力为 0.69,2020 年土壤水分与降水交互作用最大,影响力为 0.65,可以看出环境因子交互作用能够提高单因子对 *T*/ET 的影响力。

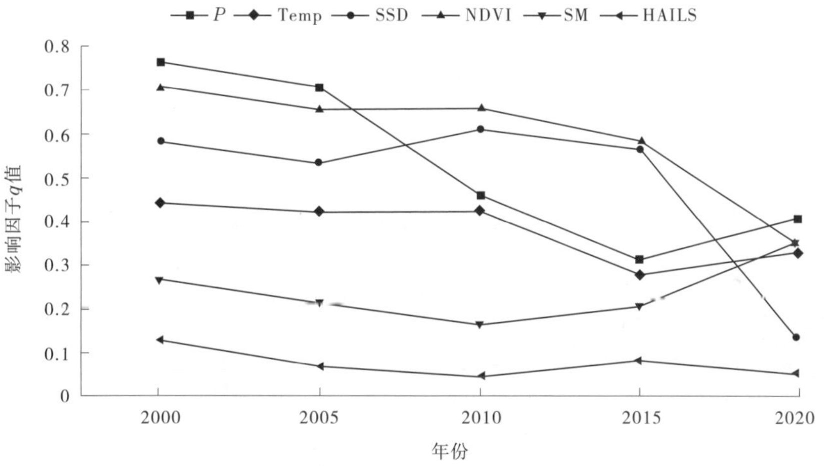

图 7-23　蒸腾蒸散比空间异质性影响因素

7.5.2　蒸散发分割变化的影响因素

黄河中游流域蒸散发分割影响因素的结构方程模型如图 7-24 所示,对于 *T*/ET 的直接影响,与蒸腾不同的是,NDVI 为影响蒸腾蒸散比的最主要因素,路径系数为 0.350(见表 7-6),土壤水分是次要的影响因素,路径系数为 0.314;接着为日照时间,路径系数为 0.238,这 3 种因素都对 *T*/ET 有正影响,温度和降水对 *T*/ET 有较小的负影响,路径系数分别为-0.127 和-0.023。结合间接效应来看,土壤水分成为总效应最大的因素,总效应为 0.411;其次为 NDVI 和日照时长;降水通过促进植被生长和改变土壤水分间接影响 *T*/ET,使总效应呈正影响,总效应为 0.174;温度总效应依然为负影响,总效应为-0.193,

气候因素中日照时数对蒸散发分割影响最大;人类活动强度对 *T*/ET 具有负影响,总效应为-0.050。除降水对 *T*/ET 的直接效应路径系数不显著外,该模型已通过适配度检验及各路径也已通过 0.01 的显著性检验。

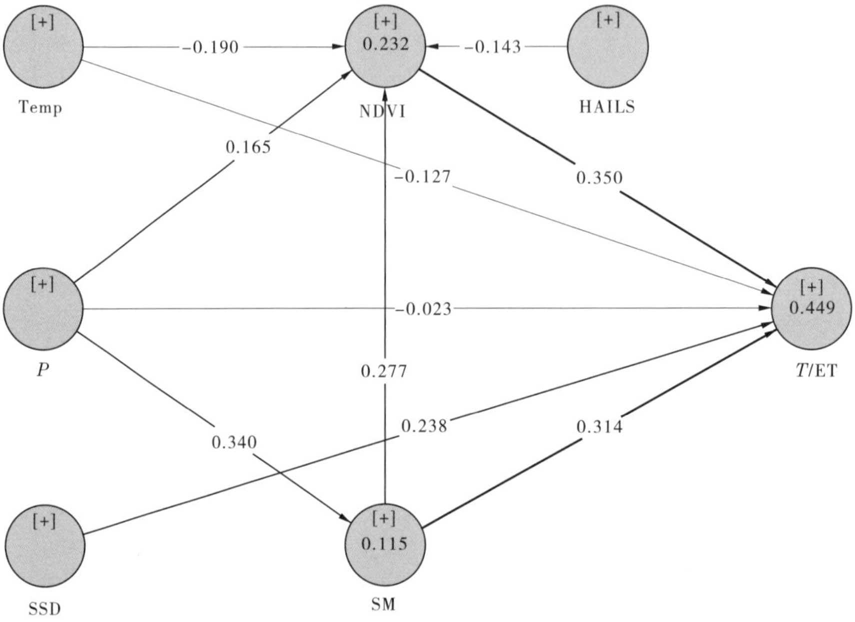

图 7-24　黄河中游流域蒸散发分割影响因素的结构方程模型示意(直接效应)

表 7-6　蒸腾蒸散比驱动因素影响效应结果统计

影响因子	*T*/ET 变化		
	直接效应	间接效应	总效应
Temp 变化	-0. 127	-0. 066	-0. 193
P 变化	-0. 023	0. 197	0. 174
SSD 变化	0. 238	—	0. 238
NDVI 变化	0. 350	—	0. 350
SM 变化	0. 314	0. 097	0. 411
HAILS 变化	—	-0. 050	-0. 050

植被覆盖度等因素会对蒸散发分割结果产生影响,一般来说,当 NDVI 增加时,植被叶面积指数就会增加,这样可以增强植物蒸腾和叶片遮阴效果,巨大的植被叶面积遮挡了太阳辐射,减少了土壤和大气之间的辐射通量,从而导致土壤蒸发量减弱,而蒸腾量进一步增加了,这与 Bai et al.(2019)的研究结果一致,最终导致 *T*/ET 增大,因此 NDVI 对

T/ET 有正影响,并且影响较大,植被对蒸腾的影响大于蒸发,进一步证明了黄河中游流域植被恢复导致的蒸腾量增加是蒸散发增加的重要影响因素,这与 Jiang 等(2020)的研究结果一致。降水量增加,空气湿度较大,蒸腾量减少,所以降水对 T/ET 的直接效应呈负影响,这与 Jiao 等(2018)的研究结果一致。

不同生态系统植被生理生态过程、生态系统结构等都存在较大差异,对蒸散发分割影响因素不同,因此根据我国多时期生态系统类型空间分布数据对黄河中游流域不同生态系统进行研究,黄河中游流域 37%为农田生态系统,34%为草地生态系统,20%为森林生态系统,5%为聚落生态系统,3%为荒漠生态系统,主要的生态系统 T/ET 平均值排序为:森林生态系统(0. 82)>农田生态系统(0. 79)>草地生态系统(0. 76)>荒漠生态系统(0. 52),符合已有研究的结论(于文颖等, 2022),这也与 7. 3. 1 中水分利用效率在不同生态系统中的大小排序一致,说明蒸腾蒸散比也影响了水分利用效率。

本书选取面积占比较大的农田、草地和森林生态系统进行研究,其中森林生态系统模型的拟合度最好(见图 7-25)。研究发现,对于农田生态系统来说,对 T/ET 影响的主要因素为土壤水分,路径系数为 0. 327,总效应为 0. 394;对于草地生态系统,T/ET 变化的主要影响因子是日照,路径系数为 0. 370;对于森林生态系统来说,T/ET 变化的主要影响因子是 NDVI,总效应为 0. 576,影响力远大于其他因素,任小丽等(2019)对我国东部蒸腾蒸散比时空变化的研究中也指出植被是影响 T/ET 年际变化的主要因素。

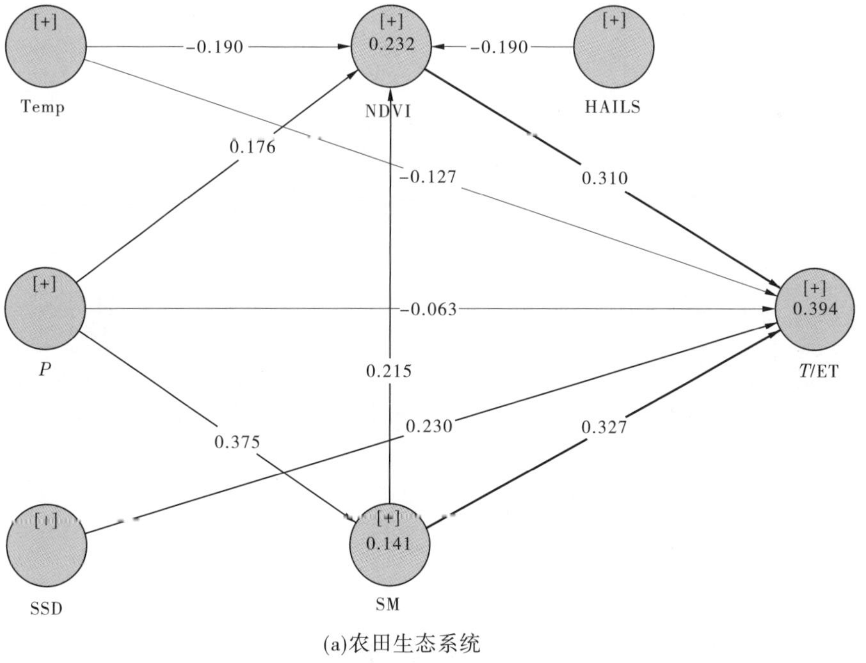

(a)农田生态系统

图 7-25　不同生态系统类型蒸腾蒸散比影响因素结构方程模型

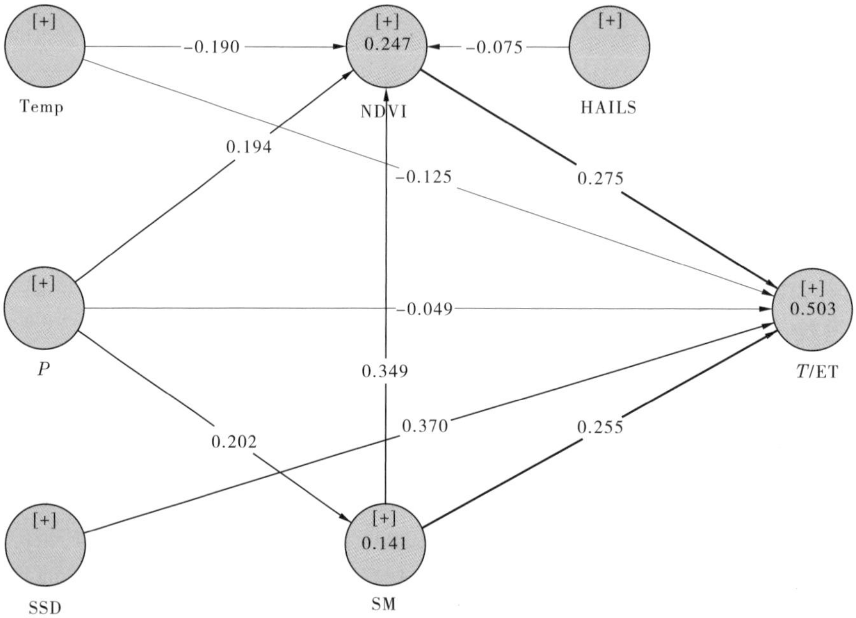

(b)草地生态系统

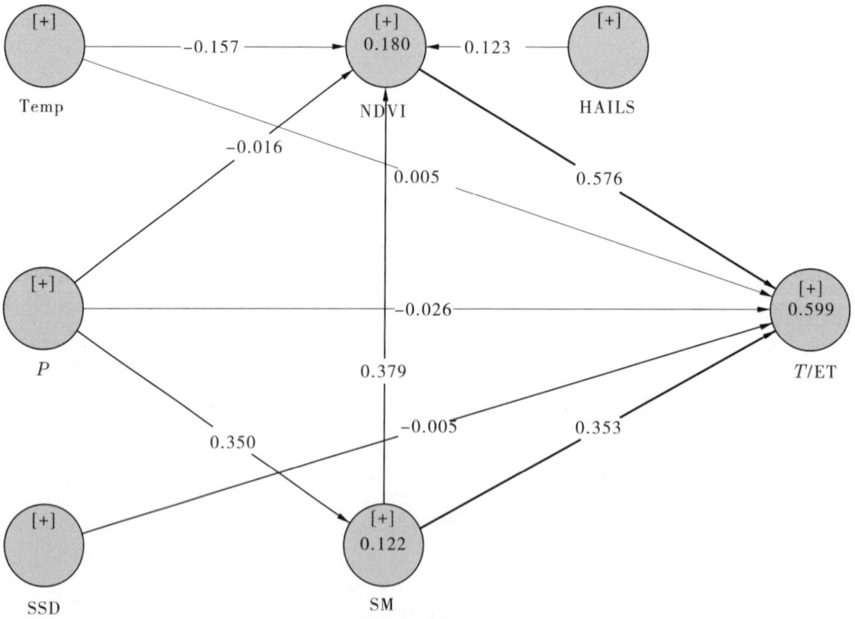

(c)森林生态系统

续图 7-25

第 8 章　不同尺度植被变化对水文过程的影响

本章选择藉河流域-罗玉沟-桥子沟典型嵌套流域，分析不同空间尺度下植被变化对水文过程的影响，解析随空间尺度变化植被对水文过程的影响程度。

8.1　桥子沟流域植被变化对水文过程的影响

8.1.1　桥子沟流域植被对蒸散发的影响分析

桥子沟流域年尺度下 NDVI 与蒸散发之间的相关性如图 8-1 所示，桥子沟流域年 NDVI 均值与年蒸散发量呈正相关关系，蒸散发量随着 NDVI 的增加而增加，两者的相关系数达到了 0.79。桥子沟流域蒸散发量整体在 200~700 mm，多年平均蒸散发量约为 512 mm。在 2000—2002 年蒸散发量在 200~400 mm，蒸散发量较小，2002 年之后蒸散发量呈逐渐增加趋势。2000—2002 年 NDVI 呈明显的增加趋势，2000—2002 年 NDVI 与蒸散发量变化趋势一致，而在 2002 年蒸散发量减小，而 NDVI 呈增加趋势，说明在 2002 年时蒸散发量可能受到降水及气温的影响，使蒸散发量有所减小，而植被呈增加趋势可能是由于实施了退耕还林政策，减少了人类活动等因素的影响。2014 年和 2016 年 NDVI 呈减小趋势，而蒸散发量较大，说明在该时期蒸散发量受到气温的影响较大，气温越高，蒸散发量越大，植被吸收的水分越少，NDVI 较低。

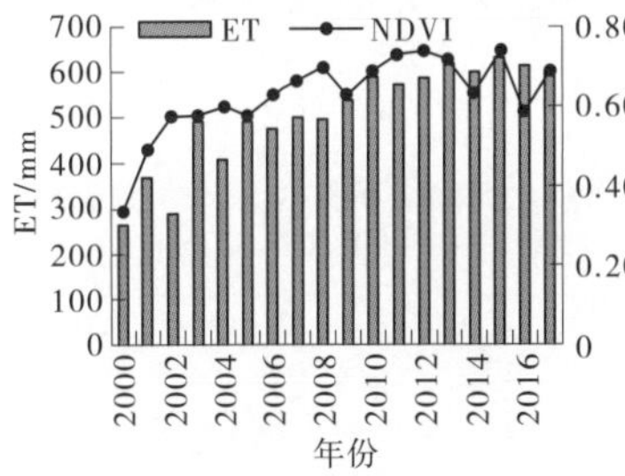

(a)植被-蒸散发关系

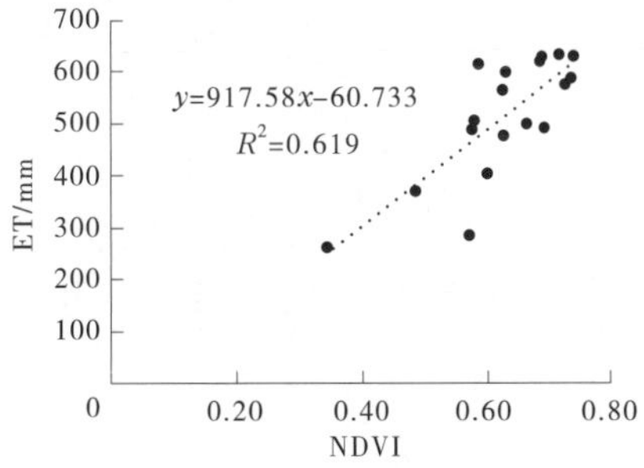

(b)植被-蒸散发相关性

图 8-1　桥子沟流域年尺度下 NDVI 与蒸散发之间的相关性

桥子沟流域植被与蒸散发量在季节尺度下的变化趋势如图 8-2 所示。不同季节尺度下 NDVI 与蒸散发量存在不同的相关性，春、夏、秋、冬与生长季的相关系数分别为 0.49、0.90、0.64、0.05 和 0.84，夏季和生长季植被与蒸散发量呈正相关关系，且相关性达到最大。春季蒸散发量在 50~200 mm，多年平均蒸散发量约为 113 mm，NDVI 值在 0.2~0.5，多年平均 NDVI 值为 0.386；夏季蒸散发量在 50~400 mm，多年平均蒸发量为 198 mm，NDVI 值在 0.2~0.7 波动变化，多年平均 NDVI 值为 0.55；秋季和冬季蒸散发量均在 50~

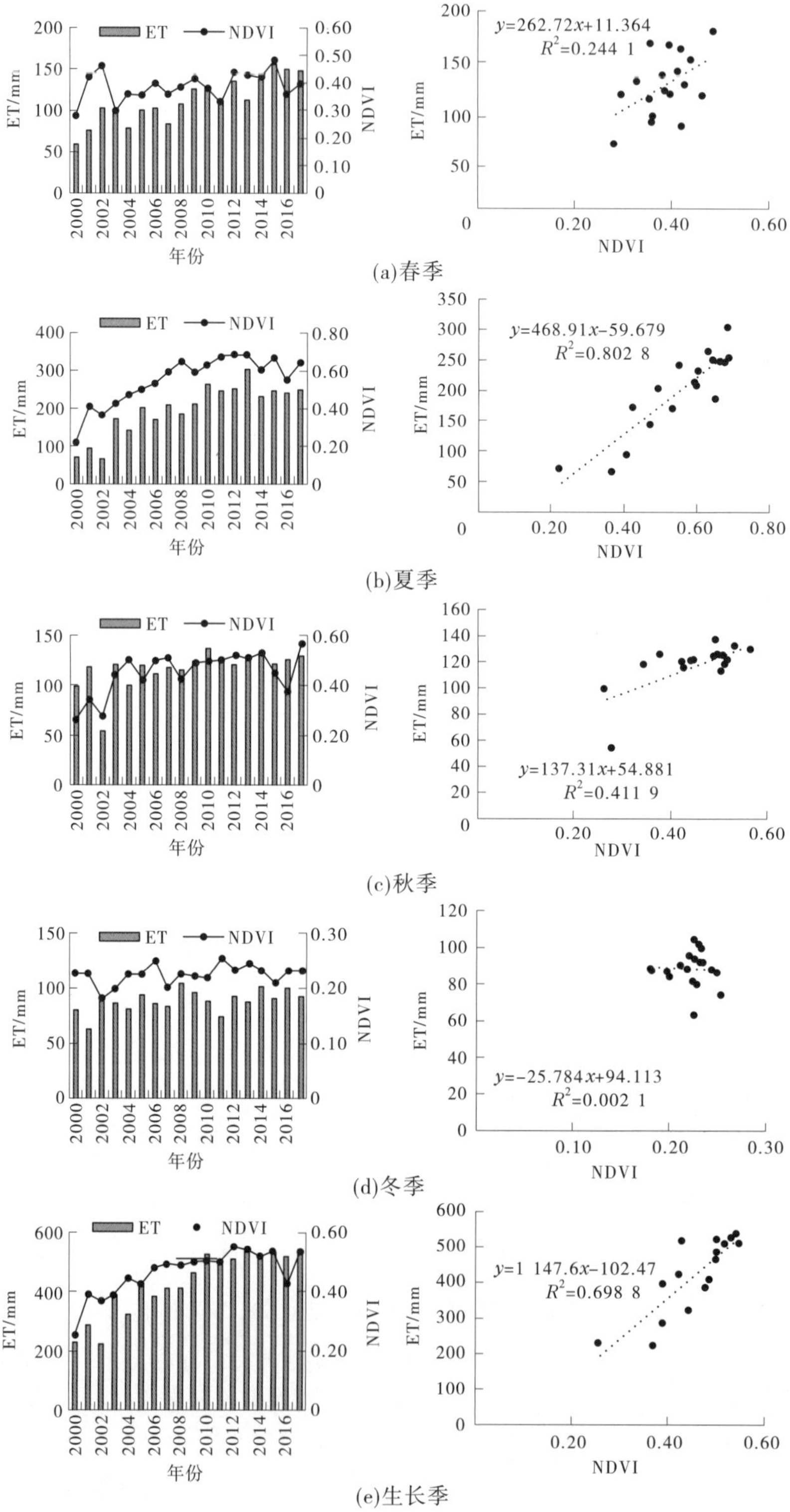

图 8-2 桥子沟流域 NDVI 与蒸散发在季节尺度下的变化趋势

150 mm，多年平均蒸散发量分别为 117 mm、88 mm，NDVI 值在 0.2～0.6、0.1～0.3 波动变化，多年平均 NDVI 值分别为 0.452 和 0.224。桥子沟流域植被生长季期间蒸散发量在 200～600 mm，多年平均蒸散发量为 428 mm，多年平均 NDVI 值为 0.462。由此可以看出，桥子沟流域植被增加，蒸散发量也随之增加，且在夏季达到最大；植被减少，蒸散发量也随之减小，冬季达到最低，且冬季 NDVI 与蒸散发量呈负相关关系。

8.1.2　桥子沟流域植被对径流的影响分析

桥子沟流域年平均降水量与年平均径流量的关系如图 8-3 所示。由图 8-3(a)可知，径流量与降水量呈现出同增同减趋势，但在 2001 年和 2013 年降水量与径流量的关系与其他年份的二者的变化趋势不同，2001 年降水量较 1998 年降水量有所减少，而径流量却比 1998 年径流量高，可能是由于在该时期降水量入渗较少，且气温较低，减少了蒸散发量，从而使径流量增加；2013 年降水量增加，而径流量却在减小，说明在该时期降水量入渗或蒸散发量较多，径流量减少。由图 8-3(b)可知，径流量与降水量呈正的指数关系，相关系数达到 0.667 4。

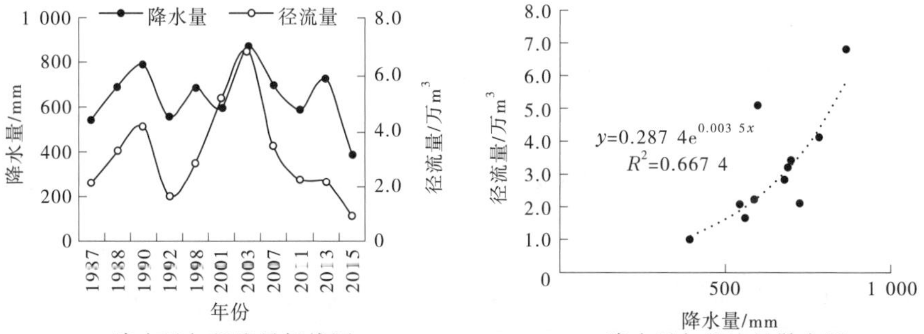

(a)降水量与径流量折线图　　(b)降水量与径流量散点图

图 8-3　桥子沟流域年平均降水量与年平均径流量的关系

径流系数为径流深与降水量之间的比值，由于径流和降水数据的不连续性，所以挑选了桥子沟流域分别在 250 m、500 m 和 1 km 分辨率下 2001 年、2003 年、2007 年、2011 年、2013 年和 2015 年的 NDVI 与径流系数的散点图(见图 8-4)。可以看出，NDVI 与径流系数呈反比关系，即径流系数随着 NDVI 的增加呈减小趋势，250 m、500 m 和 1 km 分辨率下相关系数分别为 0.887 6、0.885 2 和 0.856 5，由此可知，桥子沟流域 NDVI 在 250 m 分辨率下与径流系数的相关性高于其他两个分辨率下的相关性，因此在桥子沟流域进行植被与水文关系的研究中选取 250 m 分辨率下的 NDVI 与径流系数能够呈现出较好的相关性。

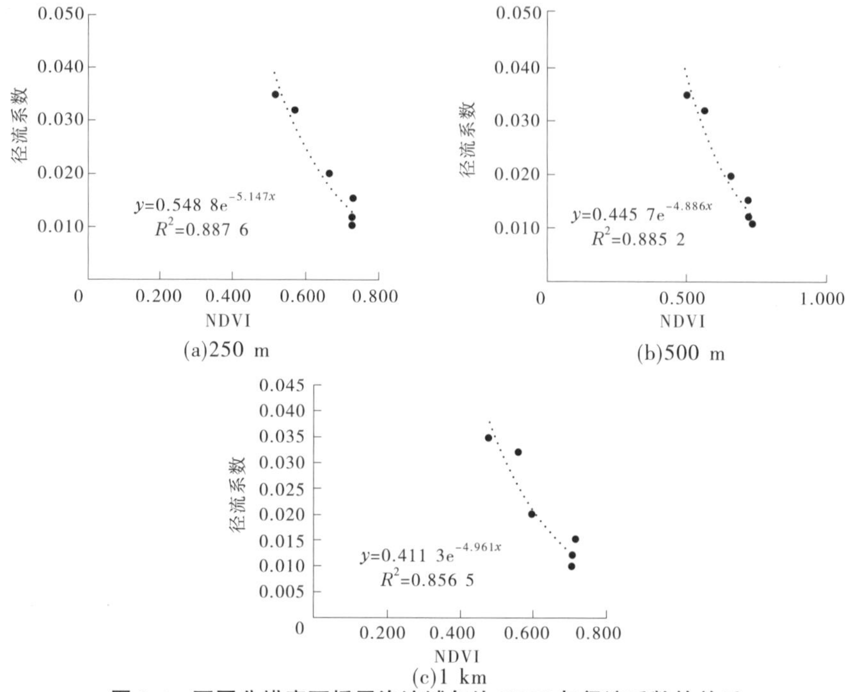

图 8-4　不同分辨率下桥子沟流域年均 NDVI 与径流系数的关系

8.2　罗玉沟流域植被变化对水文过程的影响

8.2.1　罗玉沟流域植被对蒸散发的影响分析

罗玉沟流域年尺度下植被与蒸散发呈正相关关系，相关系数达 0.78(见图 8-5)，罗玉沟年尺度蒸散发量整体在 200~700 mm，多年平均蒸散发量为 518 mm，NDVI 值在 0.4~0.7，多年平均 NDVI 值为 0.604[见图 8-5(a)]。蒸散发量随着植被 NDVI 的增加而逐渐增加，但少许时期二者存在相反的变化趋势。如在 2012 年 NDVI 达到 18 年最大值，而蒸散发量却比 2011 年和 2013 年低，可能原因是土地利用等类型的改变使 NDVI 增加，而蒸散发量由于降水量较小，从而蒸散发量也较小。

罗玉沟流域年尺度下植被-蒸散发量的空间相关系数分布如图 8-6 所示。NDVI 与蒸散发相关系数在 0.6~0.8 分布较多，而在北部边缘及东部少部分区域相关性在 0.8~1.0，相关性高的区域同样是植被长势较好，NDVI 高值存在区域，且该部分区域植被覆盖相对稳定，植被异质性较低，说明植被覆盖越大越稳定，蒸散发量越大，植被与蒸散发量之间存在正的相关关系。植被-蒸散发数据的相关系数处于 0~0.2 范围较少，罗玉沟流域整体二者存在较高的相关性。

罗玉沟流域植被与蒸散发量在季节尺度下的变化趋势如图 8-7 所示。罗玉沟流域植被与蒸散发量在春、夏、秋、冬季与生长季的相关系数分别为 0.19、0.88、0.68、0.07 和 0.78，夏季和生长季植被与蒸散发量呈正相关关系，且相关性达到最大。春季蒸散发量在

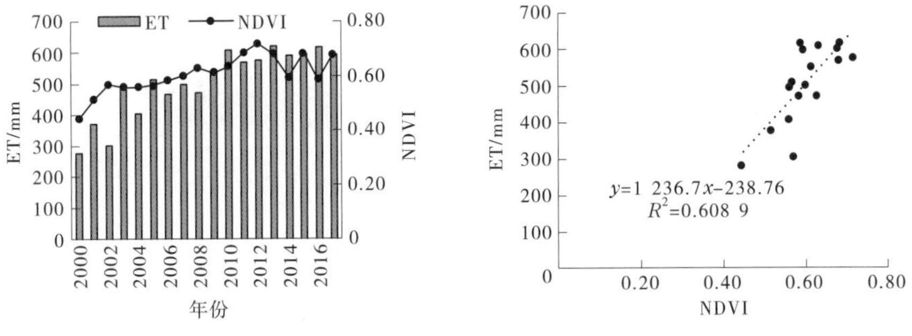

(a)植被-蒸散发关系　(b)植被-蒸散发相关性

图 8-5　罗玉沟流域年尺度下植被-蒸散发关系

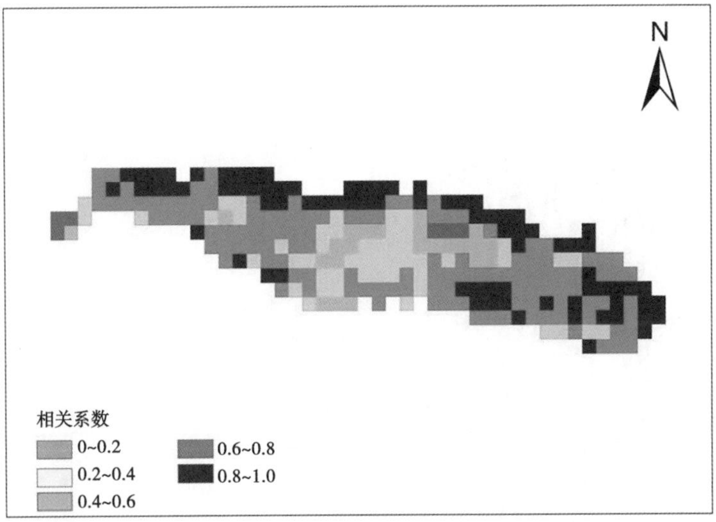

图 8-6　罗玉沟流域年尺度下植被-蒸散发相关系数空间分布

50~200 mm,多年平均蒸散发量约为 113 mm,NDVI 值在 0.2~0.5,多年平均 NDVI 值为 0.392;夏季蒸散发量在 50~300 mm,多年平均蒸发量为 194 mm,NDVI 值在 0.2~0.7 波动变化,多年平均 NDVI 值为 0.521;秋季和冬季蒸散发量均在 50~150 mm 内,多年平均蒸散发量分别为 116 mm、88 mm,NDVI 值分别在 0.2~0.6、0.1~0.3 波动变化,多年平均 NDVI 值分别为 0.452 和 0.224。罗玉沟流域植被生长季蒸散发量在 200~600 mm,多年平均蒸散发量为 424 mm,多年平均 NDVI 值为 0.455。由此可以看出,罗玉沟流域植被增加,蒸散发量也随之增加,且在夏季达到最大,植被减少,蒸散发量也随之减小,冬季达到最小,且冬季 NDVI 与蒸散发量呈负相关关系。小流域尺度下植被-蒸散发相关性较集水区尺度下植被-蒸散发量相关性低,这是由于罗玉沟流域整体受到人类活动的影响还是占主要因素,植被或多或少地受到一定的影响,蒸散发随植被的变化也逐渐变化,因此在小流域的植被-蒸散发相关性较集水区的相关性低。

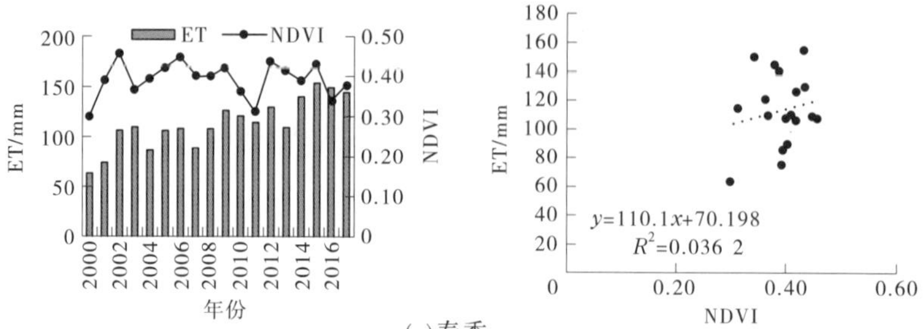

(a)春季

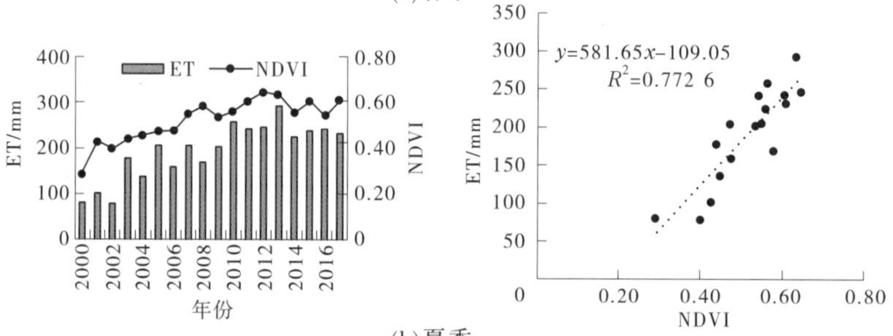

(b)夏季

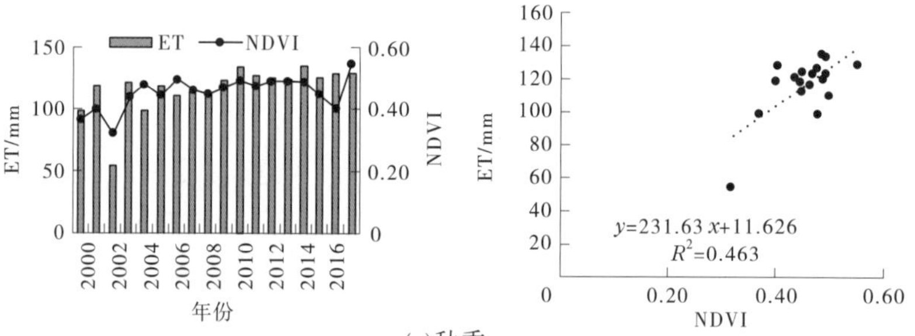

(c)秋季

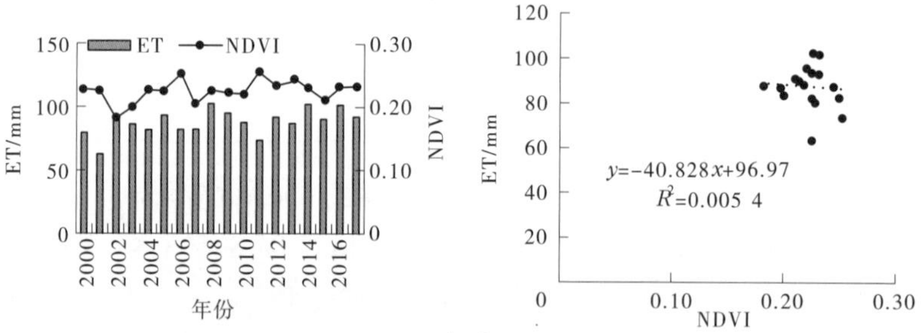

(d)冬季

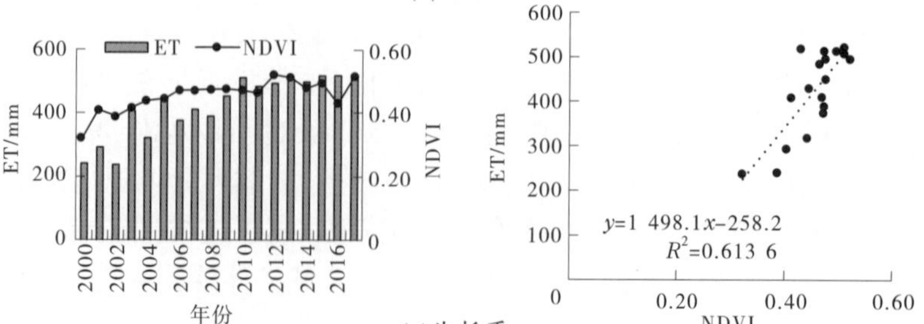

(e)生长季

图 8-7　罗玉沟流域植被与蒸散发量在季节尺度下的变化趋势

8.2.2　罗玉沟流域植被对径流的影响分析

罗玉沟流域降水与径流呈同步变化趋势，降水量增加，径流量随之增加；降水量减少，径流量随之减少[见图 8-8(a)]。罗玉沟流域降水与径流同样呈正的指数关系[见图 8-8(b)]，且相关性达 0.83，略高于集水区桥子沟的降水与径流的相关性。

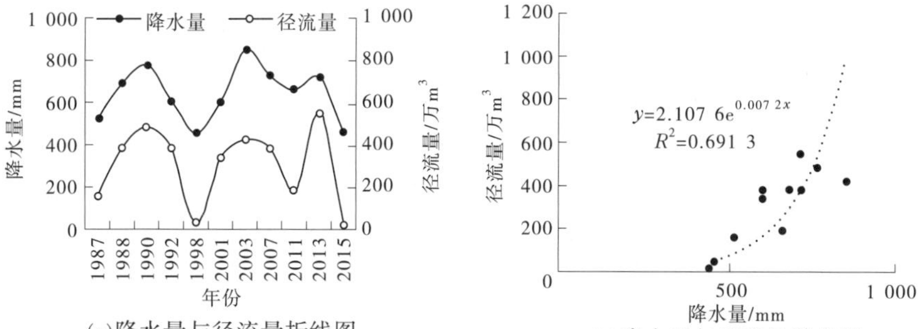

(a)降水量与径流量折线图　(b)降水量与径流量散点图

图 8-8　罗玉沟流域多年平均降水量与多年平均径流量关系

罗玉沟流域在不同分辨率下的 NDVI 与径流系数的关系如图 8-9 所示。径流系数与 NDVI 同样呈指数关系，随着 NDVI 的增加径流系数呈减少趋势，且在 3 种不同分辨率下的 NDVI 与径流系数的相关性分别为 0.88、0.91 和 0.89，植被在 500 m 尺度下与径流系数的相关性高。为了能够更好地表示植被与径流系数的关系，可以在罗玉沟流域尺度下选取 500 m 分辨率下的 NDVI 与径流系数成图。植被的增加，可以大量减少地表径流量，增加降水的吸收，使水的利用率呈增加趋势，同时植被的增加能够加强防风固沙的作用，减少水土流失，从而使生态环境逐渐变好，空气得到了净化。

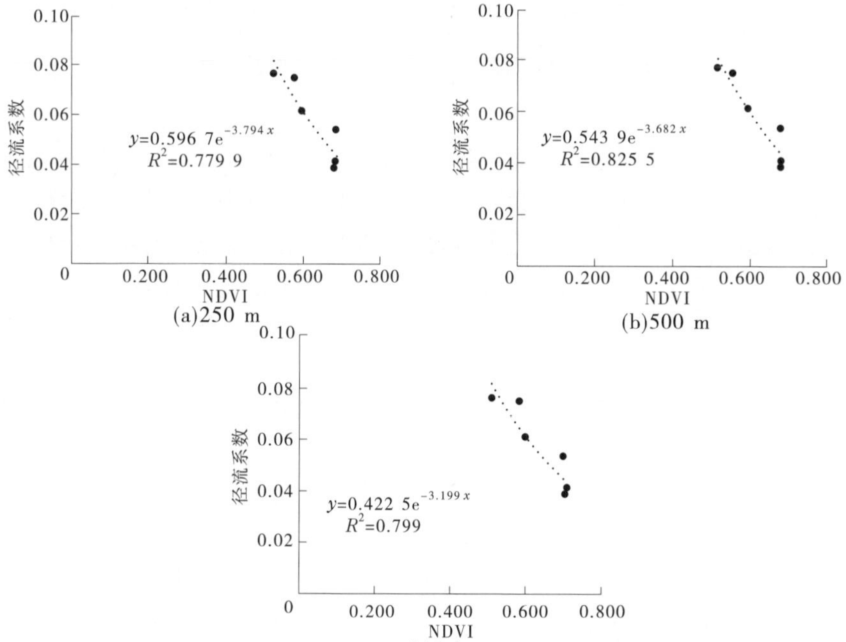

(a)250 m　(b)500 m　(c)1 km

图 8-9　罗玉沟流域在不同分辨率下的 NDVI 与径流系数的关系

8.3　藉河流域植被变化对水文过程的影响

8.3.1　藉河流域植被对蒸散发的影响分析

藉河流域年尺度下植被与蒸散发呈正相关关系,相关系数达 0.83(见图 8-10),高于集水区和小流域的相关性。藉河流域年尺度蒸散发量整体在 300~700 mm,多年平均蒸散发量为 552 mm,NDVI 值在 0.5~0.8,多年平均 NDVI 值为 0.659。藉河流域多年平均 NDVI 值和多年平均蒸散发量均高于集水区和小流域的均值,说明随着尺度的增加,NDVI 存在一定的增加,从而影响着蒸散发量也随之增加。藉河流域蒸散发量在 2008 年之前呈波动变化趋势[见图 8-10(a)],2008 年之后呈明显的增加趋势。藉河流域在 2014 年和 2016 年蒸散发量变化趋势与 NDVI 变化趋势相反,蒸散发量呈增加趋势,NDVI 呈减小趋势。

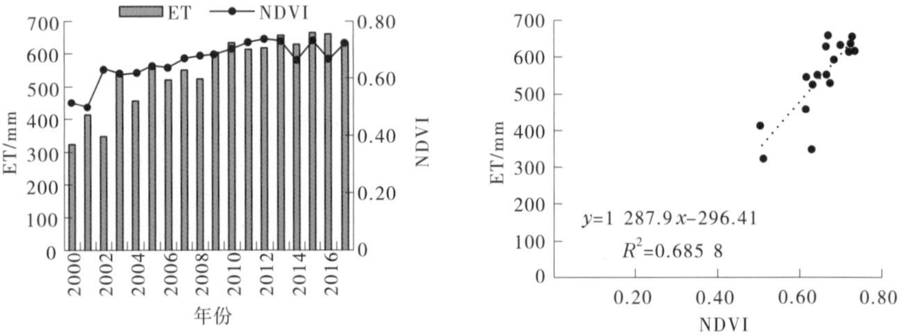

(a)植被-蒸散发关系　　(b)植被-蒸散发相关性

图 8-10　藉河流域年尺度下植被-蒸散发关系

藉河流域年尺度下植被-蒸散发相关性空间分布如图 8-11 所示。藉河流域 NDVI 与蒸散发相关系数在 0.6~1.0 分布较多;在中下游东南方向以及上游少部分区域植被与蒸散发量的相关系数处于 0.8~1.0,且区域植被存在的空间异质性较小;而在藉河流域支流附近以及北部少部分区域,植被存在较高的空间异质性,植被覆盖呈现出相对不稳定状态,且该部分植被与蒸散发量的相关性较低,处于 0.4 以下,且存在小于 0 的相关性,即蒸散发量随着植被的增加而减少,说明在相关性小于 0 的区域,蒸散发量受到其他因素的影响使其减少。从整体来看,藉河流域植被-蒸散发量相关性处于 0.6 以上,呈正的相关性。

藉河流域植被与蒸散发在季节尺度下的变化趋势如图 8-12 所示。藉河流域植被与蒸散发量在春、夏、秋、冬季与生长季的相关系数分别为 0.50、0.91、0.72、0.37 和 0.85,四季与生长季期间的植被-蒸散发的相关关系均高于罗玉沟流域和桥子沟集水区,且藉河流域植被-蒸散发的相关系数在夏季与生长季达到最大。春季蒸散发量在 50~200 mm,多年平均蒸散发量约为 112 mm,NDVI 值在 0.3~0.5,多年平均 NDVI 值为 0.435;夏季蒸散发量在 100~400 mm,多年平均蒸发量为 225 mm,NDVI 值在 0.4~0.7 波动变化,多年平均 NDVI 值为 0.601;秋季和冬季蒸散发量均在 50~150 mm,多年平均蒸散发量分别为

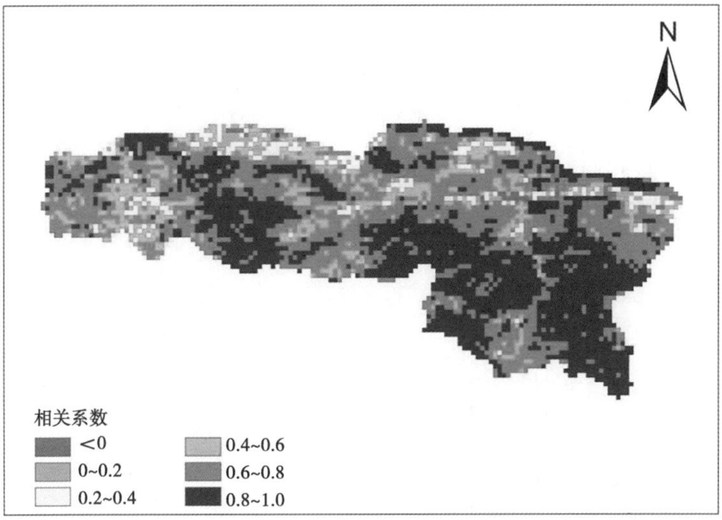

图 8-11　藉河流域年尺度下植被-蒸散发相关性空间分布

119 mm、89 mm，NDVI 值分别在 0.3～0.6、0.2～0.3 波动变化，多年平均 NDVI 值分别为 0.486 和 0.256。藉河流域植被生长季期间蒸散发量在 200～600 mm，多年平均蒸散发量为 424 mm，多年平均 NDVI 值为 0.455。由此可以看出，藉河流域在季节尺度下，随着季节的变化，NDVI 值增加，蒸散发量也随之增加，且在夏季均达到最大；植被减少，蒸散发量也随之减小，冬季达到最低。

8.3.2　藉河流域植被对径流的影响分析

藉河流域降水量整体在 400～1 000 mm，径流量在 0.05 亿～1.7 亿 m^3[见图 8-13(a)]，降水量大于罗玉沟和桥子沟。2003 年之前径流量随着降水量的减少而呈现减少趋势，2003 年降水量和径流量达到最大值。2003 年之后，径流量随着降水量的波动变化呈现出波动变化趋势。藉河流域降水量与径流量同样呈现出正的指数关系，且相关性达 0.84[见图 8-13(b)]。说明随着尺度的扩大，降水量和径流量也随着增加，且二者的相关性也逐渐增大。

藉河流域在不同分辨率下观测的植被与径流系数的关系如图 8-14 所示。径流系数与 NDVI 同样呈指数关系，径流系数随着 NDVI 的增加呈减少趋势，且在 3 种不同分辨率下的 NDVI 与径流系数的相关性分别为 0.76、0.75 和 0.77，植被在 1 km 尺度下与径流系数的相关性高。为了能够更好地表示植被与径流系数的关系，可以在藉河流域尺度下选取 1 km 分辨率下的 NDVI 与径流系数成图。植被的增加，可以大量地减少地表径流的增加，增加降水的吸收，使水的利用率呈增加趋势，同时植被的增加能够加强防风固沙的作用，减少水土流失，从而使生态环境逐渐变好，空气得到了净化。而随着尺度的扩大，植被与径流系数的相关性逐渐降低。

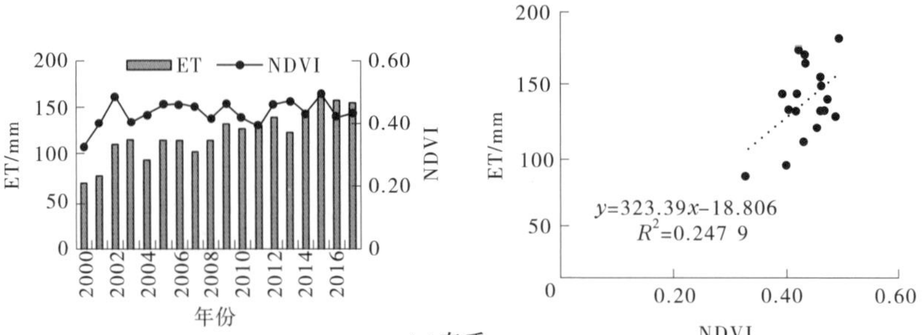

(a)春季

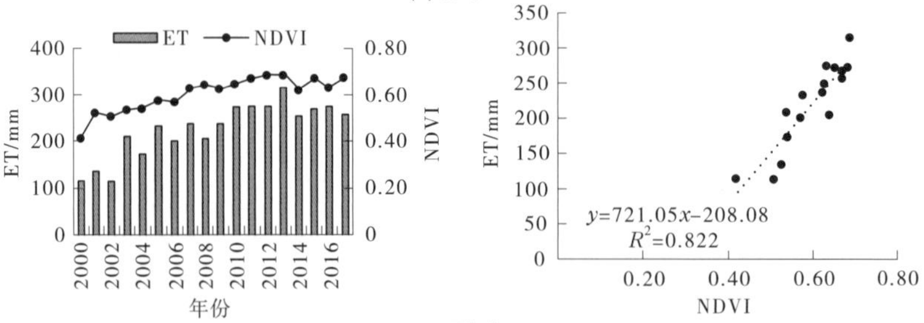

(b)夏季

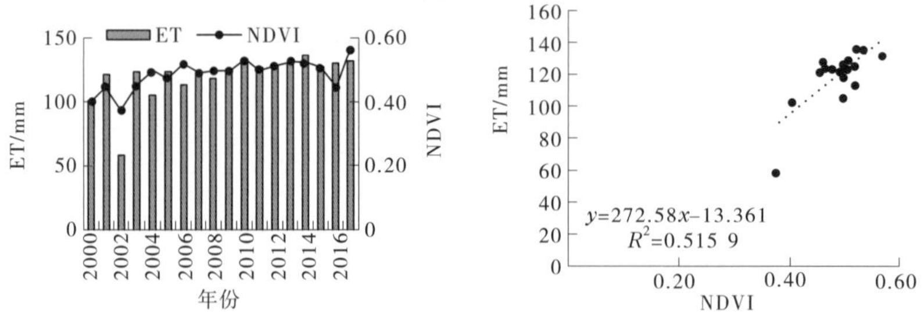

(c)秋季

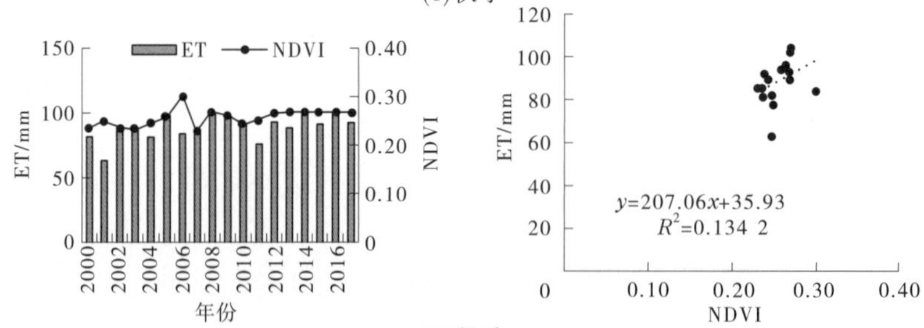

(d)冬季

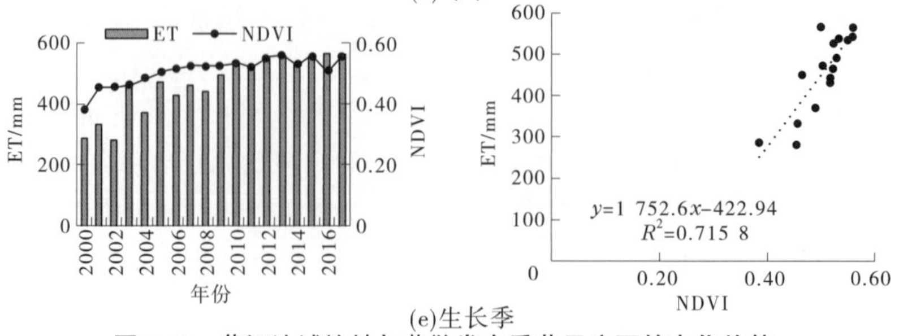

(e)生长季

图 8-12　藉河流域植被与蒸散发在季节尺度下的变化趋势

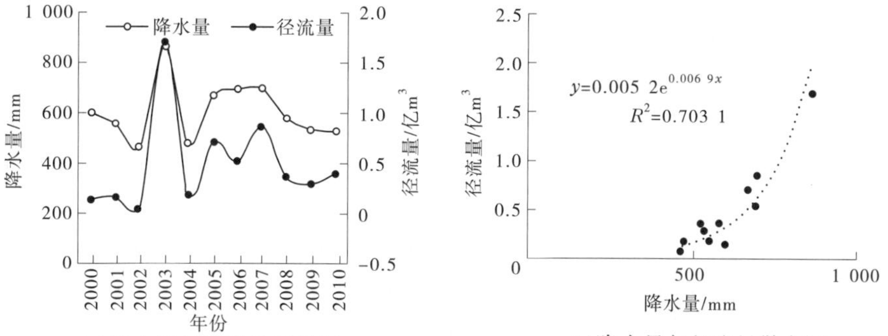

(a)降水量与径流量折线图　　(b)降水量与径流量散点图

图 8-13　耤河流域年平均降水量与年平均径流量关系

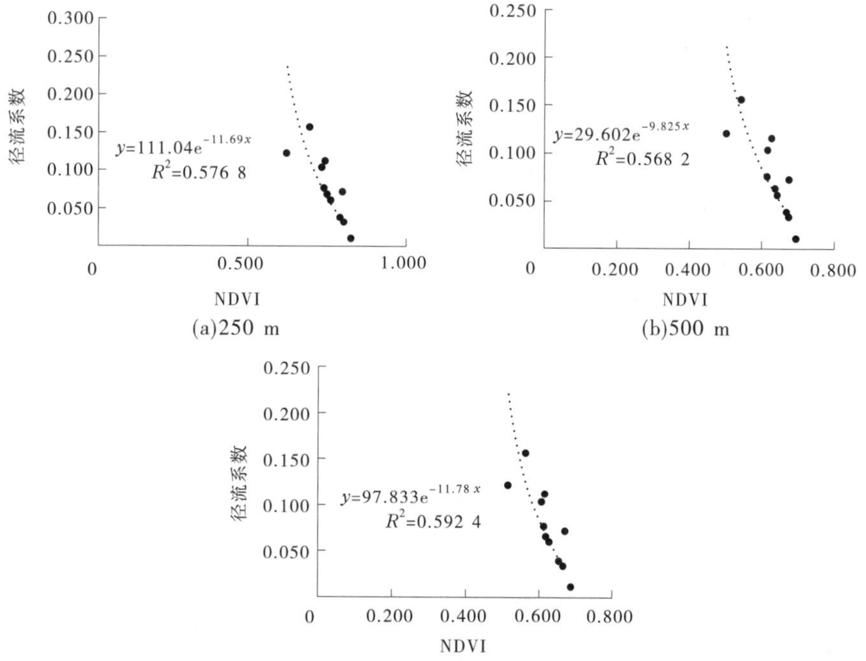

(a)250 m　　(b)500 m

(c)1 km

图 8-14　耤河流域在不同分辨率下观测的植被与径流系数的关系

8.4　不同尺度植被变化对水文过程的影响分析

桥子沟流域年尺度下 NDVI 与蒸散发量呈正相关关系，且二者的相关性达 0.79。季节尺度下 NDVI 与蒸散发量除冬季外均呈正相关关系，且夏季相关性最大，达 0.90。蒸散发量随着 NDVI 的增加而增加；反之，随着 NDVI 的减小而减小。桥子沟流域降水与径流呈正的指数关系，相关系数为 0.82；径流系数随着植被的增加呈减小趋势，说明植被能够有效地减少地表径流的产生，且在 250 m 分辨率下的 NDVI 与径流系数相关性为 0.942，达到最大。

罗玉沟流域年尺度下 NDVI 与蒸散发量呈正相关关系，相关系数达 0.78，且罗玉沟流域空间异质性较小的区域即植被覆盖相对稳定的地方 NDVI 与蒸散发的相关性最大。季节尺度下，夏季 NDVI 与蒸散发量相关系数为 0.88，植被增加，则蒸散发量增加；植被减少，则蒸散发量减少。罗玉沟流域降水与径流呈正的指数关系，相关系数为 0.83。罗玉沟流域植被增加，径流系数减小。

藉河流域年尺度下 NDVI 与蒸散发量呈正相关关系，相关系数为 0.83，且在中下游植被异质性较小的区域 NDVI 与蒸散发的相关系数较大，在支流周边异质性较强的区域 NDVI 与蒸散发的相关系数较小。夏季 NDVI 与蒸散发的相关性最高，相关系数为 0.91，蒸散发量与 NDVI 呈同增同减趋势变化。藉河流域降水与径流呈正的指数关系，相关系数为 0.84。藉河流域径流系数随着植被的增加呈减小趋势，说明植被能够有效地抑制径流的产生，促进水的利用。

集水区-小流域-流域尺度下，植被与蒸散发量呈正相关性，且在 3 种不同尺度下，二者相关系数均在 0.75 以上。随着观测尺度的增加，植被与蒸散发量的相关性逐渐增大。集水区-小流域-流域尺度下 NDVI 均在夏季与蒸散发量达到最大，相关系数分别为 0.9、0.88 和 0.91。集水区-小流域-流域尺度下年平均降水量和年径流量均呈正的指数关系，年径流量随着降水量的增加或减少而呈现增加或减少趋势，且随着尺度的增加，年平均降水量和年径流量的相关性逐渐增大。集水区-小流域-流域尺度下 NDVI 对径流系数的影响较大，径流系数随着 NDVI 的增加呈减小趋势，且集水区-小流域尺度下 NDVI 与径流系数的相关性较流域尺度下 NDVI 与径流系数的相关性大。

第 9 章　不同尺度植被变化对径流的影响及尺度转换

本章分析小流域与流域尺度植被变化对径流的影响机制，分析不同空间尺度下的效应，在此基础上提出不同尺度间植被-水文过程转换方法。

9.1　小流域尺度植被变化对径流的影响

9.1.1　藉河流域植被变化对径流的影响

植被变化对流域水文循环具有重要的调节作用，不同时期植被生长条件的不同会直接或者间接地影响径流的汇集，为了揭示流域径流对植被变化的响应机理，将 1981—2017 年划分为 1981—1992 年、1993—2008 年以及 2009—2017 年 3 个不同时期分析覆被变化对流域径流的影响。图 9-1 展示了藉河流域不同时期年径流量及径流系数的流量过程曲线（FDCs），以 1981—1992 年曲线为参照分析 1993—2017 年植被覆盖变化对径流的影响。

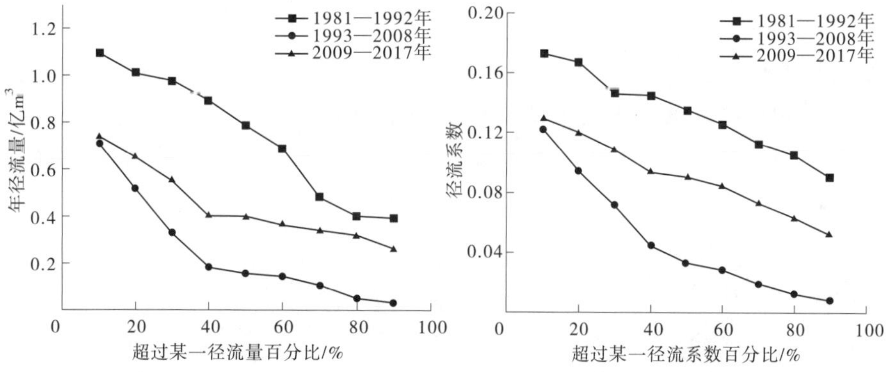

图 9-1　藉河流域不同时期年径流量及径流系数的流量过程曲线

从图 9-1 中可以看出，3 个不同时期的年径流量具有明显的差异，1981—1992 年时期年径流量高于其他两个时期，且与 1993—2008 年时期年径流量变化趋势较为相似。降水量是影响径流的主要因素，直接影响径流量的多少。为了消除降雨的差异，利用径流系数的流量过程曲线（FDCs）来分析植被变化对径流的影响。径流系数出现频率在 40%以上的变化趋势基本一致，而频率在 40%以下的径流系数的变化具有明显的差异。植被对径流的影响主要通过冠层对降雨的拦截作用和根系增强土壤的入渗能力实现对降雨的再分配，从而影响径流的产生。对 3 个时期的年径流量以及径流系数进行方差分析，不同时期年径流量以及径流系数有显著差异（$\alpha<0.05$），表明藉河流域覆被的变化对径流的减少影响较为显著。

双累积曲线法用来检测水文数据的不一致性,可对植被变化对径流产生的影响进行定量的评估,1981—2017 年藉河流域年径流量与年降雨量的双累积曲线如图 9-2 所示。可以看出,藉河流域 1981—1992 年累积年径流量与累积降雨量之间线性关系显著,相关系数高达 0. 995 2。可假定在此期间内径流和降雨呈现自然响应关系,植被变化未对该流域径流产生显著影响,利用 1981—1992 年累积年径流量与累积降雨量进行拟合,以此回归拟合参照线为基准来深入认识 1993—2017 年流域径流对植被变化的响应规律,与参照线之间的差值可代表流域覆被变化对径流的累积影响。1993 年以后,年累积径流整体偏离参照线呈现出逐渐增加的趋势,流域植被变化对累积年径流量产生抑制。

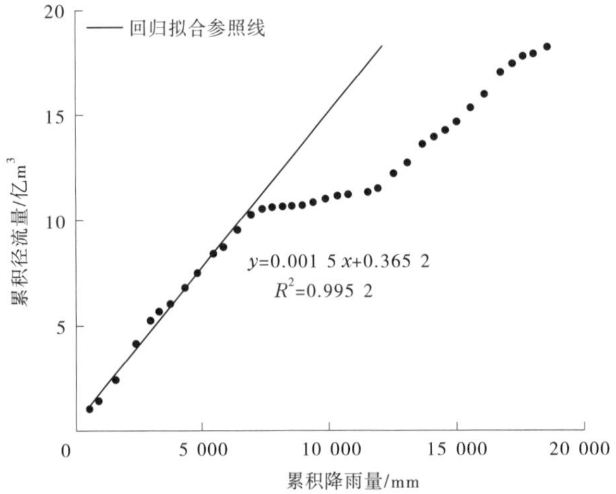

图 9-2　藉河流域年径流量与降雨量的双累积曲线(图中各点对应年份为 1981—2017 年,下同)

藉河流域 1993—2017 年植被覆盖的增加减少了年径流量(见图 9-3),平均每年减少 0. 40 亿 m^3,其中负值表示当年覆被变化对累积年径流量的减少影响。植被覆盖变化对累积年径流量的减少影响从 1993 年的 5. 71%逐渐增加到 2004 年的峰值 59. 03%,随后植被变化对径流的影响呈波动式减小的趋势,至 2017 年为 55. 2%。

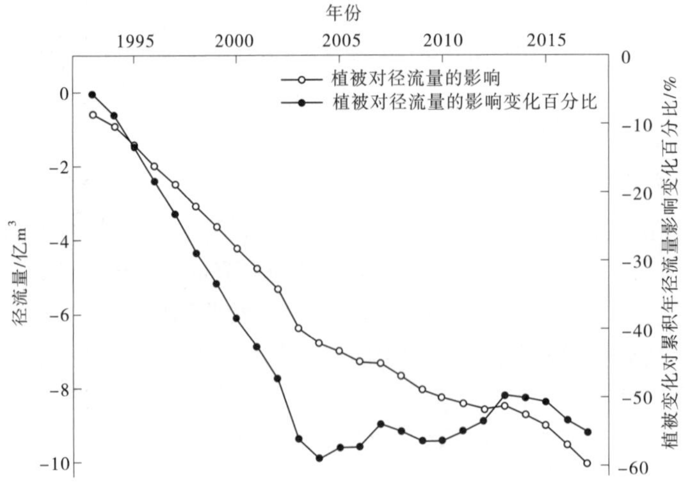

图 9-3　藉河流域植被变化对累积年径流量的减少影响

9.1.2　牛头河流域植被变化对径流的影响

根据牛头河流域植被变化情况将研究时间分为 1981—1992 年、1993—2010 年、2011—2017 年 3 个时期，分析不同时期植被变化对径流的影响。从图 9-4 中可以看出，年径流量越大，出现的频率越低。牛头河流域 3 个时期的年径流量分布范围有明显的差异，1981—1992 年径流量依次大于 2011—2017 年时期、1993—2010 年时期，随着超过某一径流量百分比的增加，年径流量变化的程度有所差异。2011—2017 年年径流量出现频率在 10%~20%的变化程度较大，差值为 1.03 亿 m^3。采用径流系数来消除降雨的差异并分析径流的变化情况，1981—1992 年、1993—2010 年径流系数的变化趋势基本一致，1993—2010 年径流系数的分布情况与径流量较为相似。

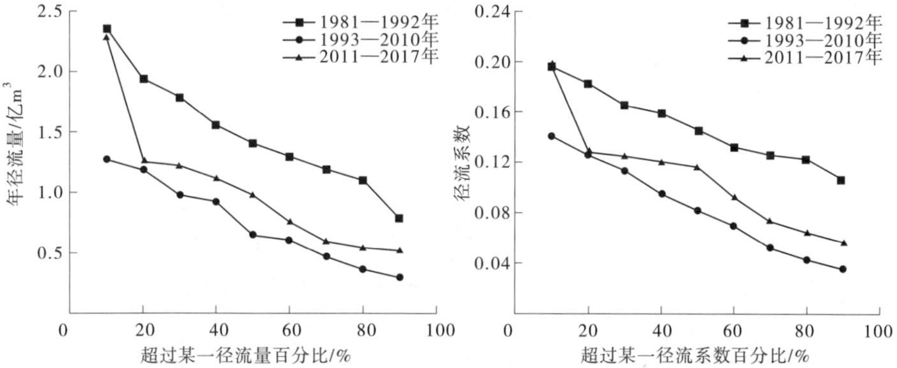

图 9-4　牛头河流域不同时期年径流量及径流系数的流量过程曲线

牛头河流域年径流量与降雨量的双累积曲线如图 9-5 所示。由图 9-5 可知，1981—1992 年累积年径流量与年降雨量的相关性较好，相关系数达 0.994 0。将 1981—1992 年累积年径流量与降雨量进行拟合，以回归拟合参照线为基准来分析植被对径流的影响情况。1993 年之后，实际点与预测点之间的差值逐渐增大，植被对径流的影响可大致分为 1993—2004 年、2005—2012 年、2013—2017 年 3 个阶段，植被变化对径流的减小作用也逐渐增强。

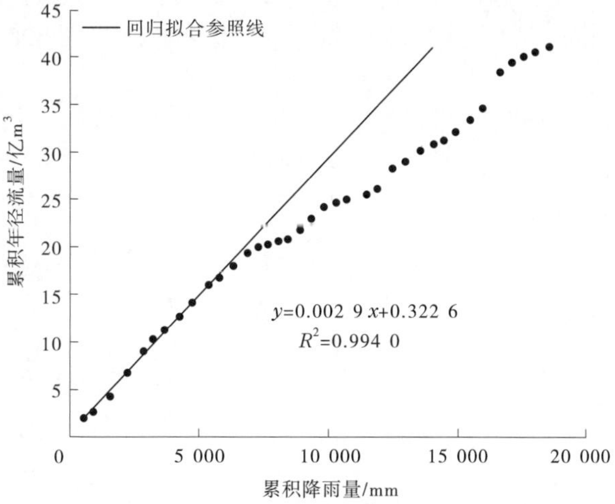

图 9-5　牛头河流域年径流量与降雨量的双累积曲线

牛头河流域1993—2017年植被变化对径流量呈减少的作用(见图9-6)。流域植被变化对累积年径流量的影响从1993年的-0.91亿m^3到2017年的-13.07亿m^3,变化趋势波动下降,分别在2000年、2005年和2013年出现短暂的回升。植被变化对累积年径流量影响变化百分比与径流量影响值的变化基本一致,1993年植被变化对累积年径流量的影响较为显著,流域植被对累积年径流量的减少影响为4.69%,随后波动减少到2010年,达到低谷为36.36%,然后先上升后下降到2017年为31.91%。

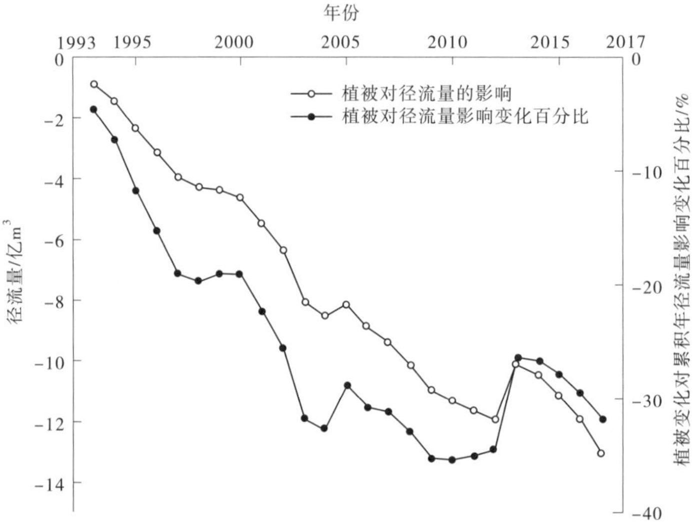

图9-6　牛头河流域植被变化对累积年径流量的减少影响

9.1.3　武山水文站以上流域植被变化对径流的影响

武山水文站以上流域不同时期年径流量及径流系数流量过程曲线如图9-7所示。将研究时间段分为1981—1992年、1993—2011年、2012—2017年3个时期。从不同时期年径流量过程曲线可以看出,1981—1992年和1993—2011年年径流量频率变化的趋势基本一致,变化范围分别为5.02亿~8.15亿m^3、1.75亿~4.21亿m^3,2012—2017年年径流

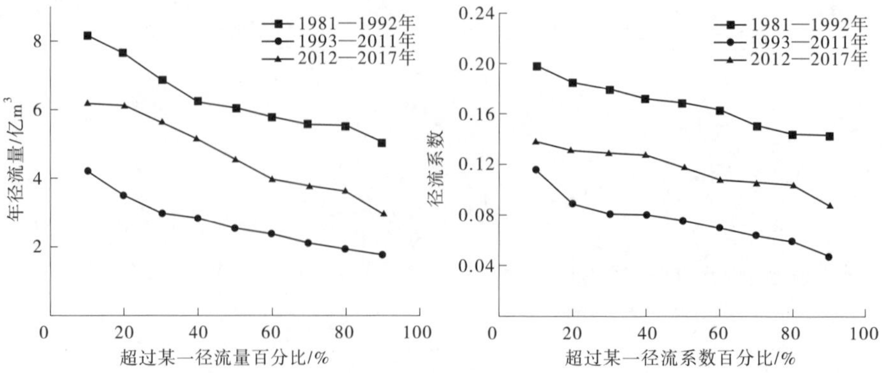

图9-7　武山水文站以上流域不同时期年径流量及径流系数的流量过程曲线

量变化范围处于其他两个时期之间。利用径流系数曲线分析植被变化对径流的影响,可以看出,3个时期频率出现在30%以上的径流系数变化趋势较为一致。

武山水文站以上流域径流量与降雨量的双累积曲线如图9-8所示。1981—1992年累积径流量与降雨量拟合效果较好,相关系数高达0.996 0,以回归拟合参照线为标准衡量植被变化对累积年径流量产生的影响,实际值偏离参照线的距离为影响的程度。可以看出,1993—2017年植被变化对径流产生的累积影响逐渐增大,主要表现为减小作用。

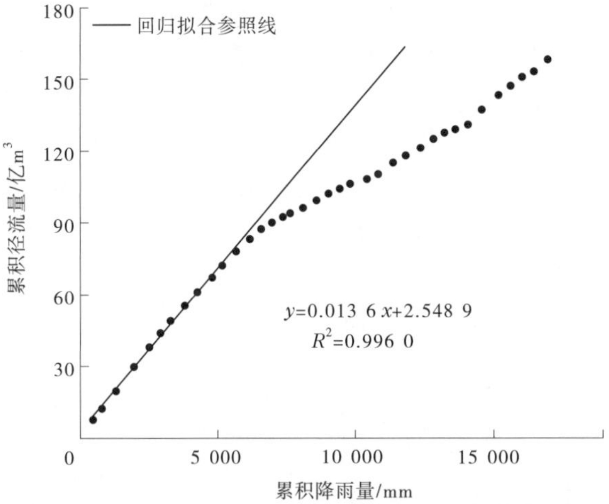

图9-8 武山水文站以上流域径流量与降雨量的双累积曲线

武山水文站以上流域植被变化对累积年径流量产生减少的作用(见图9-9),平均每年减少2.96亿m^3,负值表示当年植被变化对累积年径流量的减少影响。植被变化对径流量的累积影响大小从1993年的-3.03亿m^3到2017年的-74.69亿m^3,呈稳定的趋势增加,累积影响从1993年的3.6%增长到2017年的47.25%。植被的良好生长可以有效地减少地表径流,增加壤中流和地下径流,从而防治水土流失。

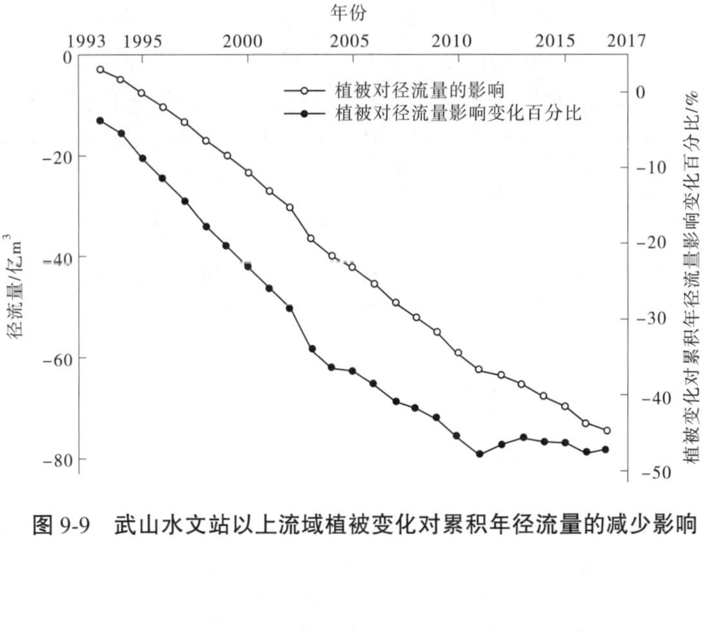

图9-9 武山水文站以上流域植被变化对累积年径流量的减少影响

9.1.4 葫芦河流域植被变化对径流的影响

根据葫芦河流域植被变化特征,将1981—2017年分为1981—1991年、1992—2009年和2010—2017年3个时间段来分析不同时期植被变化对径流的影响。如图9-10所示,不同时期葫芦河流域年径流量有明显的差异。1981—1991年时期年径流量40%以上集中在1.9亿~2.3亿 m^3,频率出现在40%以下的变化程度较大。此时期年径流量显著高于1992—2009年和2010—2017年两个时期,说明植被的增加减小了径流的产生。1992—2009年和2010—2017年两个时期年径流量变化程度较小且出现频率较为相似,主要集中在0.5亿~2.3亿 m^3。为了消除降雨的差异,利用葫芦河流域径流系数的流量过程曲线进行分析。可以看出,径流系数与径流量的流量过程曲线变化趋势较为一致,同样1992—2009年和2010—2017年径流系数曲线FDCs相对于1981—1991年明显下移且两个时期较为一致,植被的增加对流域径流有减小的作用。

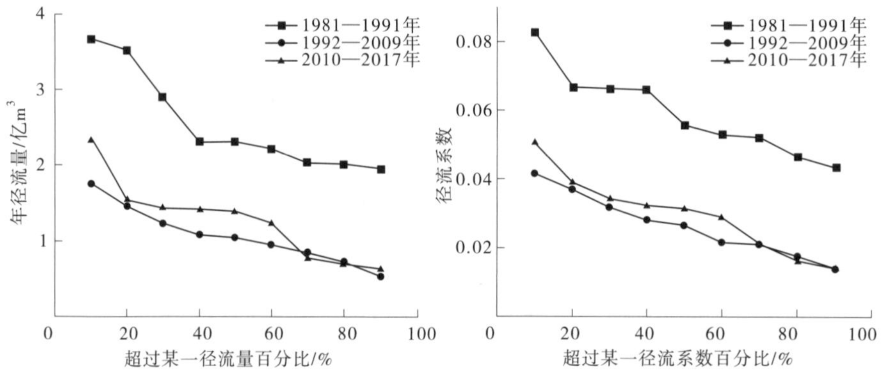

图9-10 葫芦河流域不同时期年径流量及径流系数的流量过程曲线

图9-11为1981—2017年葫芦河流域年径流量与降雨量的双累积曲线。可以看出,1981—1991年累积年径流量和降雨量之间相关性较好,假设在研究时间内植被变化对径流的干扰较小,径流和降雨的自然响应关系未被打破,以拟合出来的线性关系为基准来分析植被变化对径流的影响。1992年以后,年径流量偏离回归拟合参照线的趋势逐渐增加,即植被对径流累积抑制影响也在逐渐变大。

葫芦河流域植被变化对累积年径流量的影响如图9-12所示。1993—2017年流域植被变化对累积年径流量呈现减少的趋势,减少至2017年的24.66亿 m^3。流域植被变化对径流量的影响出现相对平稳的下降状态,在2014年对累积年径流量影响变化百分比回升到43%,之后继续下降至2017年。

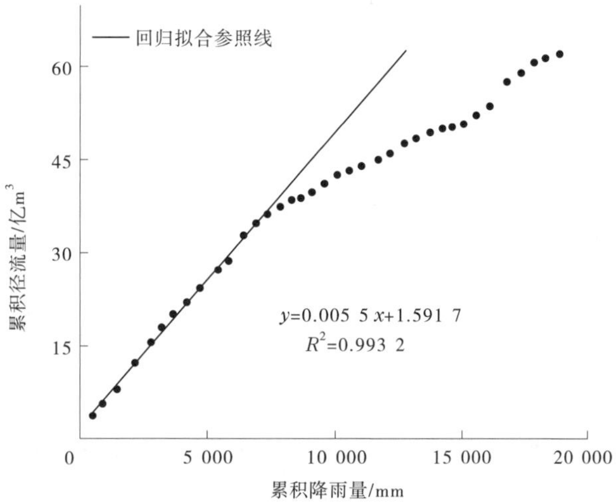

图9-11 葫芦河流域年径流量与降雨量的双累积曲线

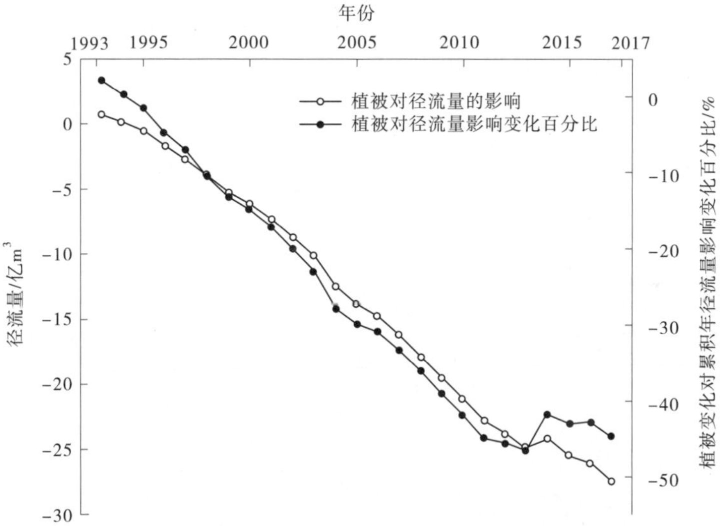

图9-12 葫芦河流域植被变化对累积年径流量的减少影响

9.2 流域尺度植被变化对径流的影响

根据渭河上游植被变化的趋势,将1981—2017年分为1981—1992年、1993—2009年和2010—2017年3个时期来分析植被变化对径流的影响。从不同时期年径流量的流量过程曲线(见图9-13)可以看出,3个时期年径流量呈现出先减少后增加的"V"形变化趋势,1981—1992年年径流量明显大于其他两个时期,变化范围在7.90亿~16.76亿m^3。年径流系数的流量过程曲线与年径流量的变化情况较为一致,曲线相对较为平缓,1993—2009年和2010—2017年径流系数变化情况较为相似,变化范围集中在0.025~0.081。

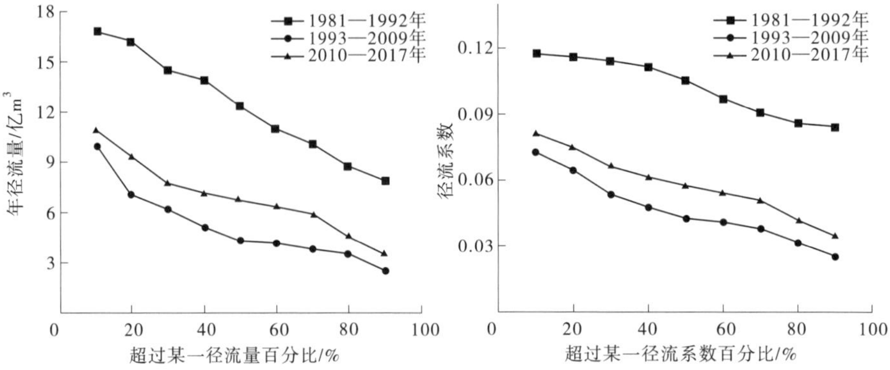

图 9-13　渭河上游不同时期年径流量及径流系数的流量过程曲线

图 9-14 是渭河上游年径流量与降雨量的双累积曲线图,进一步分析植被对径流的影响。利用 1981—1992 年累积年径流量和降雨量进行拟合,可以看出,回归拟合参照线具有显著的相关性。假设 1981—1992 年为流域径流未受植被变化显著影响,1993 年之后实际值偏离回归拟合参照线,偏离参照线的差值为植被对径流产生的累积影响,可以看出 1993—2017 年植被变化在减少径流的产生。

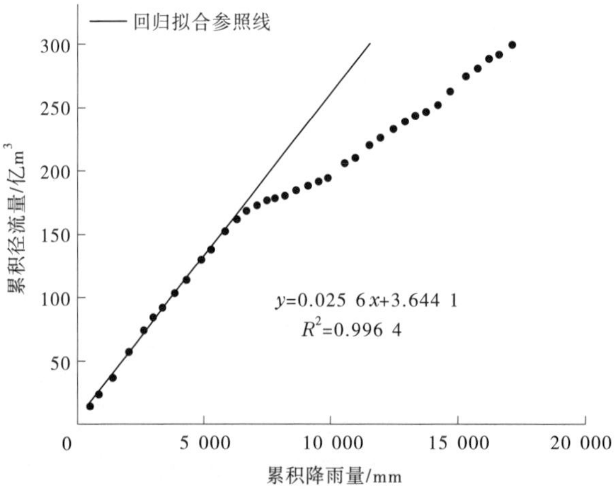

图 9-14　渭河上游年径流量与降雨量的双累积曲线

渭河上游植被对累积年径流量的影响如图 9-15 所示。流域植被覆盖变化对累积年径流量表现为抑制作用,1993—2017 年减少量呈持续增加的状态,变化速率为 5. 77 亿 m^3/a。植被变化对累积年径流量的影响逐渐增大,仅在 2012 年、2013 年出现微弱的减小,植被变化对累积年径流量的减少影响相对减弱,影响百分比从 1993 年的 2. 20%增加到 2017 年的 48. 23%。

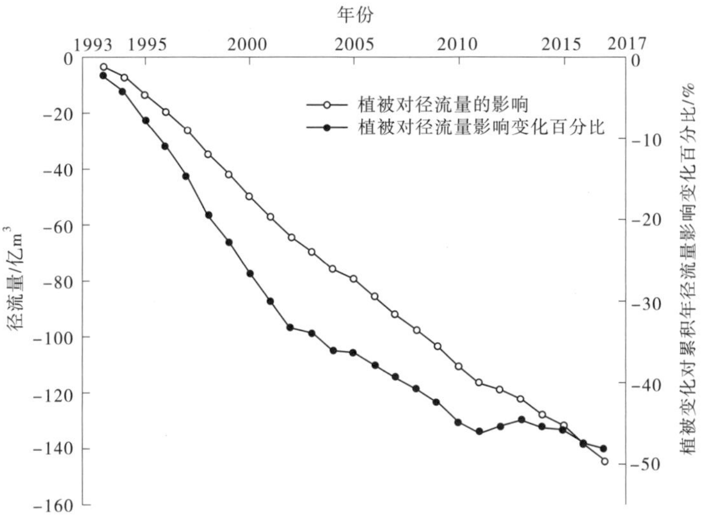

图 9-15　渭河上游流域植被变化对累积年径流量的减少影响

9.3　尺度效应分析及尺度转换

不同流域的年平均径流量和季节径流量见表 9-1、图 9-16。流域 1、2 的集水区面积分别为 43.3 km²、89.5 km²，流域 3~6 的集水区面积范围在 1 100~2 500 km²，而流域 7~9 的集水区面积范围是 8 000~25 000 km²。径流量较丰富的时期主要集中在夏、秋两季，冬季的径流量一般小于春季，春季土壤主要经历解冻过程并且降雨量逐渐增加，而冬季土壤主要经历冻结过程。从整体可以看出，夏、秋两季的径流量明显高于春、冬两季，随着流域面积的增加，各个季节内径流量的变化趋势大致相同。流域面积在 100 km² 范围内随着空间尺度的增加，径流的变化量较为明显，年平均径流量仅分别为 0.073 m³/s、0.010 4 m³/s，面积从 43.3 km² 增长到 89.5 km²，径流量减少 86%，且子流域 2 在秋、冬两季出现断流情况，小范围流域受到局部地区气候、地形因素影响较大。子流域 2 的平均值标准误差为 0.003 2，相对于子流域 1 径流量变化较为稳定；在 1 100~2 500 km² 径流量变化出现先增加后减少的变化趋势，拐点出现在 2 500 km²。子流域 5 夏、秋两季的径流量为此区间最大值，分别为 4.72 m³/s、4.46 m³/s。子流域 3 的年平均径流量最小，仅为 0.167 3 m³/s，且在冬季出现断流现象。集水区面积从 1 129 km²（子流域 3）到 1 846 km²（子流域 5），径流量增长了 2.963 2 m³/s，面积大于 8 000 km²，径流量变化拐点出现在 9 800 km² 左右，呈现先减少后增加的变化趋势。集水区面积从 8 080 km² 增长到 9 805 km²，年平均径流量减少 65%，研究区内年平均径流量为 19.176 m³/s。根据水文站径流量观测数据，这些结果显示了尺度对不同季节水文过程的不同影响，并表明线性尺度上升法不适用于流域的每个季节。

表 9-1　不同流域季节径流量统计　单位:m^3/s

流域		1	2	3	4	5	6	7	8	9
春季		0.06	0.02	0.05	0.77	1.70	0.30	7.64	1.88	13.00
夏季		0.11	0.02	0.47	1.80	4.72	1.45	13.82	6.17	27.79
秋季		0.09	0	0.14	2.30	4.46	0.41	15.19	4.93	27.42
冬季		0.04	0	0	0.51	1.64	0.19	5.20	1.60	8.49
平均值	统计	0.073	0.010 4	0.167 3	1.345 5	3.130 5	0.588 3	10.461	3.647 5	19.176
	标准误差	0.005 9	0.003 2	0.025 8	0.144 6	0.363 8	0.062 5	0.685 8	0.363 3	1.406 2

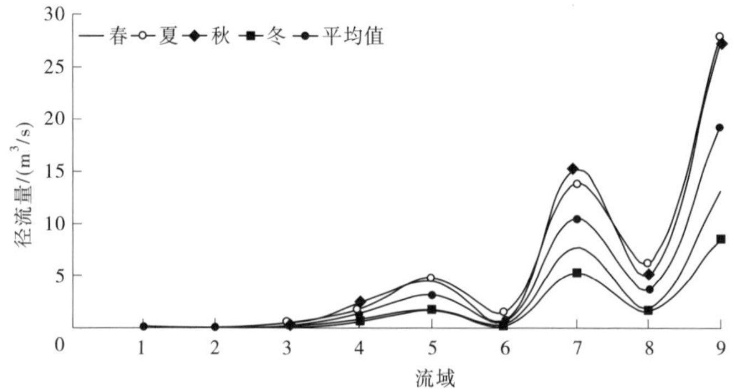

图 9-16　不同流域季节径流量变化

图 9-17 为研究区径流量的空间尺度效应。随着流域尺度的增加,径流量呈线性增加的趋势(R^2=0.887 8)。此外,从图 9-17 中可以看出,在小尺度范围内数据点集中在趋势线附近,空间变异性较小。而在大尺度下数据点在 y 轴的分布较为分散,远离趋势线的点也有较大空间变异性。

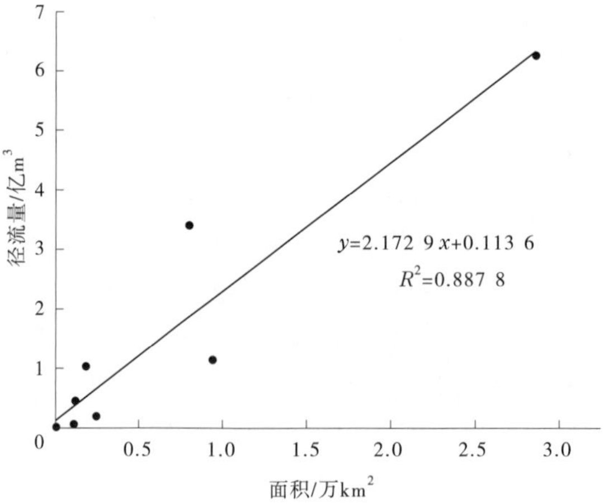

图 9-17　径流量的空间尺度效应

降水对径流的影响程度可以由其相关系数来体现,利用降水和径流的相关系数随流域面积的变化趋势图来反映降水对径流的尺度效应。从图9-18中可看出,降水和径流的相关系数随着子流域面积的增加呈正相关性,但决定系数 R^2 仅为0.208 1。将径流和降水拟合的线性方程中的残差进行分析,可以得到降水、径流相关系数的残差图,如图9-19所示。从图9-19中可以看出,流域径流与降水相关系数的残差值大部分分布在 x 轴附近,而南河、车路沟流域的残差明显偏高,可由此认定为异常值。南河与车路沟的降水、径流相关系数分别为0.606、0.314,属于几个流域内最高值和最低值。尽管图9-19中整体的拟合效果较低,但若剔除南河与车路沟异常点,降水和径流相关系数随子流域面积变化的拟合效果有所提升,R^2 为0.414 2。降水和径流的相关系数随着子流域面积的增加呈现线性增加的趋势,说明在渭河流域,随着子流域面积的增大,降水对径流的影响整体上呈现增大的趋势。

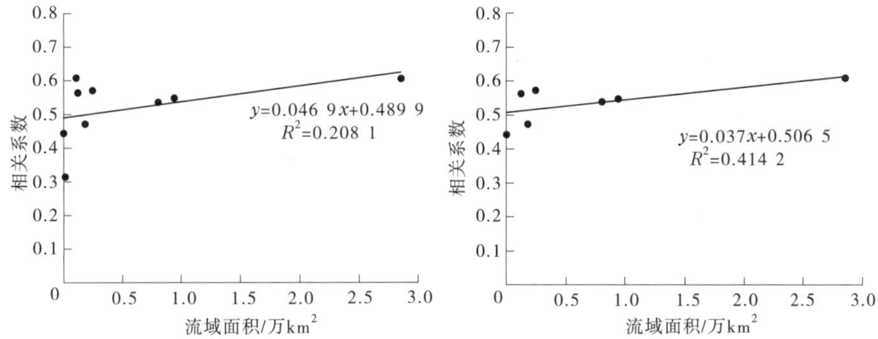

(a)全部子流域　　(b)剔除异常点

图9-18　降水-径流相关系数随了流域面积变化的趋势

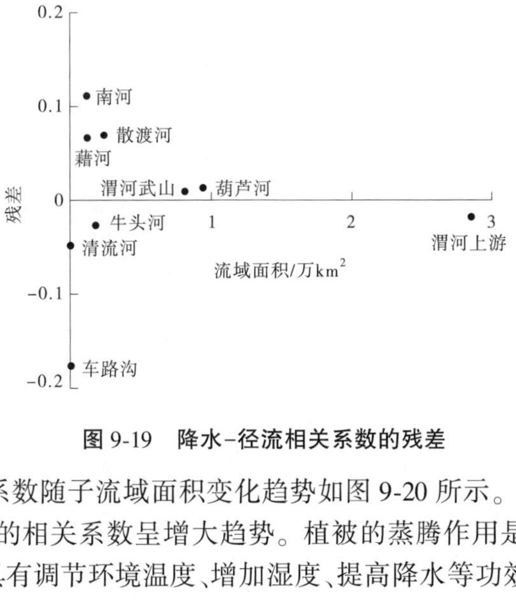

图9-19　降水-径流相关系数的残差

植被-径流相关系数随子流域面积变化趋势如图9-20所示。可以看出,随着流域面积的增加,植被-径流的相关系数呈增大趋势。植被的蒸腾作用是通过植被表面散失水分到大气中的过程,具有调节环境温度、增加湿度、提高降水等功效。降水量的上升同时会引起径流的增加,从而植被与径流呈正相关性。同样,对 NDVI 与径流拟合的线性方程进行残差分析进而作出残差图,见图 9-21。由图 9-21 可知,南河与车路沟植被-径流相关系数残差远离 x 轴,这两个流域的相关系数为异常值。在剔除异常点之后,NDVI 与径流的一元线性方程的决定系数 R^2 提升至 0.400 7。总体来说,随着子流域面积的增加趋势,NDVI 与径流的相关性也会上涨。

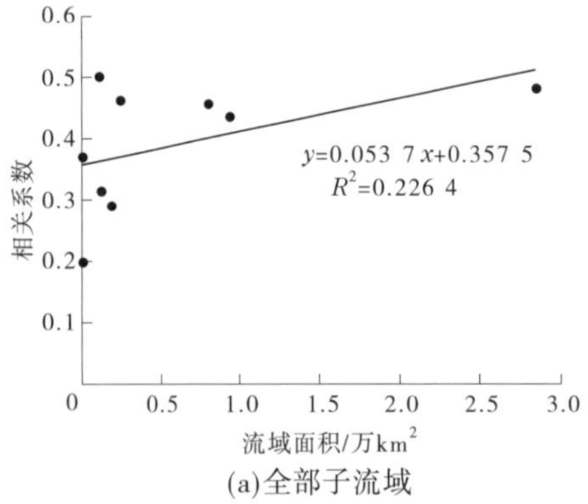

图 9-20 植被-径流相关系数随子流域面积变化的趋势

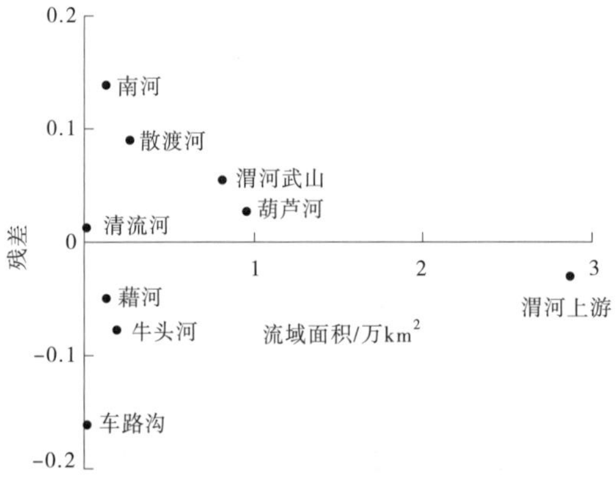

图 9-21 植被-径流相关系数的残差

本书利用 2001—2017 年 5 个流域的月径流量、月降水量和月 NDVI 数据进行分析,各个测站的径流-降水、径流-NDVI 均呈线性关系。由不同空间尺度子流域的径流-降水-植被回归方程(见表 9-2),可以得到 R-P-N 回归方程中空间尺度(如子流域面积)与不同参数的数据对$\{k, ak\}$。

表 9-2　不同尺度集水区径流–降水–植被关系的统计特征

流域	回归模型(Q,径流;P,降水/100 mm;N,NDVI)	R^2
藉河	$Q=3.374P-2.509N+1.047$	0.332 8
牛头河	$Q=7.732P-4.867N+2.144$	0.231 7
散渡河	$Q=1.264P+0.502N-0.05129$	0.327 3
葫芦河	$Q=7.496P+1.608N+0.4056$	0.299 5
渭河上游	$Q=34.76P-5.414N+7.86$	0.367 3

对流域面积集进行归一化处理,分析两组数据集之间的统计回归关系,可得到如下比例模型:

$$Q = 3.182e^{0.9306k}P - 0.8811e^{0.6971k}N + 0.4162e^{1.179k} \tag{9-1}$$

式中:k 为空间尺度(流域面积指数);P 为降水量,mm。

该模型用于模拟月径流过程尺度转换。结果如图 9-22 和表 9-3 所示,所有测站的拟合径流值与观测径流值之间具有较好的相关性。

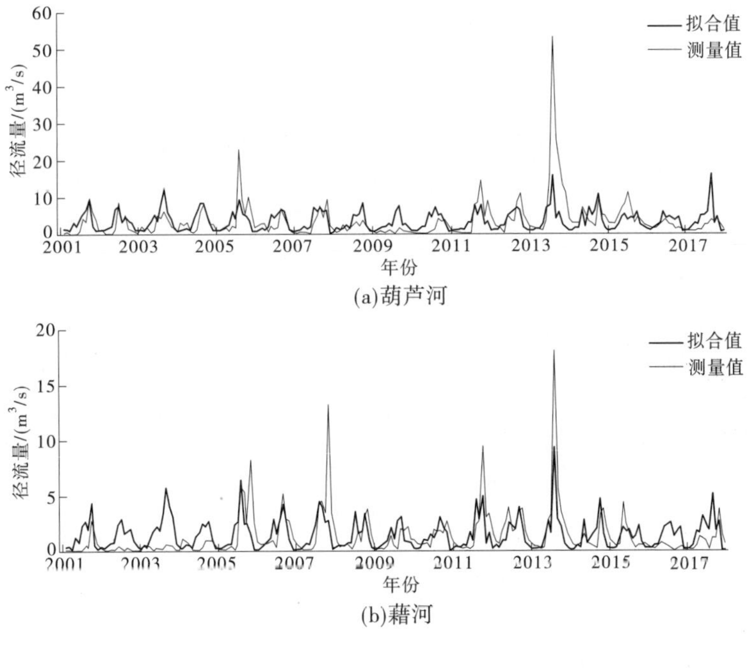

图 9-22　基于尺度模型的不同尺度流域径流–降水–植被过程模拟结果

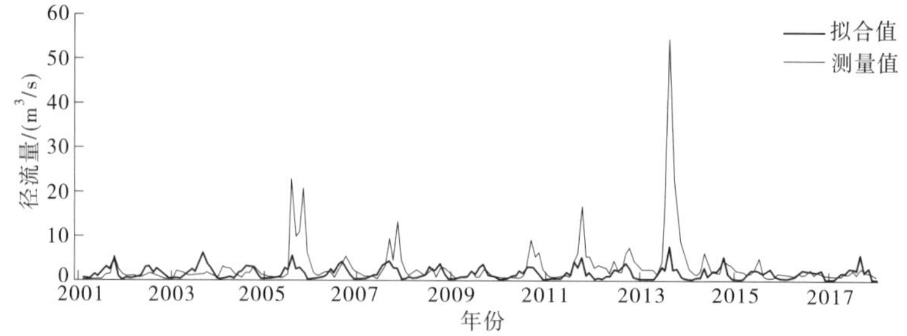

(c)牛头河

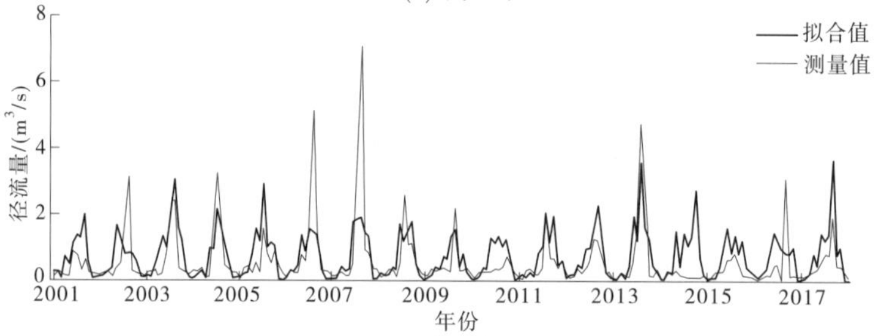

(d)散渡河

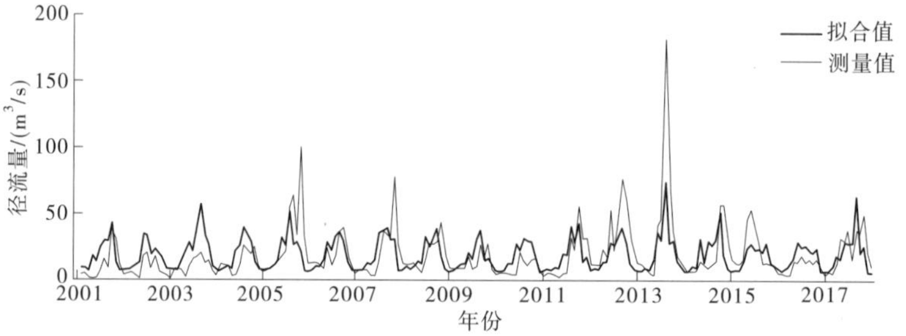

(e)渭河上游

续图 9-22

表 9-3　月径流过程尺度模拟结果

流域	RMSE	R^2	NASH
藉河	1. 71	0. 57	0. 31
牛头河	4. 80	0. 48	0. 12
散渡河	0. 78	0. 57	0. 23
葫芦河	4. 32	0. 55	0. 30
渭河上游	15. 91	0. 61	0. 37

第 10 章　结论与展望

10.1　结　论

在陆地水文过程循环中,植被因子对径流的影响至关重要。在全球气候变化条件下,研究不同尺度植被变化与水文过程的响应关系,对水资源的合理利用与区域生态平衡具有重要意义。本书以位于黄土丘陵沟壑区的典型代表区域——渭河上游为研究区,基于水文站长期监测的径流数据、国家气象站的气候数据、多源遥感数据,结合流域地形、河网等资料,研究了不同尺度植被对水文过程的影响机制,阐明了径流变化的主要影响因子以及尺度效应,揭示了流域植被-水文过程的耦合响应机理。主要结论如下:

(1)采用 Mann-Kendall 检验和数理统计方法揭示了集水区-小流域-流域 3 个不同空间尺度植被变化趋势,并分析 1981—2017 年植被的空间分布特征。集水区(清流河、车路沟)的植被变化情况较为一致,向植被盖度增加的趋势发展,东南部植被长势较好。子流域(藉河、牛头河、散渡河、渭河武山、葫芦河)的植被覆盖逐渐提升,高植被覆盖主要集中在南部地区。研究区植被的空间分布整体呈东南高、西北低的特征,植被覆盖逐渐改善。草地、农用地是渭河上游地区最主要的景观类型,面积之和占全区面积的 95%以上,其中农用地约占 58%。

(2)采用 250 m、500 m 和 1 km 不同分辨率下的植被 NDVI 进行长序列分析,研究表明在集水区-小流域-流域尺度下均有相同的变化趋势,月尺度下波峰与波谷变化明显。3 种尺度下 NDVI 均在夏季的变化趋势较快。不同尺度 3 种分辨率下的 NDVI 变化趋势较为接近,在集水区尺度下更适合采用 250 m 分辨率下的 NDVI 数据,而在小流域和流域尺度下,区域面积较集水区大,采用任何分辨率下的 NDVI 进行长时间序列变化分析差异不明显。

采用变异系数法、Moran′s I 指数法和信息熵法对不同尺度下的 NDVI 进行空间异质性分析得到了一致性的结果,即在集水区-小流域尺度下 NDVI 分布相对不稳定,空间异质性较大;而在流域尺度下,NDVI 覆盖相对稳定,空间异质性相对较小。集水区-小流域-流域尺度下 NDVI 空间异质性均随着像元之间的距离增加而增加。

(3)基于长时间水文数据对不同空间尺度径流变化的特征进行分析,集水区的径流呈波动式变化,无明显上升或下降趋势,小流域和流域径流变化呈下降的趋势。渭河上游各个流域径流的空间相关性大多呈正相关,且径流空间相关性主要受到空间地理位置、流域面积和年径流量大小的影响。分析不同时间尺度径流的变化情况,径流量较大的月份主要集中在 6—10 月,夏、秋两季的径流量明显高于春、冬两季,符合径流量的季节变化规律。

(4)利用主成分分析法对影响径流的主要因子进行分析,降水是影响径流变化的重要因素。研究区 NDVI 和气温表现为显著增加趋势,径流量、降水量和蒸散发量均表现为下降趋势。利用 EEMD 方法将流域的径流量及其影响因子数据进行分解,4 个本征模函数 IMF 对应的平均时间尺度比较接近,表明控制径流的过程发生在相似的尺度。

(5)采用流量历时曲线和双累积曲线法,将 1981—2017 年划分为 3 个时间段,定量分析植被对径流量的影响程度,不同时期的年径流量和径流系数有明显的差异,植被对径流的影响主要表现为抑制作用。利用月径流量、月降雨量和月 NDVI 数据建立不同尺度径流转换模型,模拟结果较好。

10.2 展 望

(1)本书利用集合经验模态分解方法研究径流对植被和气候的多尺度响应,由于径流量和 NDVI 数据的限制,获取的不同尺度下水文数据和植被数据序列较短,将来可延长研究时间和扩大研究区范围,分析不同时空尺度径流对植被和气候变化的响应。

(2)生态水文循环过程较为复杂,采用变异系数法、Moran′s I 指数法和信息熵法虽能反映出地表植被在空间上存在一定的异质性,但未能找寻 NDVI 在何种尺度下空间差异逐渐趋于不变,未能找寻空间异质性的最佳尺度阈值,后期应加强尺度阈值分析,为更好地开展尺度效应和尺度转换研究提供理论依据。

参考文献

Agarwal A, Maheswaran R, Sehgal V, et al. Hydrologic regionalization using wavelet-based multiscale entropy method[J]. Journal of Hydrology, 2016, 538: 22-32.

Ali M, Ye S, Li H, et al. Regionalization of subsurface stormflow parameters of hydrologic models: Up-scaling from physically based numerical simulations at hillslope scale[J]. Journal of Hydrology, 2014, 519: 683-698.

Alvarenga L A, Mello C R D, Colombo A, et al. Assessment of land cover change on the hydrology of a Brazilian headwater watershed using the Distributed Hydrology-Soil-Vegetation Model[J]. Catena, 2016, 143:7-17.

Bai M, Mo X G, Liu S X, et al. Contributions of climate change and vegetation greening to evapotranspiration trend in a typical hilly-gully basin on the Loess Plateau, China[J]. Science of the Total Environment, 2019, 657: 325-339.

Birajdar F, Venkataraman G, Samant H. Monitoring Snow Cover Area Using Different Algorithms on Indian Remote Sensing Data[M]// Geostatistical and Geospatial Approaches for the Characterization of Natural Resources in the Environment. Springer International Publishing, 2016.

Brown A E, Zhang L, Mcmahon T A, et al. A review of paired catchment studies for determining changes in water yield resulting from alterations in vegetation[J]. Journal of Hydrology, 2005, 310(1-4):28-61.

Campos I, Gonzúlez-Piqueras J, Carrara A, et al. Estimation of total available water in the soil layer by integrating actual evapotranspiration data in a remote sensing-driven soil water balance [J]. Journal of Hydrology, 2016, 534: 427-439.

Chen Y, Wang K, Lin Y, et al. Balancing green and grain trade[J]. Nat Geosci. 2015, 8, 739-741.

Chybicki A, Kulawiak M, Lubniewski, et al. Characterizing Surface and Air Temperature in the Baltic Sea Coastal Area Using Remote Sensing Techniques and Gis[J]. Polish Maritime Research, 2016, 23(1):3-11.

Clark M P, Nijssen B, Lundquist J D, et al. A unified approach for process-based hydrologic modeling: 1. Modeling concept[J]. Water Resources Research, 2015, 51(4): 2498-2514.

Crich D, Ritchie T J. Effect of spatial resolution on remote sensing estimation of total evaporation in the uMngeni catchment, South Africa[J]. Journal of Applied Remote Sensing, 2015, 9(1):95921-95997.

Das K, Paul P K. Present status of soil moisture estimation by microwave remote sensing[J]. Cogent Geoscience, 2015, 1(1).

Dean J F, Webb J A, Jacobsen G E, et al. Where to locate a tree plantation within a low rainfall catchment to minimise impacts on groundwater resources [J]. Hydrology & Earth System Sciences Discussions, 2014, 11 (8):10001-10041.

Duan Z, Bastiaanssen W G M. First results from Version 7 TRMM 3B43 precipitation product in combination with a new downscaling-calibration procedure[J]. Remote Sensing of Environment, 2013, 131: 1-13.

Fatichi S, Vivoni E R, Ogden F L, et al. An overview of current applications, challenges, and future trends in distributed process-based models in hydrology [J]. Journal of Hydrology, 2016, 537: 45-60.

Feng X, Fu B, Piao S, et al. Revegetation in China's Loess Plateau is approaching sustainable water resource limits[J]. Nature Climate. Change. 2016, 6(11):1019-1022.

Forootan E, Khandu, Awange J L, et al. Quantifying the impacts of ENSO and IOD on rain gauge and remotely sensed precipitation products over Australia[J]. Remote Sensing of Environment, 2016, 172(11):50-66.

Gires A, Tchiguirinskaia I, Schertzer D, et al. Fractal analysis of urban catchments and their representation in semi-distributed models: imperviousness and sewer system[J]. Hydrology and Earth System Sciences & Discussions, 2016: 1-23.

Hartanto I M, Van der Kwast J, Alexandridis T K, et al. Data assimilation of satellite-based actual evapotranspiration in a distributed hydrological model of a controlled water system[J]. International Journal of Applied Earth Observation and Geoinformation, 2017, 57: 123-135.

Hosseini R, Newlands N, Dean C, et al. Statistical modeling of soil Moisture, integrating satellite remote-sensing (SAR) and ground-based data[J]. Remote Sensing, 2015, 7(3):2752-2780.

Houser P R, Shuttleworth W J, Famiglietti J S, et al. Integration of soil moisture remote sensing and hydrologic modeling using data assimilation[J]. Water Resources Research, 1998, 34(12): 3405-3420.

Huang X, Deng J, Wang W, et al. Impact of climate and elevation on snow cover using integrated remote sensing snow products in Tibetan Plateau[J]. Remote Sensing of Environment, 2017, 190:274-288.

Janik G, Olszewska B, Plywaczyk L, et al. Applicability of geostatistical tools and fractal theory for the estimation of the effect of a river on water relations in adjacent area [J]. river research and applications, 2015.

Jiang Z Y, Yang Z G, Zhang S Y, et al. Revealing the spamtio-temporal variability of evapotranspiration and its components based on an improved Shuttleworth-Wallace model in the Yellow River Basin[J]. Journal of Environmental Management, 2020, 262(C).

Jiao L, Lu N, Fu B J, et al. Evapotranspiration partitioning and its implications for plant water use strategy: Evidence from a black locust plantation in the semi-arid Loess Plateau, China[J]. Forest Ecology and Management, 2018, 424: 428-438.

Li B B, Yang Y, Li Z. Combined effects of multiple factors on spatiotemporally varied soil moisture in China's Loess Plateau[J]. Agricultural Water Management, 2021, 258.

Li J, Xie M, Xie K, et al. Comparison of methods for separating flood frequency of reservoir by sub-seasons [J]. Hydrology and Earth System Sciences Discussions, 2015, 12: 10431-10455.

Li S, Liang W, Fu B J, et al. Vegetation changes in recent large-scale ecological restoration projects and subsequent impact on water resources in China's Loess Plateau[J]. Science of the Total Environment, 2016, 569: 1032-1039.

Liang W, Bai D, Wang F, et al. Quantifying the impacts of climate change and ecological restoration on streamflow changes based on a Budyko hydrological model in China's Loess Plateau[J]. Water Resources Research. 2015,51(8):6500-6519.

Luo Y, Yang S, Zhao C, et al. The effect of environmental factors on spatial variability in land use change in the high-sediment region of China's Loess Plateau[J]. Journal of Geographical Sciences, 2014, 24(5):802-814.

Majidi M, Sadeghi M, Shafiei M, et al. A new approach to estimating evaporation from lakes and reservoirs based on energy balance and remote sensing data[C].//EGU General Assembly Conference Abstracts. 2016: EPSC2016-15922.

Massei N, Dieppois B, Hannah D M, et al. Multi-time-scale hydroclimate dynamics of a regional watershed and links to large-scale atmospheric circulation: Application to the Seine river catchment, France[J]. Journal of Hydrology, 2017, 546: 262-275.

Niu J, Sivakumar B. Scale-dependent synthetic streamflow generation using a continuous wavelet transform

[J]. Journal of Hydrology, 2013, 496: 71-78.

Nouwakpo S K, Weltz M, Hernandez M, et al. Performance of the Rangeland Hydrology and Erosion Model for runoff and erosion assessment on a semiarid reclaimed construction site [J]. Journal of Soil & Water Conservation, 2016, 71(3):220-236.

Ochoa-Tocachi B F, Buytaert W, De Bièvre B. Regionalization of land-use impacts on streamflow using a network of paired catchments[J]. Water Resources Research, 2016, 52.

Peña-Arancibia J L, Mainuddin M, Kirby J M, et al. Assessing irrigated agriculture's surface water and groundwater consumption by combining satellite remote sensing and hydrologic modelling[J]. Science of the Total Environment, 2016, 542: 372-382.

Piao S, Ciais P, Huang Y,et al. The impacts of climatechange on water resources and agriculture in China[J]. Nature,2010,467, 43-51.

Piao, S., Yin, G., Tan, J.,et al. Detection and attribution of vegetation greening trend in China over the last 30 years[J]. Global Change Biol,2015,21, 1601-1609.

Rathinasamy M, Khosa R, Adamowski J, et al. Wavelet-based multiscale performance analysis: An approach to assess and improve hydrological models[J]. Water Resources Research, 2014, 50(12): 9721-9737.

Revilla-Romero B, Wanders N, Burek P, et al. Integrating remotely sensed surface water extent into continental scale hydrology[J]. Journal of Hydrology, 2016, 543: 659-670.

Schuurmans J M, Troch P A, Veldhuizen A A, et al. Assimilation of remotely sensed latent heat flux in a distributed hydrological model [C]// Integration of Knowledge Intensive Multi-Agent Systems, 2003. International Conference on. IEEE, 2003:58-63.

Semenova O, Beven K. Barriers to progress in distributed hydrological modelling[J]. Hydrological Processes, 2015, 29(8): 2074-2078.

Wang J F, Li X H, Christakos G, et al. Geographical Detectors-Based Health Risk Assessment and its Application in the Neural Tube Defects Study of the Heshun Region, China[J]. International Journal of Geographical Information Science, 2010, 24(01): 107-127.

Wang Z. L., Xie P. W., Lai C. G., et al. Spatiotemporal variability of reference evapotranspiration and contributing climatic factors in China during 1961–2013[J]. Journal of Hydrology, 2017, 544: 97-108.

Wang, S., Fu, B., Piao, S.,et al. Reduced sediment transport in the Yellow River due to anthropogenic changes[J]. Nat Geosci,2016,9,38-41.

Wei Y. Y., Sun S. G., Liang D., et al. Spatial-temporal variations of NDVI and its response to climate in China from 2001 to 2020[J]. International Journal of Digital Earth, 2022, 15(01):1463-1484.

Wu H, Li Z. Scale issues in remote sensing: a review on analysis, processing and modeling[J]. Sensors. 2009, 9(3): 1768-1793.

Xu G, Xu X, Liu M, et al. Spatial Downscaling of TRMM Precipitation Product Using a Combined Multifractal and Regression Approach: Demonstration for South China[J]. Water. 2015, 7(6): 3083-3102.

Xu S G, Niu Z, Kuang D, et al. Estimating Summer Precipitation Over the Tibetan Plateau With Geostatistics and Remote Sensing[J]. Mountain Research & Development, 2015, 33(4):424-436.

Xu S, Wu C, Wang L, et al. A new satellite-based monthly precipitation downscaling algorithm with non-stationary relationship between precipitation and land surfacecharacteristics [J]. Remote Sensing of Environment. 2015, 162: 119-140.

Zhang X, Wenhong C, Qingchao G, et al. Effects of landuse change on surface runoff and sediment yield at different watershed scales on the Loess Plateau[J]. International Journal of Sediment Research, 2010, 25

(3): 283-293.

Zhang X, Wu S, Cao W, et al. Dependence of the sediment delivery ratio on scale and its fractal characteristics [J]. International Journal of Sediment Research, 2015, 30(4): 338-343.

Zhao H, Yang S, Yang B, et al. Quantifying anthropogenic and climatic impacts on sediment load in the sediment-rich region of the Chinese Loess Plateau by coupling a hydrological model and ANN[J]. Stochastic Environmental Research & Risk Assessment, 2017:1-17.

Zheng H Y, Miao C Y, Li X Y, et al. Effects of Vegetation Changes and Multiple Environmental Factors on Evapotranspiration Across China Over the Past 34 Years[J]. Earth's Future, 2022, 10(4).

Zhou G, Wei X, Chen X, et al. Global pattern for the effect of climate and land cover on water yield [J]. Nature Communications, 2015, 6(3):5918.

Zhu Z, Piao S, Myneni R B, et al. Greening of the Earth and its drivers[J]. Nature Climate Change. 2016,6: 791-795.

陈军锋, 李秀彬. 森林植被变化对流域水文影响的争论[J]. 自然资源学报, 2001, 16(5):474-480.

丁晶, 王文圣, 金菊良. 论水文学中的尺度分析[J]. 四川大学学报工程科学版, 2003, 35(3):9-13.

傅伯杰, 徐延达, 吕一河. 景观格局与水土流失的尺度特征与耦合方法[J]. 地球科学进展, 2010, 25(7):673-681.

傅国斌,李丽娟,刘昌明. 遥感水文应用中的尺度问题[J]. 地球科学进展, 2001(6): 755-760.

高超, 刘青, 苏布达,等. 不同尺度和数据基础的水文模型适用性评估研究——淮河流域为例[J]. 自然资源学报, 2013, 28(10):1765-1777.

宫菲, 杜灵通, 孟晨, 等. 宁夏陆地生态系统水分利用效率特征及其影响因子[J]. 生态学报, 2019, 39(24): 9068-9078.

何国威, 夏蒙棼, 柯孚久,等. 多尺度耦合现象:挑战和机遇[J]. 自然科学进展, 2004, 14(2): 121-124.

胡春宏,陈绪坚,陈建国. 黄河水沙空间分布及其变化过程研究[J].水利学报,2008,39(5): 518-527.

胡和平, 田富强. 物理性流域水文模型研究新进展[J]. 水利学报, 2007, 38(5):511-517.

李铁键, 王光谦, 薛海,等. 黄土沟壑区产输沙特征的空间尺度效应研究[J]. 中国科学:技术科学, 2009(6):1095-1103.

李文华, 何永涛, 杨丽韫. 森林对径流影响研究的回顾与展望[J]. 自然资源学报, 2001, 16(5): 398-406.

李小文,王祎婷. 定量遥感尺度效应刍议[J]. 地理学报. 2013,68(9): 1163-1169.

李新, 晋锐, 刘绍民,等. 黑河遥感试验中尺度上推研究的进展与前瞻[J]. 遥感学报, 2016, 20(5): 921-932.

李艳忠, 刘昌明, 刘小莽,等. 植被恢复工程对黄河中游土地利用/覆被变化的影响[J]. 自然资源学报, 2016, 31(12):2005-2020.

刘纪远, 匡文慧, 张增祥,等. 20世纪80年代末以来中国土地利用变化的基本特征与空间格局[J]. 地理学报, 2014, 69(1):3-14.

刘继龙, 马孝义,张振华. 土壤入渗特性的空间变异性及土壤转换函数[J]. 水科学进展,2010(2): 214-221.

刘建梅, 裴铁璠. 水文尺度转换研究进展[J]. 应用生态学报, 2003, 14(12): 2305-2310.

刘晓燕,刘昌明,杨胜天,等. 基于遥感的黄土高原林草植被变化对河川径流的影响分析[J]. 地理学报, 2014,69(11): 1595-1603.

刘艳,王锦地,周红敏,等. 黑河中游试验区不同分辨率LAI数据处理、分析和尺度转换[J]. 遥感技术与应用,2010,25(6):805-813.
栾海军, 田庆久, 余涛,等. 根据分形理论与五指标评价体系构建 NDVI 连续空间尺度转换模型[J]. 遥感学报, 2015, 19(1):116-125.
罗迪文, 黄金柏, 黄涌增, 等. 城市草地植被根系层土壤水分对降雨的响应及蒸散发特性[J]. 扬州大学学报(自然科学版), 2020, 23(5): 39-44.
闵庆飞, 刘子龙, 刘振华. 信息系统学科结构方程模型使用规范研究[J]. 信息系统学报, 2013(1): 60-70.
齐习文. 基于分形理论的径流时间序列特性研究[D]. 武汉:华中科技大学, 2012.
任小丽, 路倩倩, 何洪林, 等. 中国东部南北样带森林生态系统蒸腾与蒸散比值(T/ET)时空变化[J]. 地理学报, 2019, 74(1): 63-75.
唐克丽. 中国水土保持[M]. 北京: 科学出版社, 2004.
王安琪. 大尺度被动微波辐射计土壤水分降尺度方法研究[D]. 北京:首都师范大学, 2013.
王浩, 杨爱民, 周祖昊,等. 基于分布式水文模型的水土保持水文水资源效应研究[J]. 中国水土保持科学, 2005, 3(4):6-10.
王鸣远,杨素堂. 水文过程及其尺度响应[J]. 生态学报, 2008,12(3):1219-1228.
王小军, 张强, 古璇清. 基于分形理论的灌溉水有效利用系数空间尺度变异[J]. 地理学报, 2012, 67(9):1201-1212.
王雅舒, 李小雁, 石芳忠, 等. 退耕还林还草工程加剧黄土高原退耕区蒸散发[J]. 科学通报, 2019, 64(Z1): 588-599.
王中根, 郑红星, 刘昌明. 基于模块的分布式水文模拟系统及其应用[J]. 地理科学进展, 2005, 24(6):109-115.
邬建国. 景观生态学——概念与理论[J]. 生态学杂志, 2000(1): 42-52.
谢先红, 崔远来. 灌溉水利用效率随尺度变化规律分布式模拟[J]. 水科学进展, 2010, 21(5): 681-689.
徐勇, 孙晓一, 汤青. 陆地表层人类活动强度: 概念、方法及应用[J]. 地理学报, 2015, 70(7): 1068-1079.
徐芝英, 胡云锋, 刘越, 等. 空间尺度转换数据精度评价的准则和方法[J]. 地理科学进展, 2012, 31(12): 1574-1582.
薛少博, 李鹏, 于坤霞, 等. 2002—2020 年黄土高原土壤水变化及其相关性分析[J]. 水土保持学报, 2021, 35(5): 221-226.
薛松贵. 黄河近期主要科技进展与需求[J]. 人民黄河,2012,34(11):1-6.
严明,郑明国,舒畅,等. 泾河流域径流-泥沙的尺度效应研究[J]. 水土保持通报,2016,36(6):184-194.
杨大文, 张树磊,徐翔宇. 基于水热耦合平衡方程的黄河流域径流变化归因分析[J]. 中国科学: 技术科学,2015,45(10):1024-1034.
杨胜天,赵长森. 遥感水文[M]. 北京:科学出版社, 2015.
姚文艺, 冉大川, 陈江南. 黄河流域近期水沙变化及其趋势预测[J]. 水科学进展, 2013, 24(5): 607-616.
叶勤玉,柴琳娜,蒋玲梅,等. 利用 AMSR2 和 MODIS 数据的土壤冻融相变水量降尺度方法[J]. 遥感学报. 2014, 18(6): 1147-1157.
于文颖, 纪瑞鹏, 贾庆宇, 等. 陆地生态系统蒸腾蒸散比量化及其时空异质性研究进展[J]. 气象, 2022, 48(10): 1217-1229.
俞双恩, 于智恒, 郭杰,等. 河网区灌溉水利用系数的尺度转换[J]. 农业工程学报, 2015, 31(8):

147-151.
张华国,黄韦艮. 基于分形的海岸线遥感信息空间尺度研究[J]. 遥感学报,2006(4):463-468.
张建云, 王国庆, 贺瑞敏. 黄河中游水文变化趋势及其对气候变化的响应[J]. 水科学进展, 2009, 20(2): 153-158.
张乐涛, 李占斌, 王贺, 等. 流域系统径流侵蚀链内泥沙输移的空间尺度效应[J]. 农业工程学报, 2016, 32(13):87-94.
张晓明, 曹文洪, 周利军. 泥沙输移比及其尺度依存研究进展[J]. 生态学报, 2014, 34(24): 7475-7485.
朱小华,冯晓明,赵英时,等. 作物 LAI 的遥感尺度效应与误差分析[J]. 遥感学报,2010, 14(3): 579-592.